# 写真で見る GRAPHICAL ABSTRACTS 医療・診断・創薬の化学

## Part 1

### 2章-1
→p.14

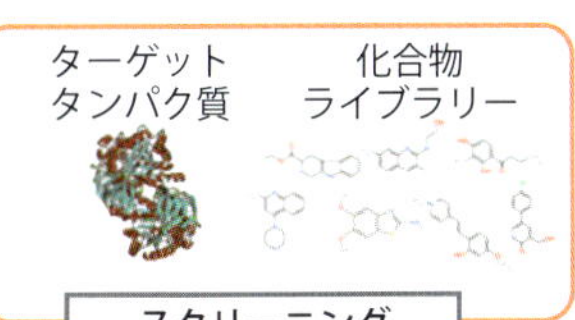


● 物理化学的解析を駆使した薬剤開発の流れ

### 2章-2
→p.20

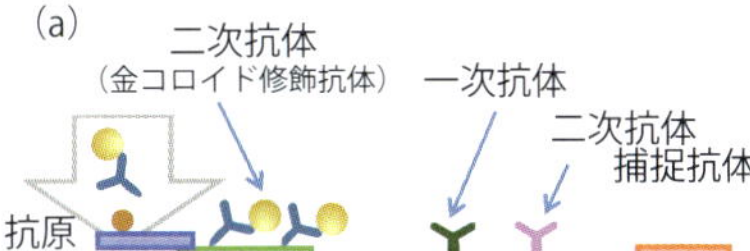

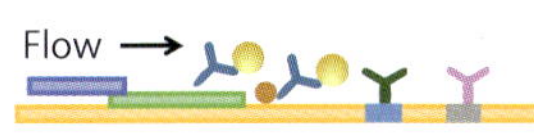

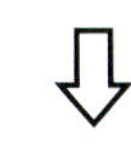

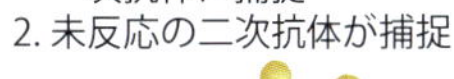

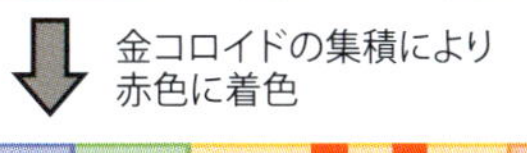

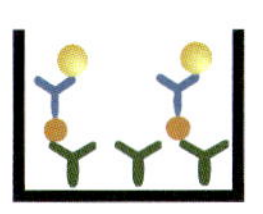

● 抗体を利用した医療診断法

(a) ELISA（サンドイッチ法）と (b) イムノクロマト法の原理.

### 2章-3
→p.28

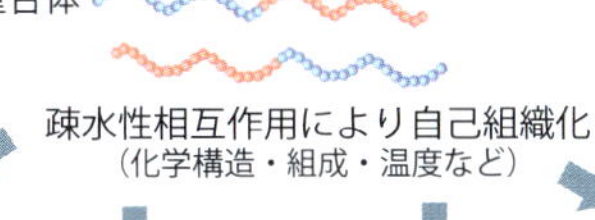


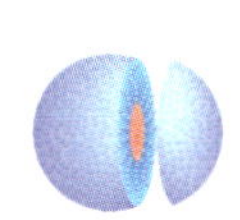

● ブロック共重合体が自発的に形成する自己組織体

### 3章
→p.36

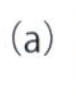

(a)

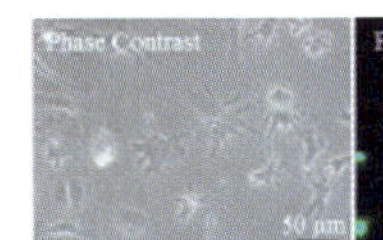


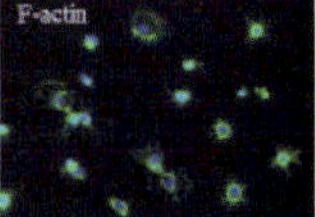


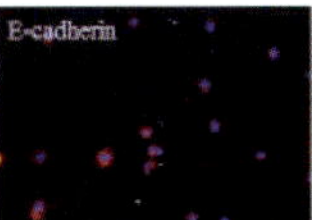


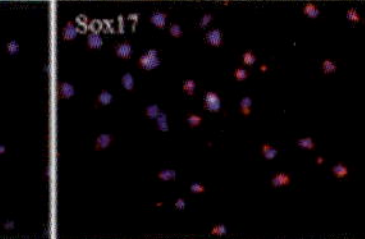

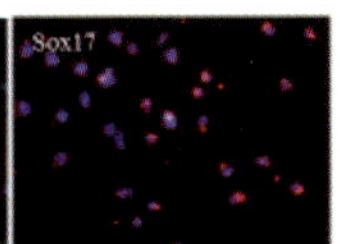


(b)

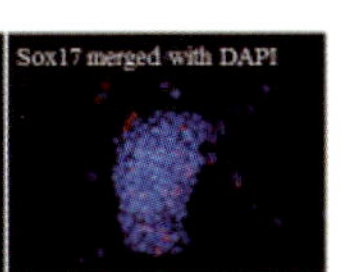


● E-カドヘリン-Fcコート表面(a)とゼラチン上(b)の分化誘導の違い

(a) E-カドヘリン-Fcコート表面での ES細胞のシングル肝細胞への分化誘導，(b) 一般的なゼラチンなどの培養材料上では，コロニー形状のままで，分化誘導剤の相互作用も不均一となる.

# Part 2

## 1章

→p.46

● 歯周病診断のために開発した
電気化学バイオチップ

## 2章

→p.55

酵素
酵素活性阻害
アプタマー部位
標的分子結合
アプタマー部位
標的分子
基質

● アプタマーの構造変化を利用した標的分子検出システム

## 3章

→p.63

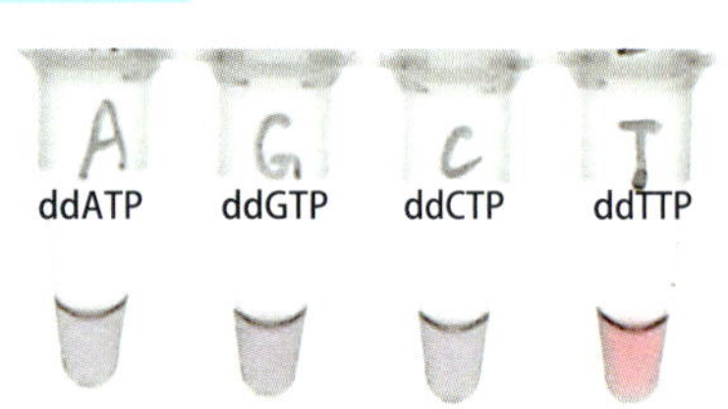


● DNA 修飾金ナノ粒子の非架橋凝集とプライマーの一塩基伸長反応を組み合わせた目視 SNP 検出法

## 4章

→p.69

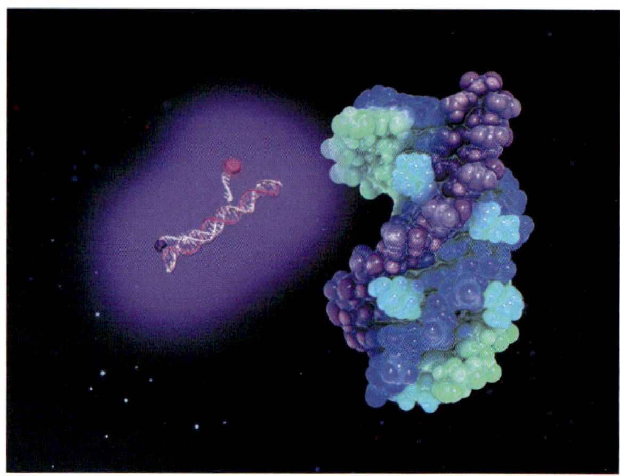

● コリンリン酸二水素型水和イオン液体中における三重鎖とコリンイオンの結合，および DNA 三重鎖形成を活用した DNA センサー

## 5章

→p.78

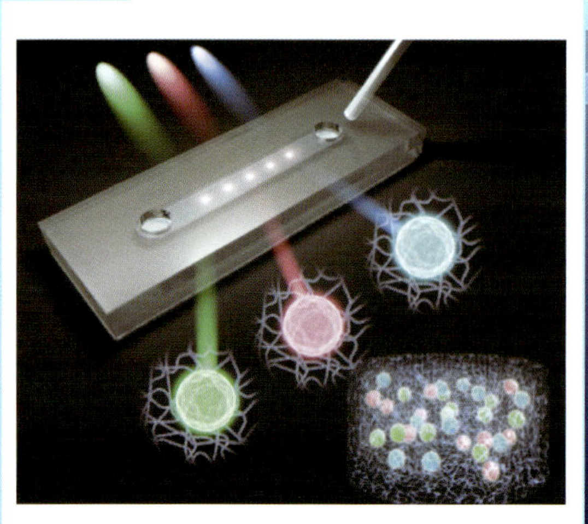

● マルチプレックスタンパク質マーカー検出チップ

## 6章

→p.84

(a)

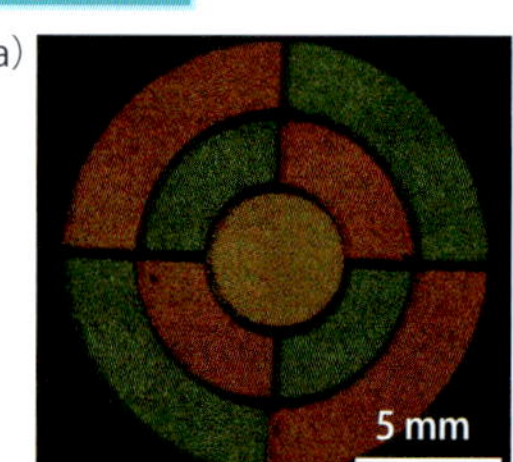


(b)

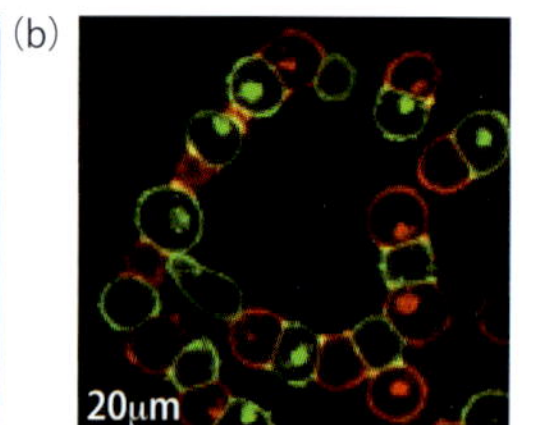


● 基板上に接着する細胞の配置制御（細胞パターニング，a)，細胞－細胞間接着の誘導（b)

## 7章

→p.91

● 人工細胞膜構造を構築するリン脂質（MPC）ポリマー

## 8章

→p.98

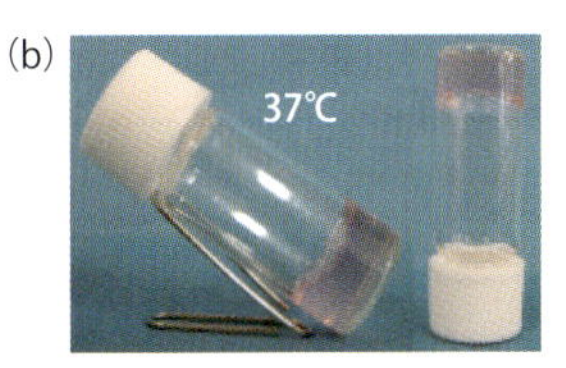


● 細胞封入インジェクタブルポリマー溶液（血清入り培地）のゾル状態（20℃, a）およびゲル状態（37℃, b）

## 9章

→p.106

冷却可能なパイプ状コイル

交流磁場発生装置

磁性複合微粒子に温度応答性高分子を被覆した充填剤

ON

OFF

親水性

疎水性

ON

OFF

不要物

目的物

検出感度

高温度

（疎水性）

溶出の迅速化

低温度

（親水性）

表面温度

保持時間

表面温度を交流磁場のON-OFF 制御により鋭敏に変化させる

不要物を分離後，交流磁場 OFF により，目的物の迅速な溶出が可能

● スマートマテリアル交流磁場応答型カラムクロマトグラフィーの原理

## 10章

→p.114

RNA

転位反応

転位人工核酸

化学修飾 RNA

● 官能基転移人工核酸による RNA の特異的化学修飾反応の概念図

## 11章

→p.123

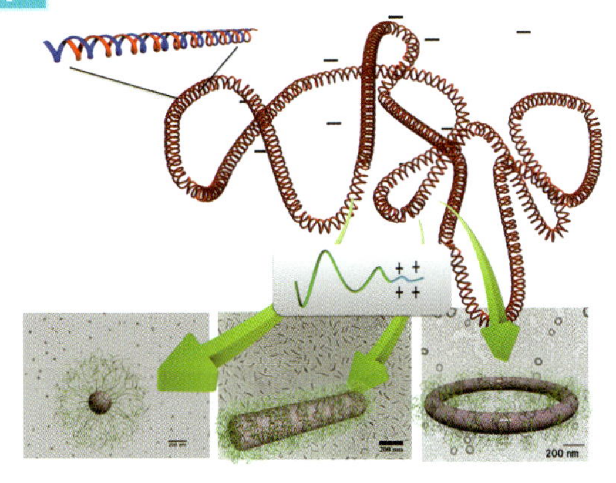


● ブロック共重合体で pDNA のパッケージングを操る

グロビュール型，ロッド型，トロイド型遺伝子デリバリーシステムとして機能する.

## 12章

→p.132

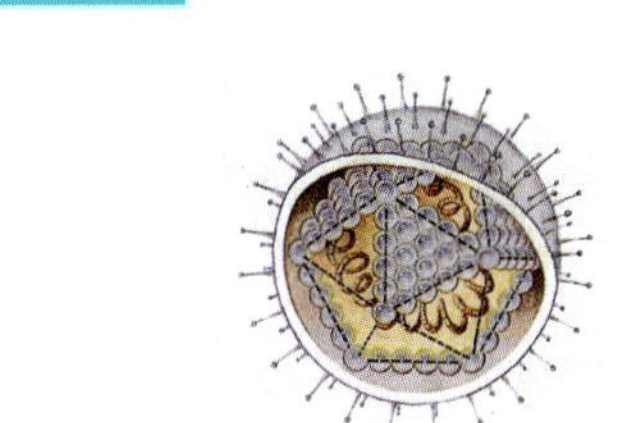

エンベロープ型ウイルス

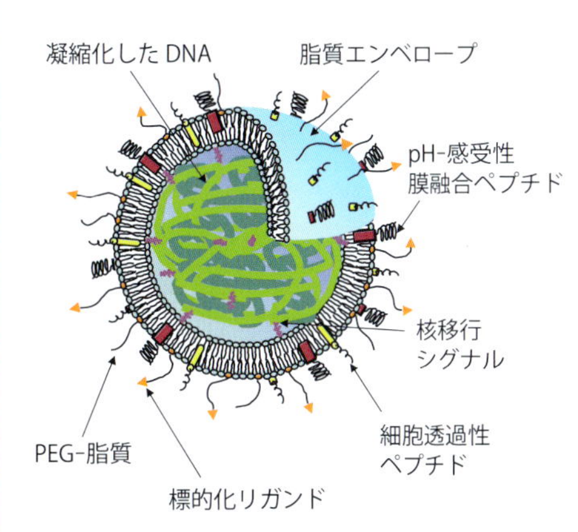


● Multifunctional envelope-type Nano Device (MEND)

Programmed Packaging

① 生体内輸送の分子機構に基づいた送達戦略の立案
② その戦略を実現する革新的ナノデバイスの分子設計
③ ナノデバイスの機能発現をプログラム化してナノ空間にアセンブリーする技術

## 13章

→p.142

● 細胞シート

## 14章

→p.149

### ● 骨再生

（悪い生体条件下でも）

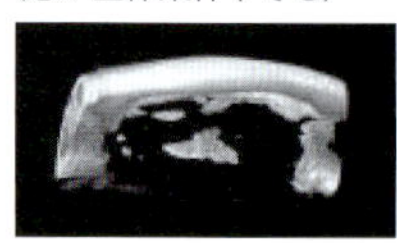
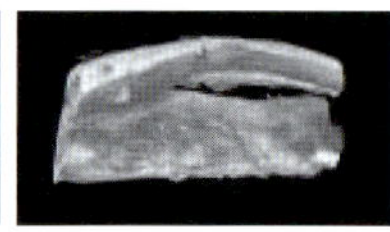

足場のみ　　徐放化 BMP-2

徐放化 BMP-2 と骨髄細胞の組合せで放射線を照射した骨欠損の再生が可能に

### ● 下あごの骨再生

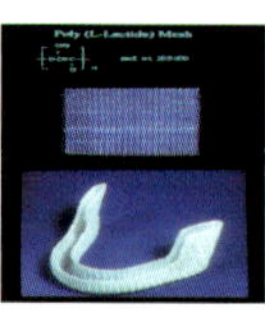

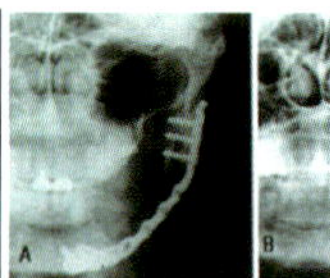

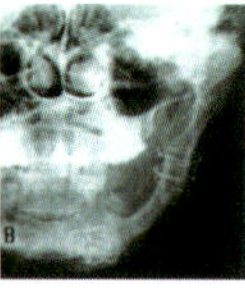


生体吸収性の高分子材料と骨髄海綿骨細片により再生された顎骨

### ● 軟骨再生（耳介）

bFGF の徐放化システムと組み合わせることによって，生体内へ移植された軟骨細胞の性質を維持することが可能となった．

bFGF 水溶液　　徐放化 bFGF

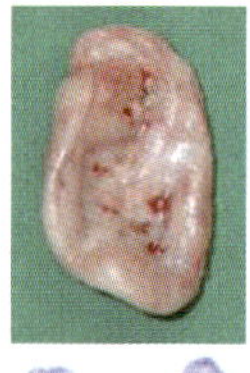
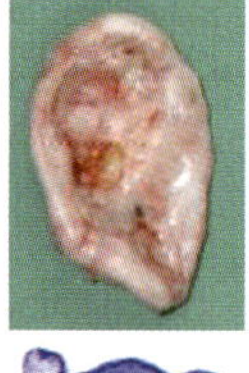

成熟度の高い軟骨が再生

### ● 軟骨再生（気管）

骨髄未分化間葉系幹細胞と徐放化 TGF-β1 細胞増殖因子と生体吸収性スポンジ（足場）とを組み合わせた気管の再生

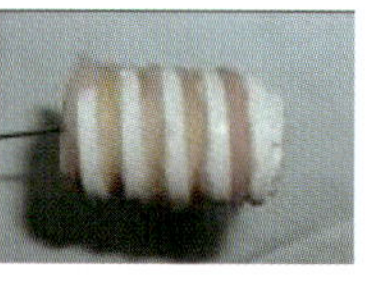

生体環境が整えば生体内で軟組織と軟骨とが同時に再生

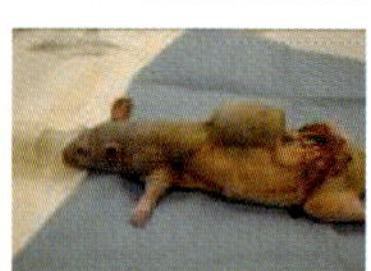

ヒトと同じサイズで組織学的にも完璧な気管の再生が可能に

### ● 足場技術と DDS 技術の組合せを利用した再生治療

足場と DDS 技術とを組み合わせて細胞の体内周辺環境を整えることにより，細胞による再生治療が現実に．

## 15章

→p.157

(a)

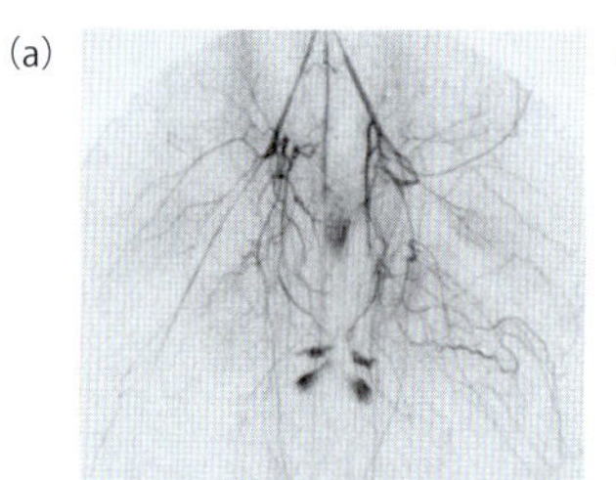

(b)

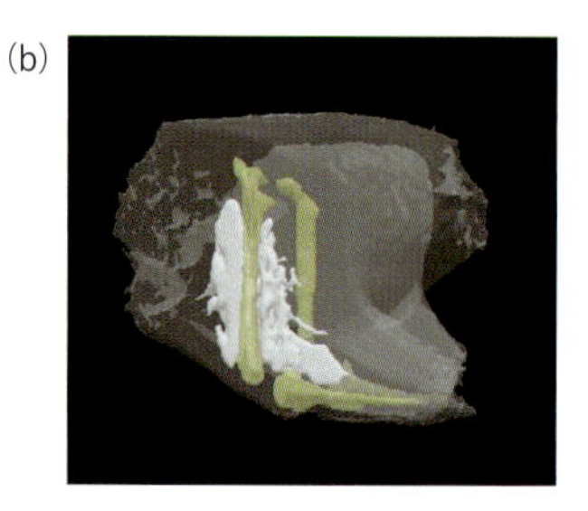

● EPC 移植により新生した血管の血管造影図(a)と移植 EPC の MRI 像(b)

## 16章

→p.162

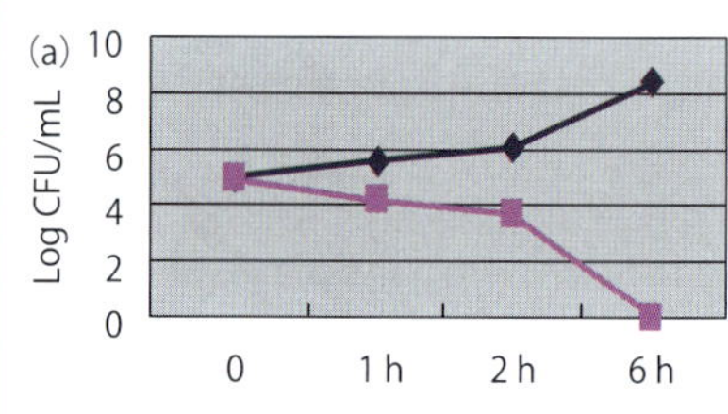


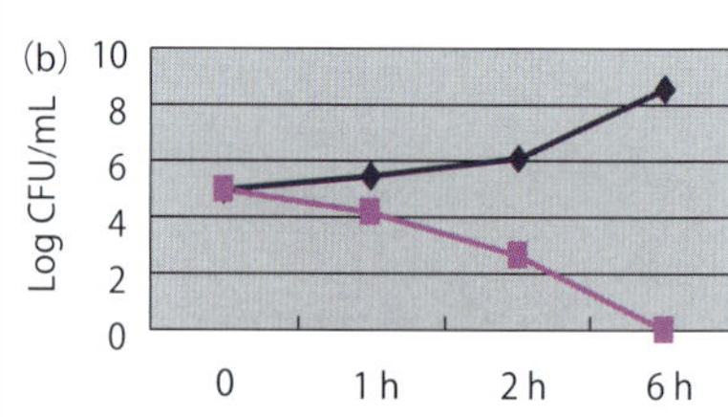


(c)

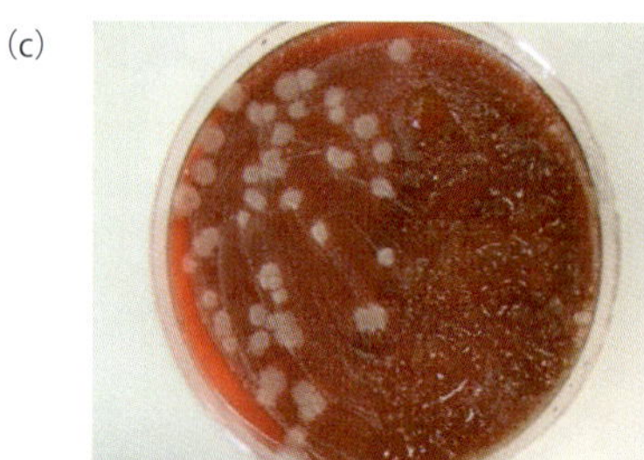

● LYDEX の感染予防・抗菌効果

(a) *S. aureus*,（b）MRSA，$1\times10^6$ (colony Forming units) CFU/mL の菌を LYDEX を固まらせた容器内に入れると，6 h で菌が 0 になった（$p<0.001$）.（c）LYDEX の部分には菌の発育が見られない．

## 17章

→p.169

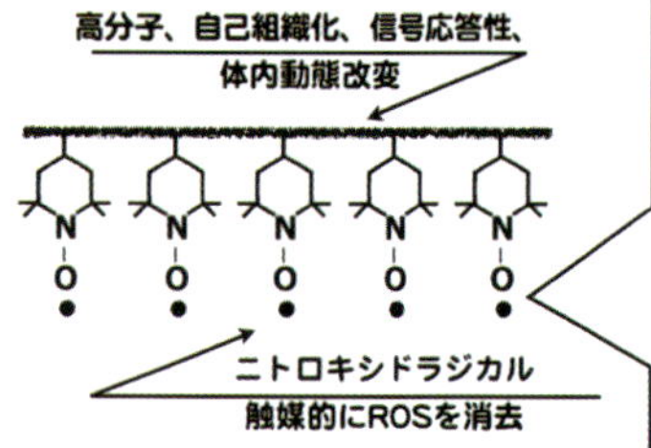


● レドックスポリマードラッグの設計

24

Chemistry in Medical Diagnosis and Drug Discovery

# 医療・診断・創薬の化学

## 医療分野に挑む革新的な化学技術

日本化学会 編

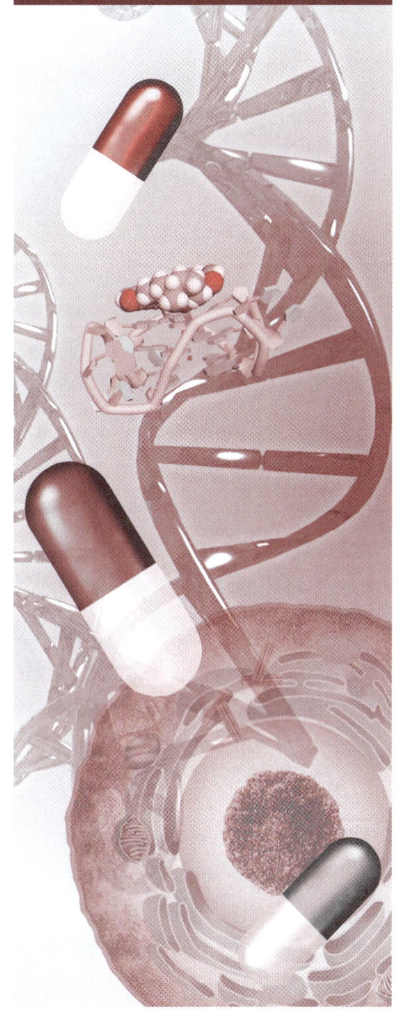

化学同人

『ＣＳＪカレントレビュー』編集委員会

# 総説集『CSJ カレントレビュー』刊行にあたって

これまで㈳日本化学会では化学のさまざまな分野からテーマを選んで，その分野のレビュー誌として『化学総説』50 巻，『季刊化学総説』50 巻を刊行してきました．その後を受けるかたちで，化学同人からの申し出もあり，日本化学会では新しい総説集の刊行をめざして編集委員会を立ちあげることになりました．この編集委員会では，これからの総説集のあり方や構成内容なども含めて，時代が求める総説集像をいろいろな視点から検討を重ねてきました．その結果，「読みやすく」「興味がもてる」「役に立つ」をキーワードに，その分野の基礎的で教育的な内容を盛り込んだ新しいスタイルの総説集『CSJ カレントレビュー』を，このたび日本化学会編で発刊することになりました．

この『CSJ カレントレビュー』では，化学のそれぞれの分野で活躍中の研究者・技術者に，その分野を取り巻く研究状況，そして研究者の素顔などとともに，最先端の研究・開発の動向を紹介していただきます．この 1 冊で，取りあげた分野のどこが興味深いのか，現在どこまで研究が進んでいるのか，さらには今後の展望までを丁寧にフォローできるように構成されています．対象とする読者はおもに大学院生，若い研究者ですが，初学者や教育者にも十分読んで楽しんでいただけるように心がけました．

内容はおもに三部構成になっています．まず本書のトップには，全体の内容をざっと理解できるように，カラフルな図や写真で構成された Graphical Abstract を配しました．

それに続く Part Ⅰでは，基礎概念と研究現場を取りあげています．たとえば，インタビュー（あるいは座談会），そして第一線研究室訪問などを通して，その分野の重要性，研究の面白さなどをフロントランナーに存分に語ってもらいます．また，この分野を先導した研究者を紹介しながら，これまでの研究の流れや最重要基礎概念を平易に解説しています．

このレビュー集のコアともいうべき PartⅡでは，その分野から最先端のテーマを 12～15 件ほど選び，今後の見通しなどを含めて第一線の研究者にレビュー解説をお願いしました．この分野の研究の進捗状況がすぐに理解できるように配慮してあります．

最後の Part Ⅲは，覚えておきたい最重要用語解説も含めて，この分野で役に立つ情報・データをできるだけ紹介します．「この分野を発展させた革新論文」は，これまでにない有用な情報で，今後研究を始める若い研究者にとっては刺激的かつ有意義な指針になると確信しています．

このように，『CSJ カレントレビュー』はさまざまな化学の分野で読み継がれる必読図書になるように心がけており，年 4 冊のシリーズとして発行される予定になっています．本書の内容に賛同していただき，一人でも多くの方に読んでいただければ幸いです．

今後，読者の皆さま方のご協力を得て，さらに充実したレビュー集に育てていきたいと考えております．

最後に，ご多忙中にもかかわらずご協力をいただいた執筆者の方々に深く御礼申し上げます．

2010年3月

編集委員を代表して

大倉　一郎

# はじめに

20 世紀初頭，腎不全患者の血液を膜で漉すことによって血液が浄化できるかもしれないという思いから，コロジオン（ニトロセルロース）による血液透析が試みられ，第二次世界大戦終戦の昭和 20 年にはアメリカで臨床試験に成功している．このように，近代医療は化学，とくに材料化学が中心となり，急速に発展していった．

わが国では高分子専門の科学者がいち早く医療分野へ進出し，新しい学問領域を創出してきた．たとえば東京では鶴田禎二博士，京都では中島章夫博士らが中心になり，高分子の構造と生体との相互作用に関して詳細に検討を重ねていった．また，医療診断の先駆けとなるバイオセンサーに関しても，1980 年後半から鈴木周一グループらによって始まっている．現在，医療分野において重要な核酸の化学合成に関しても，同年代より大塚栄子らが先駆けて行ってきた．創薬分野で期待されているペプチドの化学合成に関しては，泉屋信夫グループが世界的に早い時期から始めている．このように，創薬・診断の基礎となる技術は 1980 年代前後にわが国において始まっている．

遺伝子組換え，DNA ハイブリダーゼーション法，遺伝子増幅法である PCR 等のバイオテクノロジーの急速な発展に伴って，ここで発展した技術が医療分野に応用されるようになってきた．とくに DNA ハイブリダーゼーション法は，核酸塩基のアデニン－チミン，グアニン－シトシンの核酸塩基の相補性による水素結合形成によるものであるが，遺伝子検出にきわめて有効で，病気に関連する遺伝子検出に有効な手法であった．病気に関連する遺伝子の特徴的な DNA 配列に相補的な DNA 配列が，検体 DNA と 2 本鎖 DNA を形成するかどうかを検出するもので，これを電極上で行った DNA センサーの研究も日本が先駆的な研究を行ってきている．さらに DNA マイクロアレイ，DNA チップの発展によって病気に関連する遺伝子の探索も発展してきた．より詳細な DNA 配列識別のためには，2 本鎖 DNA 形成の物理化学的な解析が重要であり，この観点からも化学者の協力が必要である．最近，miRNA に代表されるように，RNA 化学は診断と創薬分野への貢献が発展するものと期待され，化学者による合成化学や物理化学的観点からの寄与はますます重要となってくると期待される．このように，医療の分野への化学の貢献は目覚ましく，より高性能な診断法を構築するためには，さらなる化学の貢献も必要となってくるであろう．

本号では，この分野の先端を走る研究者によって，基礎から現在までの状況を解説していただいている．本号をきっかけに若い研究者がこの分野に参加し，この分野をさらに発展するきっかけとなることを望んでいる．

2017 年 7 月

編集ワーキンググループを代表して

竹 中 繁 織

# CONTENTS

## Part I 基礎概念と研究現場

# CONTENTS

## Part II 研究最前線



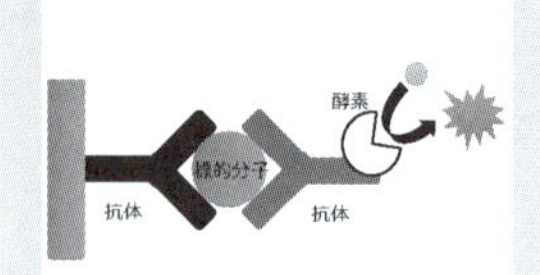

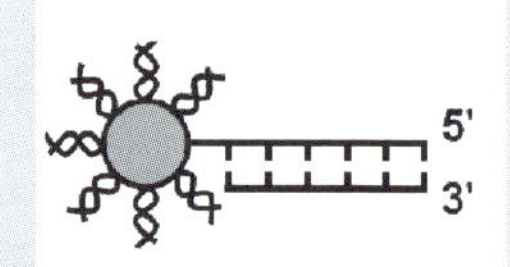


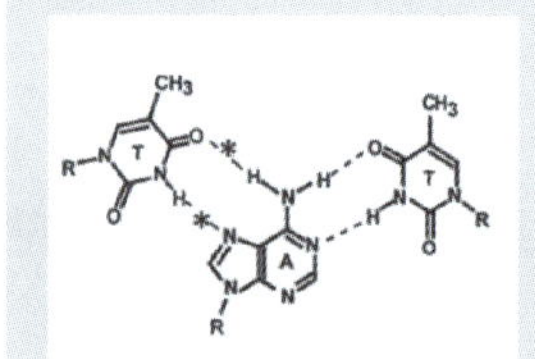


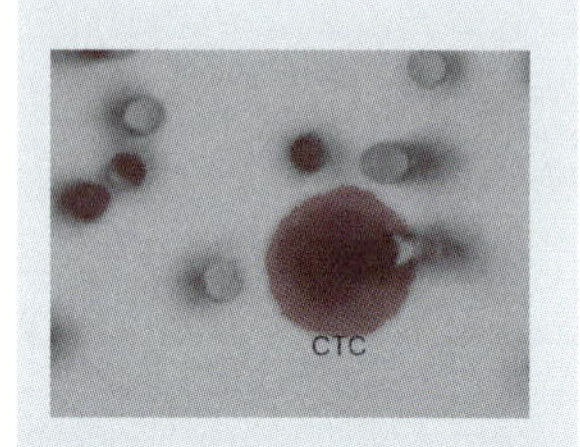

CONTENTS

# Part II　研究最前線



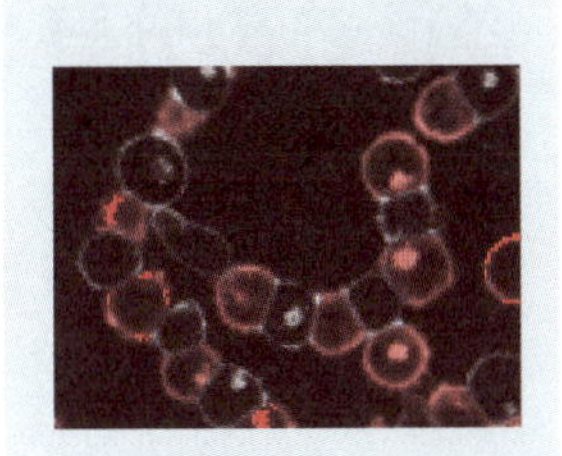

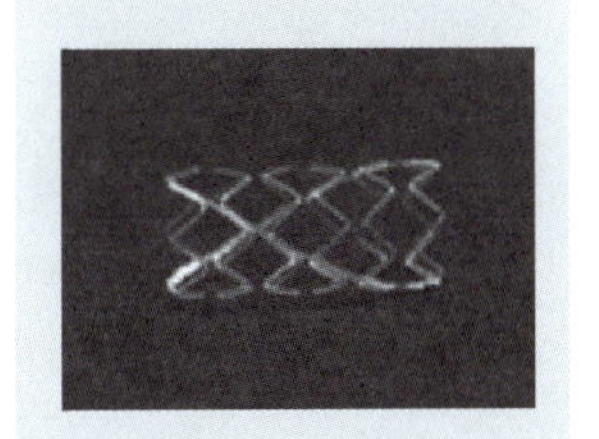

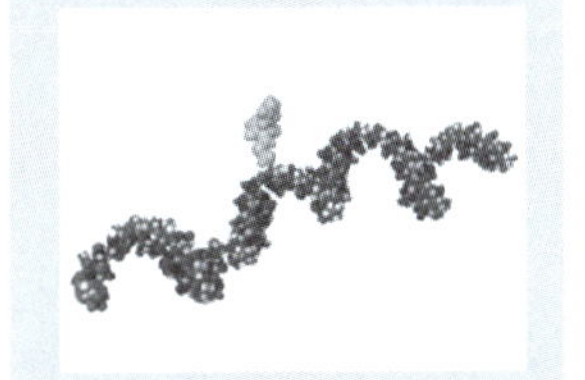

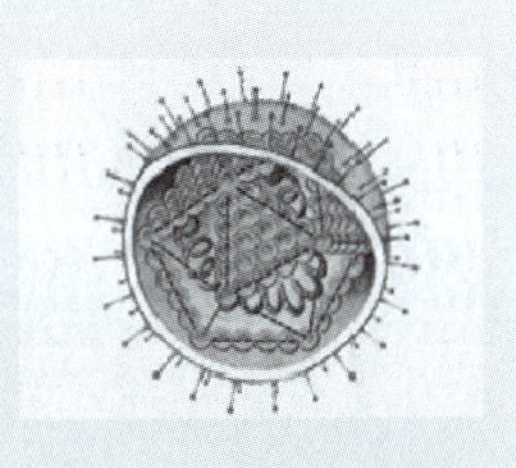

CONTENTS

## Part III　役に立つ情報・データ



★本書の関連サイト情報などは，以下の化学同人 HP にまとめてあります．
→https://www.kagakudojin.co.jp/special/csj/index.html

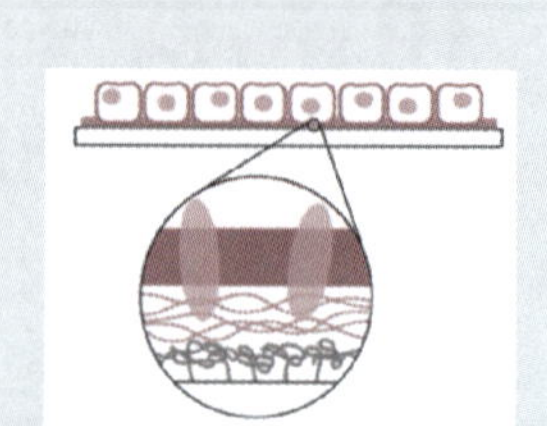

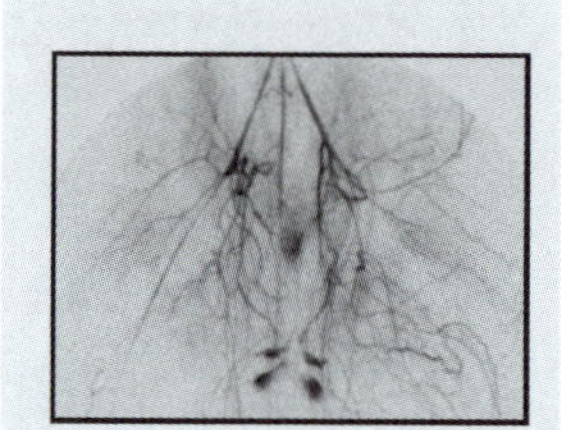

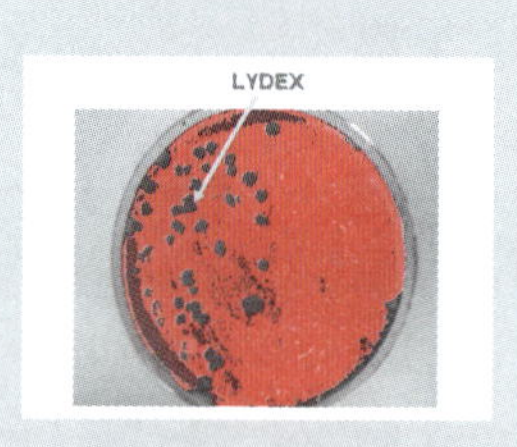


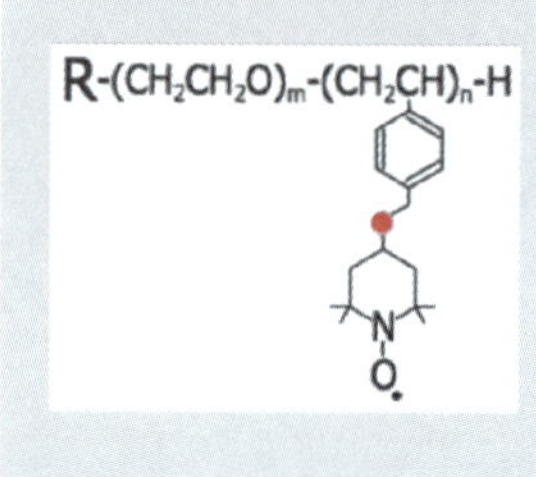

# Part I

# 基礎概念と研究現場

（左より）片岡一則先生（川崎市産業振興財団・東京大学），
岡野光夫先生（東京女子医科大学・UTAH 大学），北森武彦先生（東京大学）

# 医療と化学のインターフェース

**Profile**


**岡野　光夫（おかの　てるお）**
東京女子医科大学名誉教授・UTAH 大学教授．1949 年東京都生まれ．1979 年早稲田大学大学院高分子化学博士課程修了．研究テーマは「細胞シートを使った再生医療」「バイオマテリアル」．

**片岡　一則（かたおか　かずのり）**
川崎市産業振興財団副理事長・東京大学特任教授（名誉教授）．1950 年東京都生まれ．1979 年東京大学大学院工学系研究科合成化学専攻博士課程修了．研究テーマは「高分子ナノテクノロジーを応用した薬剤デリバリーシステムの開発」「スマートマテリアルからのナノマシン創製」

**北森　武彦（きたもり　たけひこ）**
東京大学工学系研究科教授．1955 年東京都生まれ．1980 年東京大学教養学部基礎化学科卒業．
研究テーマは「マイクロフルイディスク・ナノフルイディスク」「光熱変換分光による単一分子分析化学」

# マイクロからナノへ，構造から機能へ ——診断と治療を担うバイオテクノロジー

医療と化学はこれまでどのように関わり合いながら発展してきたのか．古くは，歯や骨という生体材料での治療に始まり，近年では，がんへの標的攻撃や，人工細胞の移植まで，医療分野のテクノロジーの進化には目を見張るものがある．テクノロジーの基盤にはつねに化学があった．伝統的なフラスコの中から，生体内の化学へと進化し続けてきた化学．医療と化学のインターフェース分野でご活躍の３名のフロントランナー，岡野光夫先生，片岡一則先生，北森武彦先生（兼司会）にお集まりいただき，日本の医療診断と治療を取り巻く歴史と現状，抱える課題から解決策まで，本音で語っていただいた．

## バイオマテリアルは構造から機能へ：医学生物学と材料の架け橋となる新しい学問の変遷

### バイオマテリアルというサイエンス

**北森**　はじめに，サイエンスとしてのバイオマテリアルの発展を振り返っていきましょう．

**岡野**　バイオマテリアルには，古くは紀元前の義歯まで遡ることができますが，近代では，金属とかセラミックスで歯科や整形外科領域への応用から始まって，着実に人を治すというところまで進んできました．

サイエンスの流れとしては，構造から機能へという流れが 1970 年代ぐらいから強くなるわけです．そういうなかで，体の中に機能材料をどう設計するかということで，高分子化学が取り組み始めます．人工物を体の中に使ったり，体の外につなげたりして，生体をアシストして，より QOL（quality of life）の高い人生をつくるという中でバイオマテリアルが出てきたわけです．

**北森**　最初はバイオコンパティブル（生体適合性）という問題があって，そのあと機能になった感じですか？

**岡野**　材料の医用機能を体の中で十分に発揮させるためには，材料自体が生体適合性でなければなりません．そういう意味で，生体適合するとか血液適合性の研究が始まるわけです．それが医療分野で大きな流れをつくっていくのはハイドロジェルだと思います．

コンタクトレンズとか，いま人工臓器として一番多く使われているのは眼内レンズなんです．

**北森**　人工臓器ですか．

**岡野**　眼内レンズというのは，眼の上に乗せるコンタクトレンズとは違って，中の硝子体のところへレンズの代わりに入れます．人工血管より多く使われています．

**片岡**　バイオマテリアルは体の中に入れて機能するというスタンスが非常に強く出ている分野ですよね．さらに，機能としてはセンサー機能であるとか，何かを放出する機能も大事です．

**北森**　片岡先生の DDS（ドラッグデリバリーシステム）とかね．

**片岡**　そうですね．一方，生体成分を

体内から取り出してきて，いろいろな分析を行う分野もあるわけですが，生体を扱うという点では分野はみんなつながっていると思います．

**北森**　大きな化学という範囲の中で，何かの機能を求めた分野がつながっている．

**片岡**　ええ．冒頭に戻りますが，1970年代に人類の福祉のための化学という概念が出てくる．それまでは体と接する人工物というと，構造材的な使われ方が多かったのですが，そこに機能という化学の分野の概念を持ち込むことによって，新しいバイオマテリアル研究がスタートしたのだと思います．

　バイオコンパチブルというと，まず抗血栓材料が思い起こされます．抗血栓性というと一見，何も機能していないように見えますが，実際は材料界面でのタンパク吸着をいかに制御するかという機能を達成するための綿密な分子設計が必要なのです．

**北森**　細胞機能のコントロール．まさに界面化学の出番ですね．

**岡野**　1990年代に心臓の人工弁はシリコンの弁なんか入れていた．ボールの弁になっているんですけど，シリコン弁は使うと脂質が入ってしまいます．これにより，硬くなっていってもろくなってしまうのです．

**北森**　シリコンに脂質が入るのですか．

**岡野**　長期には，少しずつ血液中の脂質が入り込んでいって弱くなっちゃうんです．ところが，ハイドロジェルみたいな材料を使うと，今度はカルシウムが入っていって硬くなっちゃう．機能を長期に維持させるためには，体と材料がどう一体になって生存しているかという問題を解決しないといけない．センサーを使う場合も，外で使えるセンサーを体に入れた途端に，1日で駄目になったりします．センサーにタンパクが着いたり細胞が着いたりするからです．

**北森**　異物を攻撃しに行くでしょうからね．

**岡野**　そういう意味で，体の中で機能を発揮させるというのは，体と材料の両面のサイエンスがないと維持できない．生体側からのアタック……自分が生体だからアタックされて，材料がどう変化するかということと，材料側，人工物側がどう生体の影響に対峙し，機能を発揮する状況をつくること．ここでのサイエンスは，医学・生物学と材料の間の接点に包括された，新しい科学技術を追求するフィールドというふうに考えてもらえたらいいと思います．

**片岡**　極限機能なんですよね．体の中は1気圧で37℃だから，一見，すごくマイルドに見えるじゃないですか．でも，別の見方をすると，そういう37℃，1気圧の条件でありながら，われわれの体の中では，普通の試験管の中だったら高温，高圧でないと起こらないような化学反応が起きているわけです．ということは，ある意味で恐ろしい環境なわけです．

つまり，普通だったらすごく極端な環境にしないと起こらないようなことが体の中で起きている．ということは，そこに飛び込んでいったら，極限環境にものを置いたのと同じことが起きてしまう．すごくマイルドと言っているんだけど，実はそうではない．

マイルドな条件でも，普通なら起こり得ないことが起きているような極限環境でいろいろなものを機能させる．それを試みるというか，その中に飛び込んじゃったというのがバイオマテリアルという学問ではないでしょうか．最初はみんな，もっと簡単だと考えたんですよ．抗血栓材料だってすぐできると思った．

**岡野**　酸化されないで酸素化されるヘモグロビンなんかは，微小な疎水場の環境の中だからこそできるわけですよね．ある微小環境の中では，分子運動性からみてマイナス何℃に匹敵するような，分子の動きが止まったような状況はよい例です．

それと人工物が触れたときに何が起きるかという，界面の問題．それから長期的には材料が劣化していくような問題もあるし，材料側が生体を痛めつけていくような問題．そういう問題の両方を理解することがサイエンスじゃないですかね．

**北森**　これからはもっと，バイオ系の化学作用するところの環境がどうなっているかという，ミクロな環境まで踏み込んだケミストリーがあって，それから物質をつくっていく….

**岡野**　片岡先生にしても私にしても，微小な世界，ナノの場で起きうる現象をコントロールすることによって目的とする現象を再現していっている．そういう考え方でいうと，まさに化学の

次に来た発展系の学問なんだと思います．

**北森**　われわれの分野ですと，ちょうどいま，マイクロフルイディクスがナノフルイディクスになって（図1），シナプス間隙を再現することができるようになってきました．そこに入っている水は全然違うというようなこともわかりつつあって．水が違えば物質の輸送も違う．そうすると，新しい材料の設計も機能の設計もまた変わってくる．今度はそこに機能する材料や分子をどうつくっていくかということがテーマになっていくのでしょうね．

**片岡**　そうですね．北森先生がやられているような分野でもセンサーとか検出とか，昔はもっとマクロな空間で，

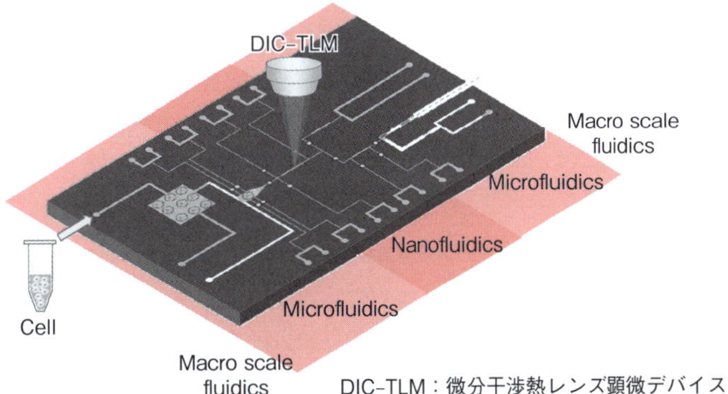


図1　マイクロ／拡張ナノ流体デバイスと単一細胞分析

しかも緩衝液の中でやっていればよかった．でも，それがどんどん，ナノの空間になってきて，なおかつそこにはいろいろな分子が共存していて，お互いに相互作用している．場合によってはタンパクの濃厚溶液になっている．そういうところで何かやろうとすると，実はいままでの物理化学の法則というのが，結果的には非常にきれいな状態での法則だったわけで．しかし，今後はきれいなモデル系が通用しないような分野に入って行かざるを得ない．

**北森**　行かざるを得ないですね．手段がなかったものがようやく手段ができ始めたので．

**片岡**　そう，診断とかの分野はまさに生体試料を扱いますからね．そういう点では，単なるこれまでの応用ではなくて，基礎に立ち返って，濃厚溶液というか，あるいは非常に夾雑物がある中でのいろいろな分子の挙動であるとか，そういうところにフォーカスを当てていくことが必要です．

**北森**　生体をとらえる視点のミクロ化ですね．

**片岡**　細胞の中だってそうでしょう．

**北森**　ええ，細胞の中とか間隙とか，ミトコンドリアなども，みなそうかもしれない．

### ❖ *in vivo* データは今後ますます重要になる

**岡野**　ところで，化学ではエネルギーは高い方から低い方へ移行するという，熱力学の法則にのっとって動くわけですけど，生物では能動輸送のようにエネルギーを使って濃度の低い方から高い方に移行する現象があります．

**北森**　仕組みは違いますね．

**岡野**　私たちが最初に体験する不思議な現象というのは，物質の吸着です．

運動性が高くなっていけば，吸着量は $T$ 分の1に比例するわけですから，温度が上がっていけば着きにくくなるわけです．だけど，生体では温度が高いと代謝が上がり，細胞が自分で細胞内骨核構造を動かして自分でより強く接着するという現象が起こる．すると，いままでの物理化学の吸着とはまったく違うことが起きてくるわけです．

そういうことを理解していくことこそが，人工物と生体の界面で何が起きているかという本質を知ることになっていて，そういうデータがだんだん蓄積されてくることによって，われわれはいま，人工物を生体の中で上手に使いながら治療するとか，診断するといった基盤ができつつあるわけです．

**片岡**　*in vivo* 分析化学！　これは重要ですね．私たちの分野では薬物を体内の標的部位に送達するための血中滞留性ナノ粒子の開発が進められています．あるナノ粒子は血中を24時間回るのに対して，別の構造の粒子は1時間でなくなるとか，大きな違いが出ます．

1時間でなくなるというと，ずいぶん能力が低いなと思う人が多いのですが，マウスの場合，心臓から粒子が血流に乗って出て行って帰ってくるのに約4～5秒ぐらいです．そうすると，半減期1時間を達成するには1回の循環当たりおそらく99.9%が帰ってこないといけません.

24時間の半減期を達成するというとたぶん，1回あたりで99.999%という帰還率が必要になる訳です．ある意味，半導体分野で言われるFive-Ninesの純度への挑戦に匹敵するような極限環境の技術を達成しなきゃいけないんです.

### データ解析の発展と医療

**片岡**　血中滞留性粒子を開発する分野では，ポリエチレングリコールで粒子表面を覆うことによって血中成分がくっつかないようにするということが行われてきました．最近では，質量分析の技術が発達したので，血中から粒子を回収してきて，そこに吸着しているタンパクを網羅解析するということが行われています.

そうすると，いままで思ってもみなかったようなタンパクが実は粒子表面に，時間とともに集積していって，それが結局，肝臓の異物処理に関係する受容体に認識される原因であるということがわかってきました．ですから，質量分析技術の進歩による恩恵はすごく大きいんです.

**北森**　いままで見えていなかったところが見えるようになってくると，新しいメカニズムを発見するきっかけになりますよね.

**片岡**　いままではバイオマテリアル研究は単なる現象論で，訳がわからない，何となく触れたくないという時代だったけれど，いまは分析技術がすごく進歩したので，血中を見られるようになった．中のものを取り出して，分子レベルでの網羅解析ができる時代です.

**北森**　そうですね．細胞関係とかペプチドやタンパクもそうだけど，ビッグデータ的な扱いがすごく流行ってきました．素粒子実験なんかと一緒です．とにかくどんどん繰り返し実験でデータを取っておいて，あとはそのデータの中からマイニングしていって，何か有意なものを取り出す．そういうデータ解析と分析ツールそのものの新しさと，性能向上が相まって，見えるものは変わってくるのでしょうね.

**片岡**　それらが進歩すると，もっと分子的な観点で生体応答をどう制御したらよいか答えが出てくる．たぶん，それがこれからすごく重要になるんじゃないでしょうか.

**岡野**　電子（電流）を介した測定や解析はかなり進みましたよね．だけど，神経伝達とか，化学変化による分子構造変化は必ずしも電子に置き換わっていかないようなところはまだわかっていなくて，それに化学者が本気で取り組んでいく必要がある．次の時代は，そういうなかで何か新しい診断とか，治療が大きく進むような時代が来るはずです．遺伝子解析がどんどん進んできて，今度はどう分子をコントロールするかとなってくる．その時に，特殊なナノの場とか，小さな場をどうコントロールしたら，どういうことが起きるかということがわかってくるでしょう.

**北森**　私は東大病院でずっと共同研究をやってきました．いままでは，こんなツールができたんだけど使っていただけますかという，工学側から病院へのアプローチでした．それが，いまうちに来て共同研究している人たちは，病院側から来ているんです.

何かを分析してほしい，それだけではなくて，たとえば，いま眼科の相原先生と進めているのは，神経と神経の間のシナプスじゃないんだけれども，物理的に（細胞間ナノチャネルの）距離を変えていって，物質輸送はどうなっているのか調べたり，水晶体と角膜の間や，角膜の中みたいな非常に狭い空間を流れる眼房水がどう流れているのか見てみたい．それから，皮膚科の佐藤先生，吉崎先生とは特定のB細胞一つのサイトカイン産生や放出を，細胞を殺さないで分析していく究極の単一生細胞分析に挑戦しています．難病の自己免疫疾患の細胞病理と治療法の研究ですね．こうした研究は，まさにナノフルイディクス，マイクロフルイディクスのコアのところを，われわれのツールを使いたいといって来てくれるのです．次の世代の人が新しいツールを手にして，何を解明して何を構築していくか，ものすごく楽しみです．

## 教育システムを振り返る

### ❖ 異分野融合教育の大切さ

**岡野**　われわれが勉強した化学の延長線上に未来が描けるのかどうか．それが一番重要な課題で，いままで20世紀でやってきた平衡系を主体とした化学だけでは，体との関連で見ていくと，いろいろ説明がつかないことが出てくる．

医学，生物学，生命科学と化学の間の距離をもっと縮めないと．教育もそうあるべきだと思います．

**片岡**　“融合教育”というのでしょうか．つまり，一つの分野を深く攻めるのもいいんだけど，ほかの分野に対して比較的若いうちから，最先端の環境を知る機会を学生に与えることが大事．

**北森**　基本ツールとベーシックなナレッジは，いままでのディシプリンなんだろうから，それをしっかり学部で学んでもらう．次に，マルチディシプリンなところをどこで教育するかということで，これからの時代が変わっていく．学部で並走なのか，大学院からか．

**岡野**　すごく重要なポイントで，いま学部と大学院がかなりクロスになっていますよね．学部まではしっかりとした原理，原則を教え込んで，全部がそうでなくてもいいと思うんですけど，世界のフロントでやれるような大学院生に，そういうことのできるような雰囲気をつくってあげないといけない．

みんなが細かく解析的に化学でやれることの極みを追跡していくというやり方じゃなくて，いままでまったく考えられないけど，いま片岡先生の話に出たような，生命科学との中で何かできないか考えられる，そういう創造ができるような教育というか，研究の場所をつくってあげることによって，人が育てられるんじゃないかと思います．

次はクリエーションできる人で，誰も考えなかったようなことを考えられる人を，どうつくるかというのを考えたら，フロントに場をつくって，そこで先生と学生が一体になって考えるのが極めて効果的です．

化学をやっているような人たちが生命科学とか医学とか，そういうところと一体になってやっていくようなことが，重要なんじゃないかなと思います．

**北森**　そこをどうやって，大学の教育の場の中で構築していくかというのが，いまの高等教育の課題だと思うんです．

### ❖ 偉大な先輩の下で学ぶ大切さ

**片岡**　私の経験ですが，バイオマテリアルの分野で言うと，1970 年代の後半に，高分子の分野で，鶴田禎二先生とか中島章夫先生が，医学系の渥美先生達と一緒に文部省の特定研究を行いました．私は当時，大学院生でしたが，あの特定研究に参加できたことはすごく勉強になりました．

最近はそうやって，みんなで集まって何かやるという研究スタイルは，トップダウン的ではないというので，あまり好まれないみたいですが，逆に，大学院生の立場から見ると，広い分野の第一人者の人たちが集まって，全体会議とかで研究発表を行う，そういう場でとても刺激を受けて，すごく意味があったと思います．

**北森**　ノーベル賞受賞者が，21 世紀になってから日本は世界で第 2 位という人数を輩出しています．当時育った人たちがいま受賞しているんですよね．

そういうことを考えると，日本人の創造性をモチベートとしたものは何だったかということを，もうちょっと歴史的に検証するべきですね．教育の仕方もそこから抽出していって，何か出さないといけない．

**岡野**　私は医学部の中に，先端生命医科学科という研究科（大学院）をつくりました．医学研究科の中に新領域をつくったわけです．臨床のできる医学部卒業生と，工学部の修士を出た人と，両者が入れるような仕組みになっていて，スタッフも半分臨床系医師で，半分 Ph. D でという中でやらせると，ものすごく影響し合います．

たとえば，腎臓の治療をやるというテーマを一緒に組ませたりすると，結構クリエイティブなことをつくり出してくるわけです．違う技術と違う知識をもった人が目標を同一にする．朝から晩まで議論していくような環境があってもいいのかなと感じています．

世界初の治療が，うちの研究所から七つ出たんです．これもちょっと考えられないようなことが起きた．いままでの“医学だけ，工学だけ”を越えたぶつかり合いみたいなものがあって，その中で考え続けて，途中でやめない拠点づくりをしたからこそと思います．

論文を書くことはもちろん大事なことです．しかし，論文がゴールではなくて，患者をちゃんと治すところをゴールにするんだというコンセンサスの下で一体になってやらせる．そういうちょっと 20 世紀のアカデミアに比べ異次元なことをやれるような環境を，日本の中にいくつかつくっていった方がいいんじゃないかなと思っています．

## 研究教育と社会との連携：ベンチャー起業

**北森**　3 人ともベンチャー企業を起こしていますが，産業界や社会との連携はいかがですか？

**片岡**　日本では先端研究とリンクしたベンチャー企業を起こし，継続していくことの難しさを痛感します．日本の場合，大企業が終身雇用で人材の囲い込みみたいなことが起きているんですよね．

**北森**　動けない社会なんですよね．

**片岡**　本当はいい才能をもっているんだけど，たまたまいろいろな事情で会社の中で能力を発揮できない．そういう場合でも，本人は結構待遇がいいから会社に残っている．でも，実際はそういう人がぱっとベンチャーに来てやると，実は本来の自分がもっている能力を最大限に活かして仕事ができたりする．そういうモチベーションを発揮する場がないんだと思います．

**岡野**　国全体で見れば，一人一人の能力が最高に発揮できるアカデミアと産業があるべきなんですよね，それから病院との連携も．それぞれの優秀な人の能力が一番発揮できるようになっていれば，国としては全体が生産性を大きく上げるのですが，能力があると楽をしてそこそこによい思いができるような誘惑があります．

私がよく学生に言うのは，本当に優秀なあなたたちが，普通の人の 2 倍苦労するからこそ困難目標が達成できるのであって，優秀な人が楽をして，普通の人と同じでいいというので半分しかやらなかったら才能を生かしてなく意味がないのです．優秀であればあるほど，人の何倍も苦労して頑張れ！と．

**片岡**　優秀な人もそうですが，普通のマインドの人がごく普通にベンチャー企業をやるようでないと駄目なんですよ．変人とか，変わり者だからやっているんだというと，それはどっちかというと希少種を見る眼ですね（苦笑）．

**岡野**　ベンチャーだからこそ本当に能力が発揮できる．大企業だったら上から決められて自分の能力が発揮できないのであれば，発揮できる場所でやった方が，生産的な仕事ができるはず．

**片岡**　ベンチャー企業をつくることは目的じゃなくて，手段だと思うんです．自分が行ってきた研究成果を素早く世の中に出せる．

**北森**　イノベーションの手段の一つですね．

**岡野**　社会を変えていくのに大切なことが二つあると思います．一つは，グローバルに欧米とつなぐ仕組みをもっと強化する．学生をもっと交換する，教員を交換するといった仕組みをつくる．

私は，ユタ大学に細胞シート再生医療センターをつくりました．そこの学生に女子医大に来てもらい，女子医大の産婦人科の先生を向こうに派遣したり，こっちで Ph. D を取った人が向こうへ行ったりして，クロスにしてやっていくことによって，それぞれの大学の知識と技術が融合し常識が変わるわけです．グローバル化して人をもっと動かすというのが重要だと思います．

それから，成果が出た人たちをちゃんとたたえてあげる仕組みをつくる．何もやらないで無難にやっているよりは，何かいい成果を上げた研究者を，ちゃんとみなで評価してあげるというネットワークをつくりながらやっていくことで変わっていくように思います．

そのために，欧米と日本は上手につなぐべきだと思うし，アジア各国，中国なんかともいいリンクをつくっていきながら，アカデミアをもうちょっとグローバル化する必要があります．いまあまりにも日本は閉じてしまって，研究も閉じちゃっているように思います．

**片岡**　そうなんです．最近，ドイツに行きましたが，ヨーロッパでは比較的保守的と考えられていたドイツでも，いま大学の様子がすごく変わりました．

**北森**　ドイツは 3 年くらい前からものすごく改革をやっていますよ．スウェーデンも大学発ベンチャー企業によるイノベーションをすごく研究して実行している．もともとアメリカはそういう社会．

**片岡**　日本のシステムには行き詰まりを感じます．世界ランキングがすべてではないけど….

日本でいまある多数の大企業だって，明治時代の初めには，みなベンチャー企業だったことを思い出してほしい．

## 未来の治療法

### がん治療の未来形

**北森**　がんの治療はどこまで進んでいきますか？

**片岡**　最近の話題では免疫療法とか，いろいろ進んでいます．これは，どちらかというと適応する患者さんの数を絞っていく，いわゆるパーソナライズ・メディスンなのですが，一方においては，年間で35万人の人が日本で亡くなっているわけです．そういう人たちに対して，あまねく適正な価格できちんとした治療ができるシステムは必要だと思います．

そうすると，化学療法剤にしても，分子標的薬にしても，がん幹細胞の阻害剤にしても，みな毒性が強いわけです．
このような薬剤が本当に必要なところで必要な能力を働かせるためには，薬剤キャリアの標的性を高めて治療していくというDDS（ドラッグデリバリーシステム）の考え方が，ますます重要になると思います．

いま開発されているDDSは臨床試験の段階で，わりと重症の人たちを対象としていますが，むしろ術前術後にDDS治療を併用することによって，がん患者さんの5年生存率を非常に高くするとか，転移や再発の確率を下げるとか，そういう方法論が非常に重要になってくると思います．

**岡野**　化学が果たす役割はどういうところですか．

**片岡**　化学が果たす役割は，もちろん薬そのものをつくるということもあります．しかし，私たちはナノマシンと言っていますけど，SF映画の『ミクロの決死圏』[*1]のように，外部の刺激に応答する材料を組み合わせてつくったナノスケールのデバイスが，体の中で必要なときに必要な場所で必要な機能をする，そういう方向に展開していくのではと私は思っています．

ですから，いま文科省のセンター・オブ・イノベーションプロジェクトで行っているのは，最終的には分子を組み上げてつくったナノマシンが活躍する"体内病院"（図2）をつくることです．

医療機器の歴史を見ると，まず体外型の人工臓器ができて，次に体内型の人工臓器に進み，そしてカプセル内視鏡ができました．つまり，確実に微小化，非侵襲，高機能になっていってるので，体内病院を目指す方向は正しいんじゃないかと思います．そうなってくると，医療機器の分野でも分子が活躍する世界に入ってきます．化学の出番ですね．

### 再生医療の未来形

**岡野**　薬はタブレットをつくったり，注射液をつくって，薬効が同じにコントロールされていないと，困ってしまうわけです．1分子が薬だという時代が今日の薬学を支配してきたわけです．いかにピュアな分子がどういう薬効を示すか，副作用が起きるかというのをはっきりさせて，薬が成立するわけです．

そこへペプチドが出てきた．大腸菌

＊1 **『ミクロの決死圏』**
原題：Fantastic Voyage．1966年のアメリカのSF映画．

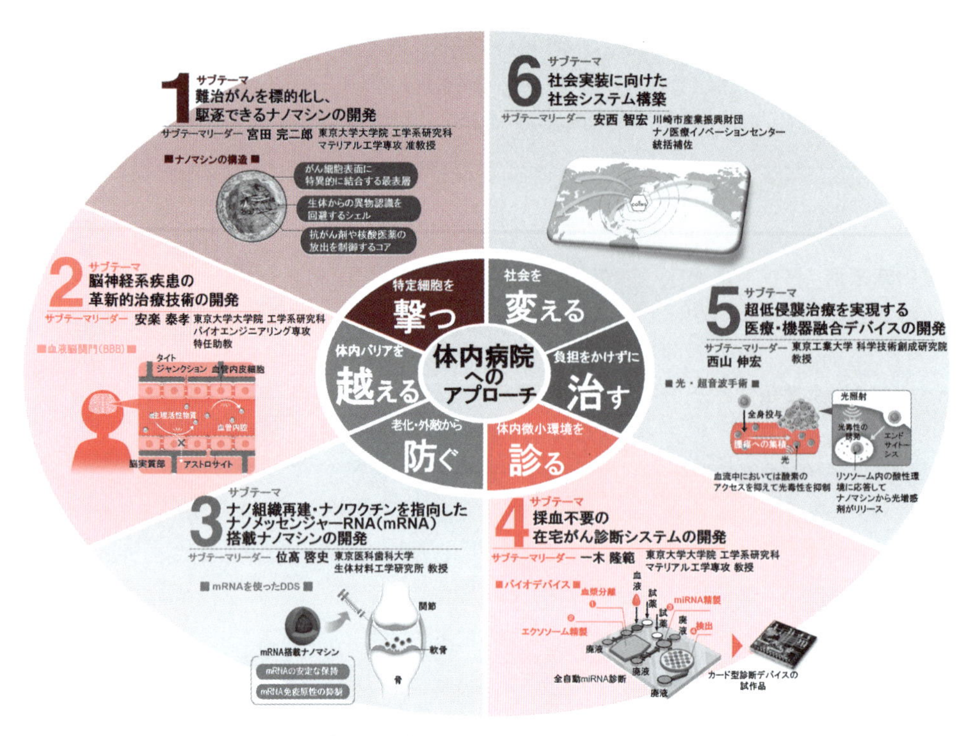


図 2 「体内病院」実現を目指す六つのアプローチ

につくらせた複雑なものが薬になるような時代になってきて，ペプチドやタンパク質が薬になる時代まで来ていて，いままで治らなかった病気が，かなり治るようになってきたわけです．

次は，細胞とか組織で治療を積極的にやる時代が来る．ところが，細胞とか組織で治療するというと，いままでわれわれがつくってきた，低分子とかバイオ医薬でやってきた延長線上そのままでは分子の集合体の細胞ではうまくいかなくなってしまうわけです．

自己細胞での治療は，原料を一定にしろなんて言われても一定にならないわけで，そういう世界でどうするのかとか，組織をどうつくるのか．

そのときに，化学の技術が１個の細胞をちゃんと機能的にコントロールできる．体の中でどういうふうにコントロールして使えるかというサイエンスをつくる．

細胞が集合した生体で，私は１細胞が体の中のユニットだというふうに思っていなくて．細胞がつながっているのがユニットで，“細胞シート”(**図 3**)がユニットだと思っています．その細胞シートを折りたたんだり，まるめたり，重ねたりして組織とか臓器ができているので，それができるようになってきたらかなりいろいろなことができると信じています．

たとえば，いま肝臓は，われわれの体の中で一番大きい臓器なんですけど，多くの異なるペプチドを出しているわけです．どの一つがなくなっても重篤な病気になってしまうわけです．

そのときに，肝臓全部を取り換える必要はなくて，小さな肝臓をどこかにつくるということもありなんじゃないかと．そうすると，数%補うだけで，

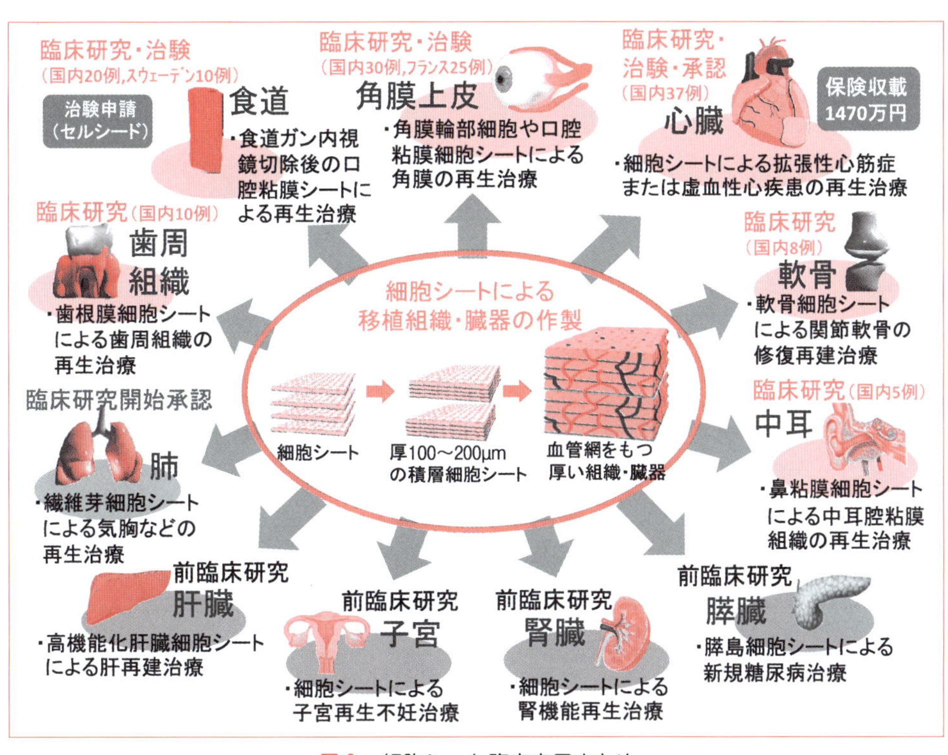


図 3　細胞シート臨床応用まとめ

たとえば血友病は重篤な病気を軽症化できるのです．

細胞でちゃんと膵臓をつくれたら糖尿病もかなり治せるし．そういうことを考えると，細胞とか組織はこれから多くの難病を治療できるような時代が来るだろう．角膜の上皮とか食道がんを取ったあとに，口の粘膜細胞を貼っておくとか，口腔粘膜の歯根膜細胞というので，周りの歯を再生させるなんていうことはすでに行っています．

自分はこういう技術があるからといって，使ってもらうことだけを期待していると，医学側では使い切れないのです．化学と医学を融合させるようなところへ出ていくという医師や研究者を，ちゃんとつくるべきだと思っています．

そうすると，病気はかなり治ると思うし，肝臓とか膵臓の病気が治って，あと腎臓．透析なんかやらないでいいような再生医療ができてくると，平均寿命が延びます．健康寿命を延ばさないと意味がない．最後の 10 年ぐらいベッドで寝たきりの人が多いわけですが，このような患者を救済することができるのです．

補助されて生きているというよりは，最後までアクティブに生きていられるような体にして，患者をアシストするという意味では，再生医療が大きく発展することが重要で，その中で，新しいタイプの科学者の果たす役割というのはかなり大きいと信じています．

**北森**　いままで全然メスが入っていなかった系に対するケミストリーが新しいバイオと医療を発展させるでしょう．化学のやることはたくさんある．若い人は化学にぜひ挑戦してください．

今日はありがとうございました．

Chap 2
Basic Concept-1

# 医療応用のための物理化学

津本 浩平・長門石 曉
（東京大学大学院工学系研究科）

## 1 なぜ物理化学が必要なのか

医療の世界に"物理化学"をなぜ必要とするのか．たとえば，インフルエンザに感染した際に処方する薬"抗インフルエンザ薬"は，低分子化合物でできている．この低分子化合物は，インフルエンザウイルスが宿主に感染するときに機能を果たすタンパク質に高い選択性と強い親和力をもって結合し，そのタンパク質の機能を失わせる．はさみに石が食い込み，はさみが使えなくなる，というイメージを想像するとわかりやすいだろう．では，抗インフルエンザ薬はどのようにしてインフルエンザウイルスのタンパク質に高い選択性と強い親和力をもって結合できるようにつくられたのか．それを知るためには，標的としているタンパク質の形（構造）を詳細に知り，その形にぴったりと合い，かついくつもの相互作用（非共有結合）を形成して，離れにくい状態をつくりあげる必要がある．つまり，人工的に，酵素と基質間の相互作用のような"鍵と鍵穴様式"を設計することが必要である．

このように，分子レベルでの相互作用様式を考えるために，高い選択性と強い親和力を，定量性（数値）と物理量（単位）で正確に評価しなければならない．この薬剤設計のために"物理化学"の議論が必要となる．ここでは，**分子間相互作用**（molecular interaction）における基礎的な物理化学的パラメータとして，熱力学と速度論について述べ，それぞれのおもな解析手法とその基礎知識を解説する．そして低分子医薬品を例に，医療応用における"物理化学"の世界の一端を紹介する．

## 2 分子間相互作用の物理化学

生体分子 A と B が結合し，複合体 AB を形成するとき，その反応が可逆的であると仮定すると，次式(1.1)のように表される．

$$A + B \rightleftharpoons AB \qquad (1.1)$$

式(1.1)は，反応速度定数で考えると，式(1.2)のように表される．

$$A + B \underset{k_{off}}{\overset{k_{on}}{\rightleftharpoons}} AB \qquad (1.2)$$

分子が結合していく過程は**会合速度定数** $k_{on}$，分子が解離していく過程は**解離速度定数** $k_{off}$ として表される．この反応式より**解離定数** $K_D$（結合親和性ともよぶ）は式(1.3)のようになる．

$$K_D = \frac{[A][B]}{[AB]} = \frac{k_{off}}{k_{on}} \qquad (1.3)$$

ここで結合におけるエネルギー変化（結合自由エネルギー）$\Delta G$ は次式(1.4)および(1.5)のように表せる．

$$\Delta G = -RT\ln K_A \text{（$R$ は気体定数，$T$ は温度）} \qquad (1.4)$$

$$\Delta G = \Delta H - T\Delta S \qquad (1.5)$$

A と B の相互作用において，**結合エンタルピー変化** $\Delta H$ と**結合エントロピー変化** $\Delta S$ を議論することができる．$\Delta H$ は発熱量変化に相当し，$\Delta S$ は分子の自由度を表す物理量変化に相当する．このように生体分子間の相互作用は，熱力学的または速度論的な物理量で定量的に評価することができる．これらのパラメータをもとに，分子間相互作用の性質（駆

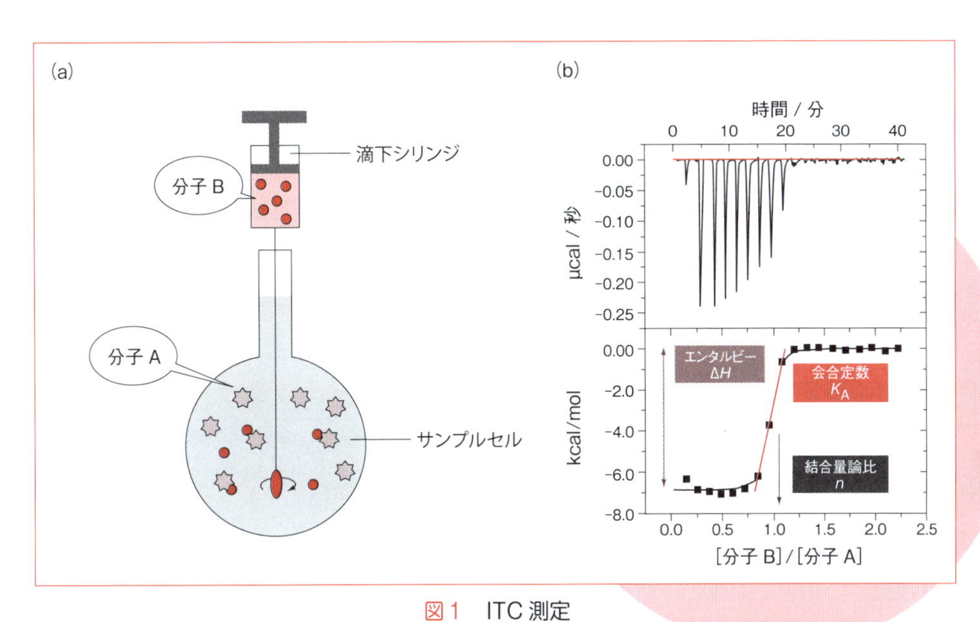


図1　ITC 測定
（a）ITC 装置の概略図，（b）ITC 測定プロファイル．

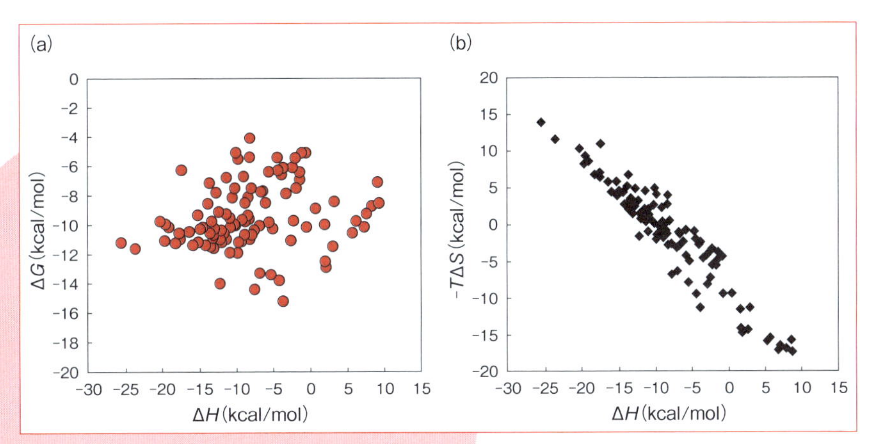


図2　タンパク質と低分子リガンドの結合における熱力学的パラメータ
（a）$\Delta H$ vs $\Delta G$，（b）$\Delta H$ vs $-T\Delta S$.

動力，特異性，安定性など）が分子レベルで議論される．近年では，これら熱力学的パラメータや速度論パラメータを測定するための解析装置が開発されており，多くの生体分子間相互作用が解析されている[1, 2]．

## 3 熱力学（サーモダイナミクス）

物質どうしが結合するときには，熱の発生や吸収を伴う．分子間の相互作用においても微小な熱量の変化が起こっている．この分子間の熱量変化を直接検出する装置として，**等温滴定型熱量計**（isothermal titration calorimetry；ITC）が広く用いられている．ITC 測定の概要を図 1 に示す．サンプルセルとよばれる空間に相互作用を観察したい分子の一方（分子 A）を充填し，もう一方の分子 B を滴下シリンジに充填する．滴下シリンジを回転させながらサンプルセル内の溶液を常に撹拌させた状態に保ち，滴下シリンジ内の溶液を一定量ずつ滴下していく（図 1a）．このとき，滴下ごとに分子 A と分子 B が結合することによる反応熱が発生する．滴下が続くと結合は飽和に達し，反応熱は減少していく．このそれぞれの滴下における熱量変化から得られるプロファイルより，結合エンタルピー$\Delta H$，会合定数 $K_A$，そして結合量論比 $n$ が求まる（図 1b）．さらに前述の式（1. 4）と式（1. 5）より，分子間相互作用の結合自由エネルギー変化$\Delta G$ と結合エントロピー変化$\Delta S$ を得ることができる．

この ITC 測定によって，生体分子間の熱力学的駆動力が明らかになる．水素結合やファンデルワールス力がおもに関与している場合は，発熱反応（$\Delta H$ 駆動）が観察される（図 1b）．一方で疎水性相互作用が結合におもに関与している場合は，吸熱反応（$\Delta S$ 駆動）が観察される．これは相互作用界面の疎水場に存在する水和水が，相互作用の過程で界面から放出される際の脱水和エネルギーに由来する．このように，熱力学的駆動力は結合における相互作用機構によって異なってくる．注目すべき点は，熱量変化は結合界面における分子間の直接的な非共有結合のみでは決まらないということにある．疎水性相互作用における脱水和エネルギーから明らかなように，結合において相互作用部位の水和状態がどのように変化するのかも熱力学的パラメータに反映される．

ITC 装置が普及して約 20 年の時が流れるなかで，多くの生体分子結合における熱力学的解析がなされてきたが，これらのデータを表にまとめてみると，とても興味深い傾向があることがわかる．図 2 はさまざまなタンパク質と低分子リガンド間の相互作用に関する熱力学的パラメータの分布である．図 2a は，横軸を結合エンタルピー変化$\Delta H$，縦軸を結合自由エネルギー変化$\Delta G$ とした場合のグラフとなる．このプロットの分布に相関性はない．したがって，分子間の結合親和性は$\Delta H$ によって決まるわけではないことを意味している．さらに図 2b は横軸を結合エンタルピー変化$\Delta H$，縦軸を結合エントロピー変化 $T\Delta S$ とした場合のグラフであるが，異なる分子の結合であるのもかかわらず，$\Delta H$ と $T\Delta S$ に相関関係がある．この関係は**エンタルピー/エントロピー補償**（enthalpy–entropy compensation；EEC）とよばれる．つまり，ある特異的な分子間の結合において，大きな負の結合エンタルピー変化があったとしても，結合エントロピーは不利に働くため（大きな自由度の低下のため），結果として結合自由エネルギー変化はある範囲にとどまってしまう．このように，相互作用における結合エンタルピー変化と結合エントロピー変化は互いに相反する関係にあり，この絶妙な EEC のバランスのなかで自然界は結合自由エネルギーを稼いでいるといえる．

## 4 速度論（カイネティクス）

医薬品における薬剤設計の評価として，**表面プラズモン共鳴**（SPR）は速度論解析技術の一つとして広く活用されている．SPR はセンサーチップの基板上に一方の生体分子 A を固定化し，その基板に対してマイクロ流路により結合を見たい生体分子 B を流す．その際，生体分子 A へ結合する生体分子 B の質量変化に相当するシグナルが検出される（図 3a）．これによって得られるグラフから，分子が結合していく過程において会合速度定数 $k_{on}$，分子が解離していく過程において解離速度定数 $k_{off}$ がそれぞれ算出される．式（1. 3）より，会合速度定数と解離速度定数のバランスからも結合親和性は導かれることから，生体分子間の結合における $k_{on}$ と $k_{off}$ のバランスよ

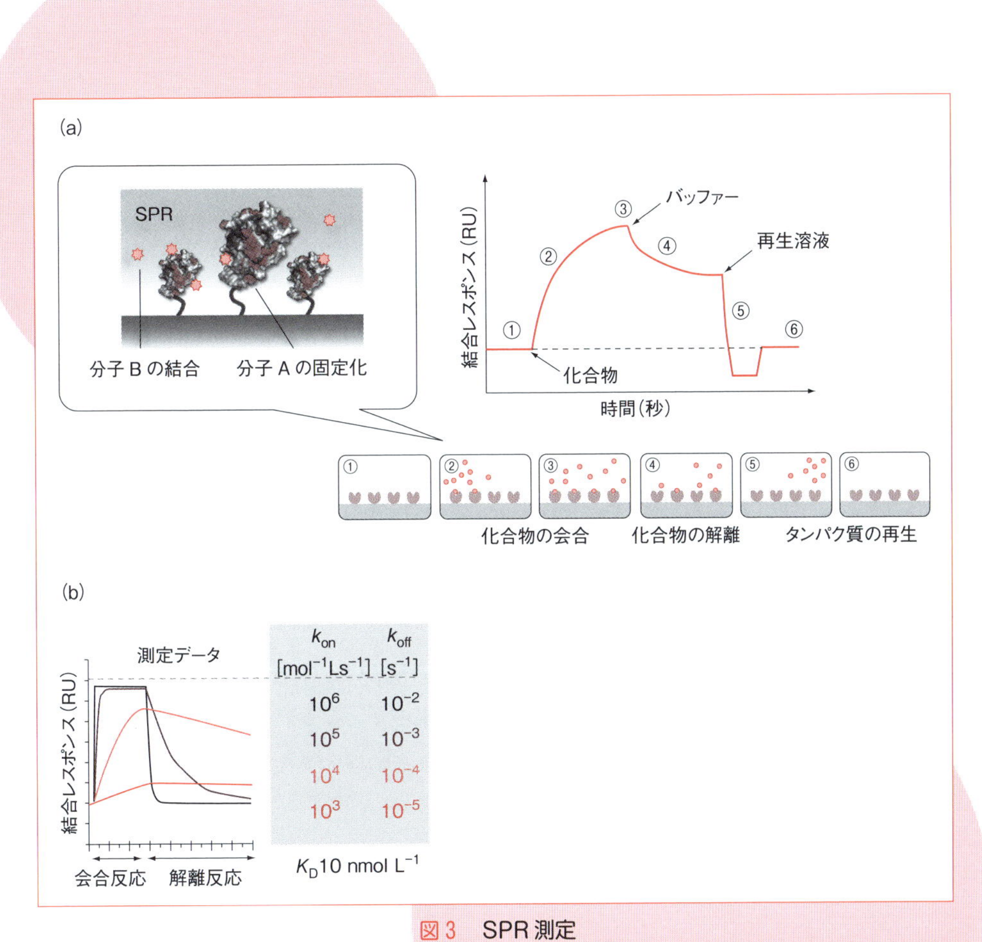


図3 SPR測定

(a) SPR装置の概略図と測定プロファイル,(b) 速度定数が異なる場合のSPRレスポンス形状.

り相互作用メカニズムを議論することができる(図3b).静電的相互作用は遠距離からでも働く結合のため,会合速度定数 $k_{on}$ に影響を及ぼすことが多い.一方で,疎水性相互作用は解離速度定数 $k_{off}$ に影響を及ぼすことが多い.さらに,解離速度定数は分子間相互作用の安定性(複合体の安定性)を議論する指標にもなっている.

解離速度定数が低い場合,その結合は長時間維持することができることを意味し,複合体が安定に存在できることを示唆する.この指標は,生体分子間の結合によって発現する機能がどれくらいの時間働き続けることができるのか,という議論を可能とする.細胞表層の受容体に対するリガンド結合によるシグナル伝達の効果や,細胞内での連動する分子間相互作用の流れ方を考えるうえで重要なパラメータとなる.

## 5 創薬と分子間相互作用の物理化学的解析

疾患に対する診断や治療における薬剤の多くは,有機小分子といわれる低分子リガンドである.この低分子リガンドが疾患に関連するタンパク質に結合することにより,酵素活性や分子間相互作用などを阻害し,疾患を抑制する.それゆえ,低分子リガンド結合がいかにしてタンパク質の機能を制御しているのかを,原子レベルでの詳細な解析や,熱力学的・速度論的な定量解析によって結合の物理化学的メカニズムを記述することが重要になり,各種パラメータがそのために必須の指標となる.以上の理由から,熱力学的評価(ITC 測定)や速度論的評価(SPR 測定)は薬剤設計(創薬)において有用なツールとして位置づけられている[3].

薬剤設計は,数万,数十万種類にも及ぶ薬剤候補分子群(低分子化合物ライブラリー)を用いて,標的とするタンパク質に結合し,その機能が変化するかどうか(たとえば阻害効果があるかどうか)を探索するところからはじまる(スクリーニング).阻害を示す化合物はヒット化合物とよばれる.次のステップは,このヒット化合物の化学構造を基本骨格に,より結合親和性が高く,タンパク質に対して特異的に作用する化合物(リード化合物,シード化合物)を合成していく最適化とよばれる工程に入る.この過程において,ITC や SPR が活用される(図 4a).

低分子リガンドのタンパク質結合において,親和性を創出する相互作用点をつくりあげることが創薬開発のキーポイントとなる.その相互作用点は水素結合,静電相互作用,ファンデルワールス力などの非共有結合によって創出される.そのため,発熱反応(負のエンタルピー変化)が高親和性薬剤の設計における指標の一つとして注目されている.図 4b は抗 HIV 薬の一種として承認されているいくつかの HIV-1 プロテアーゼ阻害剤に関する熱力学的パラメータである.このように,結合親和性の高い($\Delta G$ が負に大きい値の)阻害剤は,結合エンタルピー変化($\Delta H$)も負に大きい傾向にある[4].

SPR 測定は,化合物の時間変化に伴う結合と解離の挙動($k_{on}$ と $k_{off}$ のバランス)が有力な指標となっている.前述したように,遅い解離速度定数は結合の安定性を示すパラメータとなることから,特異的な相互作用を示唆する指標として注目されている.図 4c は,先の熱力学的解析と同様,HIV-1 プロテアーゼ阻害剤に関する速度論的パラメータである.標的タンパク質に対して高い結合親和性を示す医薬品は,わずかな会合速度定数の上昇もあるが,解離速度定数が顕著に低下していることがわかる[5].

このように,医薬品の開発では,より薬効を高めるための分子設計において,分子レベルで結合親和性を向上させる必要があり,そのための相互作用に関する物理化学的情報が重要な指標となる.高い結合力は,複数の非共有結合を形成して(たとえば,負のエンタルピー変化をより大きくして),離れにくい状態にする(たとえば,解離速度定数をより小さくする)ことにより達成できる.以上のように,創薬において物理化学は今後ますます活用されていくだろう.

### ◆ 文 献 ◆

[1] R. H. Folmer, *Drug Discov. Today*, **21**, 491 (2016).
[2] 長門石曉,楠﨑佑子,津本浩平,ファルマシア,**51**, 12 (2015).
[3] G. M. Keserü, D. C. Swinney Eds., "Thermodynamics and kinetics of drug binding," Wiley-VCH (2015).
[4] Á.Tarcsay, G. M. Keserü, *Drug Discov. Today*, **20**, 86 (2015).
[5] I. Dierynck, *J. Virol.*, **81**, 13845 (2007).

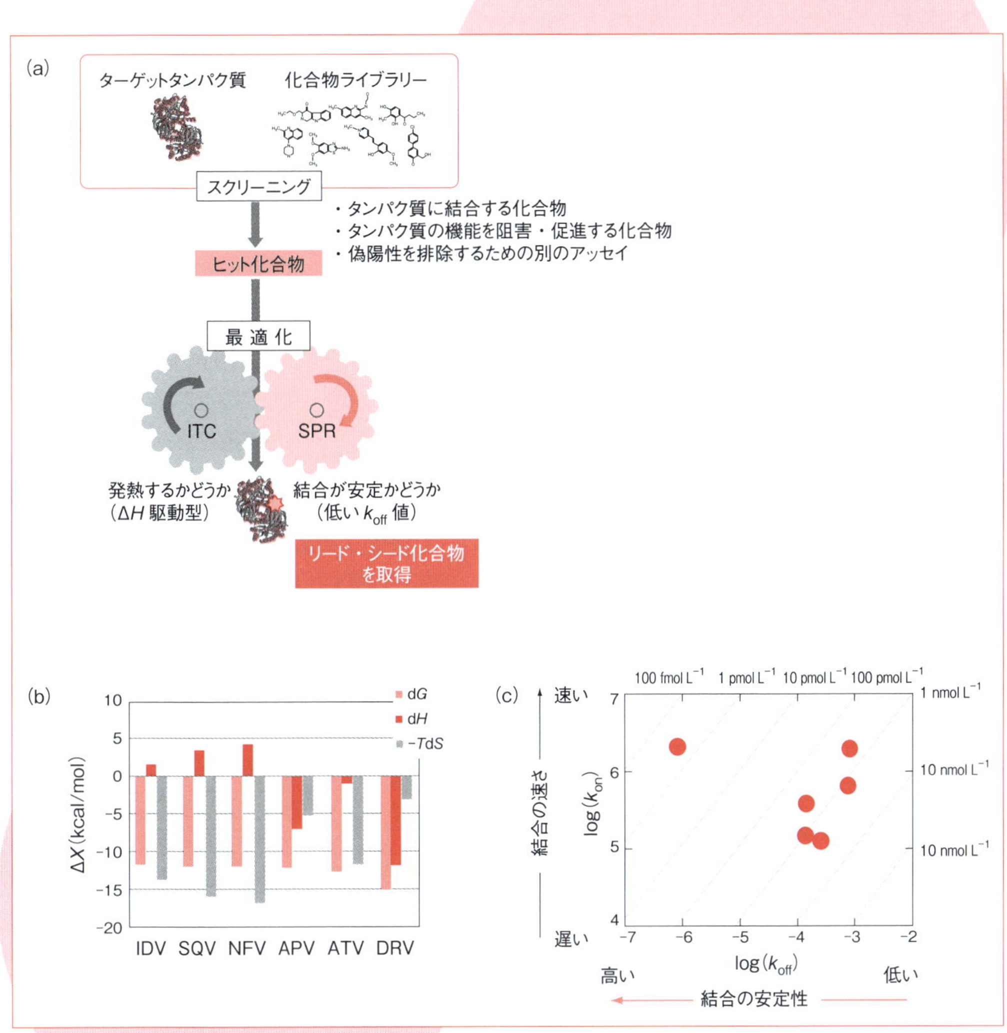


図 4　物理化学的解析を駆使した薬剤開発の流れ(a)，結合親和性の異なる各抗 HIV 薬の熱力学的パラメータ(b)，結合親和性の異なる各抗 HIV 薬の速度定数分布(c)

Chap 2
Basic Concept-2

# 医療応用のための分析化学

竹中 繁織
（九州工業大学大学院工学研究院）

## 1 はじめに

筆者の恩師である故高木誠教授（九州大学名誉教授）は分析化学とは分子の情報を化学，物理，生化学的手法によって得る分子情報科学だと仰っていた．現在の分析化学は，そのころに比べ多くの手法によってターゲットとする分子情報を得ることが可能になっている．医療分野においても生体内の酵素反応と病気との関係が明らかになるにつれ，酵素活性を分析することで病気が診断できるようになった．今日では，酵素だけでなく生体内の代謝物，核酸，金属イオンなどさまざまな分子をターゲットに分析が行われ，医療に応用されている．とくに核酸を利用した医療分野への応用は目覚しく，ここではこれまでの酵素やその代謝物に加え，核酸について分析化学の医療応用についてまとめることとした．

## 2 生体内酵素または代謝物による医療診断

生体内の酵素活性によって行われている診断法として，血液検査の一つの項目である**乳酸脱水素酵素**（LDH）を例にして述べる[1]．LDH は体内で糖がエネルギーに変換されるときに働く酵素で肝臓，心臓，腎臓などでつくられ，肝臓の細胞に広く存在する．このため，血液中の値が上昇すると，肝機能障害の可能性が高まる．その測定原理を図 1 に示した．乳酸が LDH の酵素活性によってピルビン酸に変化する際，**ニコチンアミドアデニンジヌクレオチド**（$NAD^+$）がその還元体 $NADH/H^+$ になる．ジアホラーゼとテトラゾリウム（黄色）を共存させておくと，ジアホラーゼにより $NADH/H^+$ が $NAD^+$ に酸化される際にテトラゾリウムが還元され，ホルマザン（赤色，水溶液中で約 500 nm で最大吸収を示す）になる．LDH の酵素活性は一定時間内につくられたホルマザンの量に直線的に相関するので，これによって血液中の LDH の酵素活性測定が可能となり，その値によって急性肝炎や心筋梗塞，肝臓がんの可能性を示すことができる．より詳細な検査のために**アイソザイム**（同じ働きをするが分子構造の異なる酵素群で LDH の場合 LDH1 から LDH5 の五つが知られている）検査が行われている．これ以外にもさまざまな酵素活性による診断法があり，このうちいくつかは血液検査の項目として現在も利用されている．

生体内の酵素反応によって生成する代謝物も病気と関連することが知られており，その代謝物量の分析によって診断も行われている．代謝異常により発症する病気として**ライソゾーム病**が知られている[2]．ライソゾームは細胞内小器官の一つであり，老廃物を分解している．遺伝子異常によってライソゾームにある酵素の 1 個あるいは複数個の酵素活性に異常があるため，ライソゾーム内に分解されない物質が蓄積することでこの病気が発症する．ライソゾーム病は酵素活性だけでなく蓄積物でも，診断が可能となっている．近年では，遺伝子診断が一般化されているようである．ここでは，代謝物の例として血液中のコレステロール測定による**脂質代謝異常症**の診断例を述べる[3]．

脂質代謝異常症とは，血液中のコレステロールや中性脂肪が増加する状態のことで，長いあいだ放置しておくと血管が詰まりやすくなり，狭心症，心筋梗塞，脳梗塞などの重篤な病気を引き起こす．コレステロールには血管壁に取り込まれて蓄積し，動脈硬化を引き起こす悪玉コレステロールである **LDL コレステロール**（低比重リポタンパク質コレステ

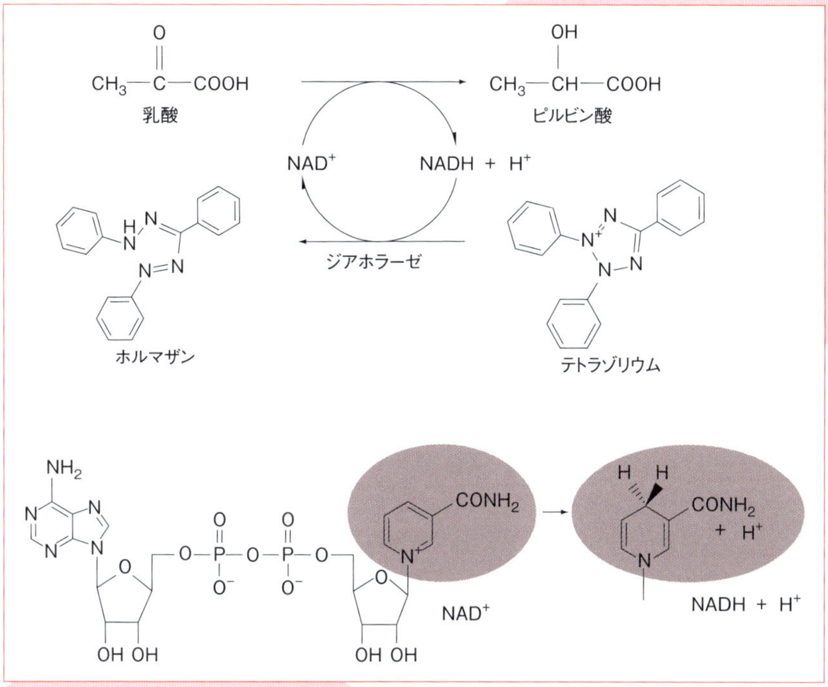

図1　乳酸脱水素酵素(LDH)の検出原理

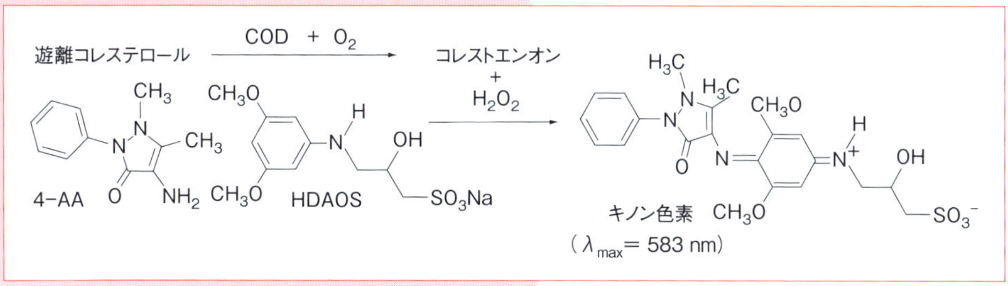

図2　遊離コレステロールの検出原理

ロール）と血管が細くなるのを予防する善玉コレステロールである**HDL コレステロール**（高比重リポタンパク質コレステロール）とがある．LDL コレステロールを減らし，HDL コレステロールを増やすことが健康を保つためには大切である．このコレステロールも酵素反応の組合せによって検出されている．

血中のコレステロールの 70～80％はエステル型として，残りの 20～30％は非エステル型（遊離コレステロール）として存在する．エステル型コレステロールは LDL や HDL などのリポタンパク質の内部に存在する．検体中のエステル型コレステロールは**コレステロールエステラーゼ**（CE）の作用で，結合している脂肪酸を遊離して遊離型コレステロールとする．遊離型コレステロールには，このエステル型コレステロールに由来するものと，もともと存在するものの 2 種類があるが，これらは**コレステロールオキシダーゼ**（COD）による酸化分解で生成する過酸化水素（$H_2O_2$）にペルオキシダーゼ（POD）を作用させると，4–アミノアンチピリン（4–AA）と *N*–（2–ヒドロキシ–3–スルホプロピル）–3,5–ジメトキシアニリン（HDAOS）とが酸化縮合され，それによるキノン色素を比色測定する（図 2）．これにより総コレステロール濃度が求まる．また，ヘパリン（分子量 5 万）と $MnCl_2$ を添加して LDL コレステロールを沈殿させ，同様に測定することで HDL コレステロールの測定も可能になっている．

このように，生体内の酵素を直接的または間接的に他の酵素と組み合わせた発色まで検出することによって診断が行われている．最近，これらの酵素や代謝物を抗原として抗体を作製する技術が発展しており，抗体を利用した診断法が広く行われるようになった．

## 3 抗体を利用した診断法

抗体を利用した診断法は **ELISA**（enzyme–linked immunosorbent assay）として発展してきている[4]．また，これを簡易化したものが**イムノクロマト**とよばれる手法である．ELISA の原理を図 3a に示した．病気に関係する生体内酵素または代謝物に対する 2 種類の抗体（同じものをターゲットにしているが異なる認識部位をもつ）を作製する．この抗体の一つをタイタープレートとよばれる複数個の溝があるプレートの溝の底に固定化する．これにサンプルを加える．ターゲットとなる抗原があれば，タイタープレートに抗体を通して保持される．さらに抗原の別の場所を認識するもう一つの抗体（二次抗体）を作用させる．二次抗体に検出のためのシグナル部位を導入しておけば，そのシグナル強度によって検出が可能になる．このシグナル部位には，**アルカリフォスファターゼ**（AP）が一般的に用いられる．

AP によって発色するいろいろな基質が知られており，市販されている．これらはリン酸エステルの AP による加水分解で発色するものである．たとえば，4–ニトロフェニルリン酸（4–NPP）は AP により脱リン酸化され 4–ニトロフェノール（4–NP）となり黄色（405 nm）を呈する．この発色の強度によって，抗原であるターゲット量を知ることができる．この手法は，サンドイッチ法とよばれている．標識抗原をあらかじめ結合させておいてサンプル中の抗原と交換させて検出する競合法や，抗原をランダムに固定化させておいて標識抗体を添加する方法などが知られている．これらの手法は前立腺がん診断法として知られる PSA 検査などで広く用いられている．タイタープレートへのサンプル中に存在する分析に関係しない非特異的吸着物質を除去するためのブロッキング操作に加え，結合したものと結合していないものとの分離（**B/F 分離**）がこの手法では重要である．このために行う洗浄過程によって，かなりの測定時間を必要とする．タイタープレートの溝の数を増やすことで（たとえば 384 穴）トータルの測定時間が短縮されている．

B/F 分離の問題を解決するためにクロマトグラフィーの原理を組み合わせたイムノクロマト法が確立されている（図 3b）[4]．これはセルロース膜上にサンプル溶液がゆっくり流れる毛細管現象を応用した手法である．この手法では，ELISA のサンドイッチ法と同じようにセルロース膜上に固定化された**キャプチャー抗体**と金コロイドなどで標識された標識抗体を準備する．サンプル溶液に標識抗体を混合してセルロース膜上に滴下するとターゲットの抗原と標識抗体との複合体がセルロース膜上を移動し，キャプチャー抗体が固定されている部位まで到達するとそこでトラップされ，呈色する．これを目視に

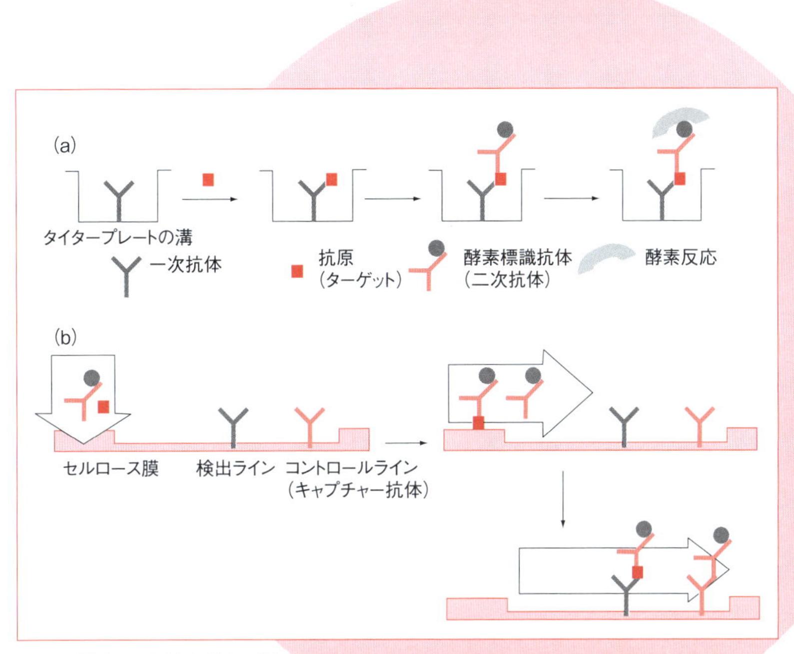


図 3　ELISA(サンドイッチ法)(a)とイムノクロマト法(b)の原理

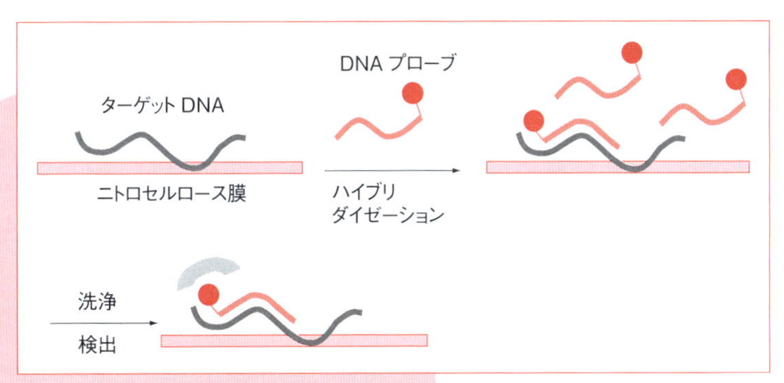


図 4　DNA プローブでのハイブリダイゼーション法によるターゲット DNA の検出

より判定する．通常，サンプル溶液が移動したかどうかを判定するために，コントロールラインにて標識抗体がトラップされるように作製されている．この手法は妊娠診断やインフルエンザ診断などで広く利用されている．以前は，感度や定量性などの問題があり精度は高いものでなかったが，最近いろいろ改良され，迅速性に加え感度や精度が向上されているようである．

## 4 遺伝子診断

疾病は，遺伝子の異常によってつくりだされるタンパク質の量や活性に影響を与え，代謝異常によって引き起こされる．これまでタンパク質や代謝物の測定による診断を見てきたが，もととなる遺伝子を見ることによって診断が可能である．これまで遺伝子診断は，遺伝病を診断する目的で行われてきた．しかし，ヒトゲノムが明らかになり遺伝子と病気の関係が詳細にわかるにつれ，特定の病気に対するリスク診断も利用できるようになってきている．

遺伝子診断は，異常タンパク質合成のもととなる特徴的な遺伝子配列に相補的なDNA断片（**DNAプローブ**）を利用する**DNAハイブリダイゼーション法**によって達成できる．この手法は次のように行われている（図4）[5]．すなわち，サンプルから分離したDNAをニトロセルロール膜などに固定化する．これに標識したDNAプローブを混合して二本鎖形成反応（ハイブリダイゼーション）を行わせる．膜上に保持されたDNAプローブのシグナル部位によって目的遺伝子を検出することができる．これまでは，ターゲット遺伝子の有無だけを判定するものであったが，最近では遺伝子の2倍量を定量することが必要となってきている．ヒトの染色体数は常染色体22対で44本と性染色体2本からなり，合計46本である．女性の性染色体はXXからなり男性の性染色体はXYである．したがって，常染色体は同じ遺伝子が二対ある．女性の場合はX染色体上の遺伝子も二対あるが，男性の場合はXとY染色体は1本ずつである．したがって，X染色体にのっている遺伝子の異常は女性がキャリアーとなるため，その男子に一定の確率で発症することになる．血友病や筋ジストロフィーがその例として知られている．

## 5 リアルタイムPCR法

**ポリメラーゼ連鎖反応**（PCR）は，特定遺伝子を増幅する手法でDNAプライマーにて挟まれた遺伝子領域を増幅することができる[6]．図5にその原理を示したが，この反応は理論的には倍々で進行する．すなわち，PCRのサイクル数を$n$とすると$2^{n-1}$で増幅される．しかしながら回数が増えるにつれて増幅効率が低下する．これは，核酸伸長に伴ってNTP（nucleoside triphosphate, ATP, GTP, CTT, TTP）から生成するピロリン酸の蓄積などによる阻害のためである．増幅されたPCR産物の検出法は，図6にまとめたように**インターカレーター法**[7]，**TaqManプローブ法**[8]，**Molecular Beacon法**[9]が知られている．インターカレーター法は，PCR産物は二本鎖DNAであるので二本鎖DNAに**インターカレーター**することによって蛍光を示すSYBR Green I共存下でPCRを行えば，PCR産物の増加に伴って蛍光強度が増大する．TaqManプローブ法は，PCRのプライマーで挟まれている領域に相補的なDNA断片の両末端に蛍光色素とそのクエンチャー色素（消光剤）を導入したTaqManプローブ共存下でPCRを行う．TaqManプローブはそれ単独，または鋳型となるDNAと二本鎖DNAを形成したときでさえ，クエンチャーによってその蛍光は消光されている．DNAポリメラーゼはエキソ活性（進行方向にある二本鎖DNAを削って新たに二本鎖DNAを合成する活性）をもつのでPCR増幅に伴ってTaqManプローブが切断され，蛍光色素はクエンチャー色素から開放され，発蛍光となる．これによってPCR増幅を蛍光の増強によってモニタリングできる．Molecular Beacon法は，TaqManプローブがヘアピン構造をもつように配列設計がなされている．また，この際利用するDNAポリメラーゼはエキソ活性をもたないのでポリメラーゼの伸長によってもMolecular Beaconは切断されない．すなわち，増幅されたDNAと二本鎖形成を行って消光されていた色素が発蛍光となる．インターカレーター法は，インターカレーター色素を共存させるだけでモニタリングできる点で簡便である．しかし，PCR条件によってはプライマー対だけでプライマーダイマーが形成され，それが検出されることになる．TaqManプローブ法

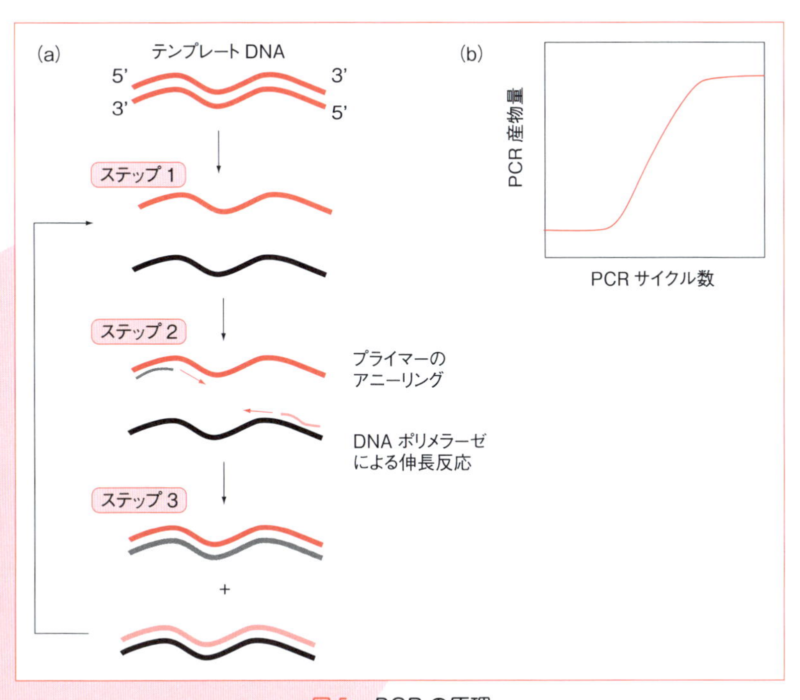


図5　PCRの原理

（a）PCR のスラップと DNA 増幅の原理，（b）PCR サイクル数に伴なう PCR 産物の増加.

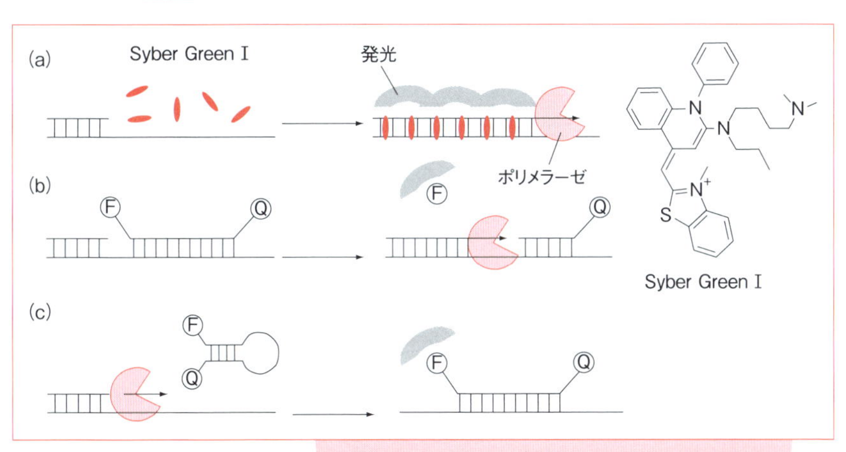


図6　Syber Green Iの化学構造とリアルタイムPCRにおけるPCR産物の検出方法

（a）インターカレーター法，（b）TaqMan プローブ法，（c）Molecular Beacon 法.
Ⓕ：蛍光色素，Ⓠ：クエンチャー

では目的のPCR産物だけが検出されることになるのでプライマーダイマーは検出されない．しかし一方，増幅する遺伝子ごとにTaqManプローブを作製しなければならない．Molecular Beacon法は，TaqManプローブの改良版と考えられるが，ヘアピン形成とPCR産物とのハイブリダイゼーションとの競合であるのでミスマッチなど小さなDNA配列変化を精度よく識別することが可能である．

ここでは，簡便で一般的であるインターカレーター法について説明する．鋳型DNA量とPCRサイクル数において鋳型DNAを段階的に希釈してPCRを行う．これによって図7のようになる．増幅が指数関数的に起こる領域で一定の増幅産物量になるサイクル数(threshold cycle，**Ct値**)を横軸に，初発のDNA量を横軸にプロットし，検量線を作成する．これによって最初のDNA量を見積もることができる．なお，Ct値の算出方法には，閾値と増幅曲線の交点をCt値とする方法(**Crossing Point法**)と増幅曲線の二次微分関数を求めてそれが最大となる点をCt値とする方法が知られている．後者は，もっとも増幅速度の変化量が大きい時点をCt値とするので閾値によってCt値が変化することがなく再現性が高く，装置による検出誤差の影響も排除できる．また，得られたPCR産物の温度に伴う蛍光強度変化をモニタリングすると図8のような曲線が得られる．これは二本鎖の融解曲線を意味している．この場合は温度上昇に伴ってインターカレーターが二本鎖から解離し蛍光が減少する．従って，その二次微分関数の最大となる点が融解温度($T_m$)となる．この最大が一か所だけでなくいくつか見られるときは，PCRで単一DNAの増幅が行われていないことを示している．これにより，上述したプライマーダイマーの評価も可能である．リアルタイムPCRによって検量線が作成できれば，未知のDNA量も見積もることができる．

細胞内の遺伝子の発現を解析するためにはそれに対応するmRNAをモニタリングするとよい．逆転写酵素であるリバーストランスクリプターゼが知られているので，これによって細胞抽出物中のmRNAからDNAを調整し，リアルタイムPCRを行えば，細胞中での発現量を見積もることができる．この場合はとくに検量線による見積もりは困難である．そこで，細胞内で通常発現していてその量が一定である遺伝子，たとえばGAPDHやβ-アクチンなどハウスキーピング遺伝子がコントロールとして利用されている．この遺伝子に比べ，発現量が何倍であるかといった議論が行われる．リアルタイムPCRは測定が自動化され，比較的安価になってきたので幅広く利用されているようである．いくつかは臨床診断に応用されている．当初は感染症の診断が主流であったが，最近では，肺炎，肺がん，結核性髄膜炎などの診断に用いられている．

## 6 まとめ

医療は診断によってそれに適した対処が行われている．したがって，精度よく迅速に診断できるかが重要なポイントとなっている．ここで紹介したように核酸，タンパク質，その代謝物等生体内のさまざまな情報が診断に用いられている．これらは化学に基づく分子レベルでの生命の理解によって成し遂げられたものと考えられる．さらに工学技術と結びつくことによって，診断技術の自動化を含めた技術革新があるものと期待される．

### ◆ 文 献 ◆


[1] 日本臨床化学会，臨床化学，**19**，228(1990).
[2] 衛藤義勝 責任編集,「ライソゾーム病――最新の病態，診断」，治療の進歩，診断と治療社(2011).
[3] 岡崎三代，オレイルサイエンス，**19**，471(2010).
[4] 生物化学的測定研究会 編,『免疫測定法　基礎から先端まで』，講談社サイエンティフィク(2014).
[5] 高橋豊三,『DNAプローブの応用技術』，シーエムシー出版(2000).
[6]『実験医学別冊 原理からよくわかるリアルタイムPCR実験ガイド』，羊土社(2008).
[7] T. M. Morisson, J. J. Weis, C. T. Wittwer, *Biotechniques*, **24**, 954 (1998).
[8] L. G. Lee, C. R. Connell, W. Block, *Nucleic. Acids. Res.*, **21**, 3761 (1993).
[9] S. Tyagi, S. A. E. Marras, F. R. Kramer, *Nat. Biotechnol.*, **16**, 49 (1998).

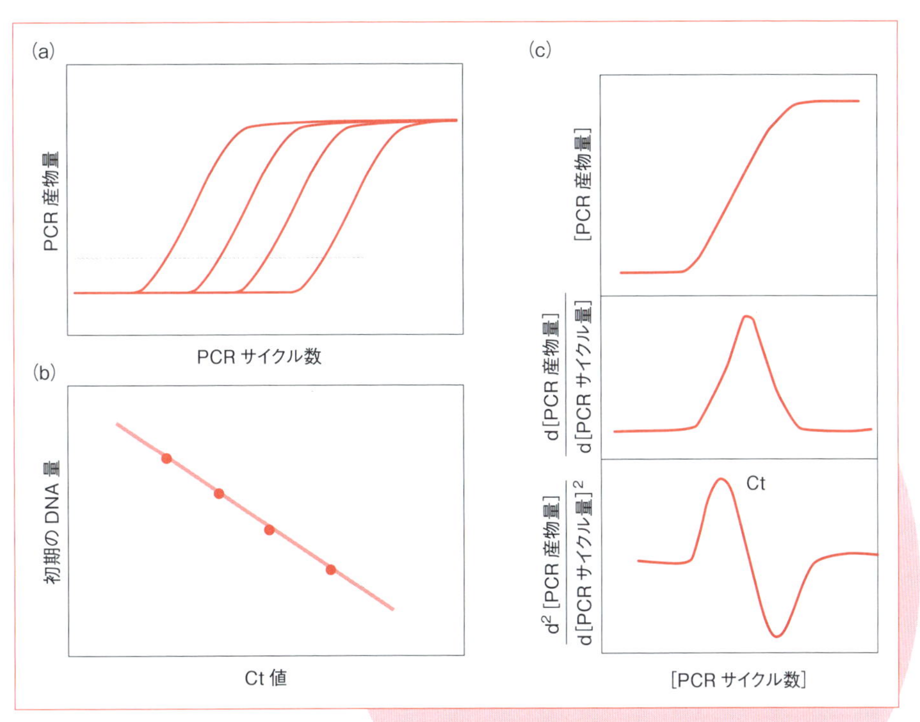


図 7　リアルタイム PCR の原理

（a）初期濃度を変化させたときのサイクル数と PCR 産物量との関係，（b）Ct 値と初期 DNA 量との関係，（c）Ct 値の二次微分による決定方法．

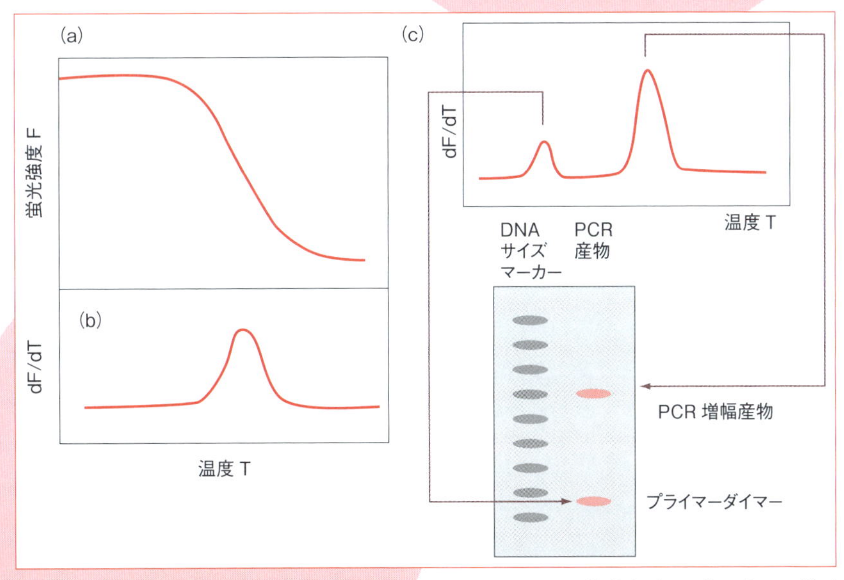


図 8　PCR 産物の温度変化に伴う蛍光変化（a），その一次微分（b），プライマーダイマーが存在する場合の一次微分曲線（c）

ゲル電気泳動法との比較を示した．

Chap 2
Basic Concept-3

# 医療応用のための材料化学

河野 健司・原田 敦史
（大阪府立大学大学院工学研究科）

## 1 はじめに

医療に応用するための材料は，生体という特殊な環境での使用をふまえた物性や機能性が求められる．すでに，高分子材料や金属材料，セラミックス材料など多様な材料が生体材料として実際に用いられている．これらの材料の多くは，生体内において化学的に安定でまた機械的強度に優れている．しかし，一般的な材料と比べて医療用材料に求められる特有の性質は，生体とうまくなじむ性質，生体適合性である．一概に，生体適合性といっても，この言葉のさす意味は多様である．医療用デバイスを体内に入れたとき，生体に生体から異物として認識されない，炎症反応を起こさせない，血液と接触したときに血液凝固を引き起こさせない，生体に毒性を示さない，体内で安全に分解されて代謝されるなど，さまざまな性質を含んでいる．そして，材料には用途に合致したさまざまな機能性を発現することが求められる．このような物理特性，生体適合性，機能性を制御できる材料の開発は，これからの医療の革新に大きな役割を果たしていく．分子レベル，ナノメートルレベルでの精密な材料作製を実現するための材料化学は，これからの医療用材料を創製するための基盤である．ここでは，そのような高精度でしかも多様な材料設計が可能な高分子材料を中心に，医療応用のための材料化学について材料作製，生体との相互作用，材料の機能性の観点から説明する．

## 2 医療のための材料作製

### 2.1 合成高分子材料

高分子材料は，一般的にも，また医療分野でも最もよく用いられている素材である．高分子は，モノマーとよばれる低分子が多数連結された構造をもつ巨大分子である．また，モノマーの連結様式によって，線状高分子，分岐状高分子，樹状高分子（デンドリマー）などがある．さらに，高分子では，異なるモノマーを連結させ共重合体とすることで，それぞれのモノマーの特徴を併せもつ高分子を作製することができる．異なるモノマーの連結の仕方によって，ランダム共重合体やブロック共重合体，グラフト共重合体などのモノマー連結様式の異なる共重合体を得ることができる．これらの共重合体は，そのモノマー組成の調節や分子鎖構造の選択によって，その分子レベルや集合体レベルでの物性制御が可能である．

高分子合成は，反応性基を二つもつモノマーの縮合反応による縮合重合，ビニル基をもつモノマーの連鎖反応による付加重合や，開環重合によって行われる（図1）．ポリ乳酸やポリグリコール酸などのポリエステルやナイロンなどがこの方法で合成される．一方，付加重合では，モノマー溶液にラジカルなどの活性種を生成する化合物を開始剤として加え，連結反応させることでそれらの連結体である高分子を得ることができる．この方法によって生成する高分子の分子量は，重合の開始反応と停止反応のバランスによって決まるため，一般に分子量分布をもつ．このような，高分子材料に特有の問題を改善するためには，リビング重合が有用である．リビング重合は，重合反応における成長鎖末端が活性をもち続け，停止反応が起こらないため，開始剤とモノマーの混合比や重合時間により分子量の制御が可能となり，分子量分布の狭い高分子を合成できる．また，重合反応がより厳密に制御できることから，より精密に

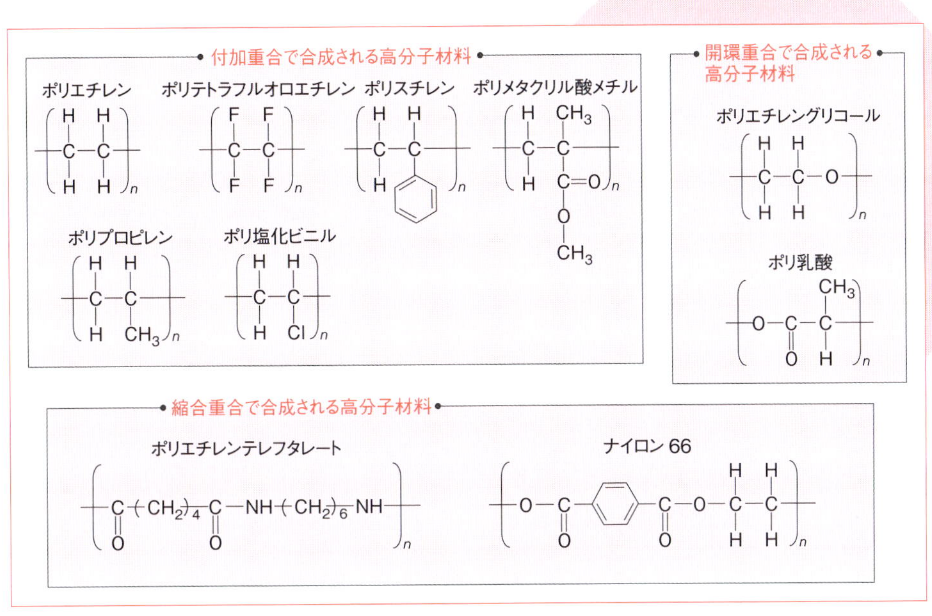


図１　医療分野で利用されている汎用高分子材料

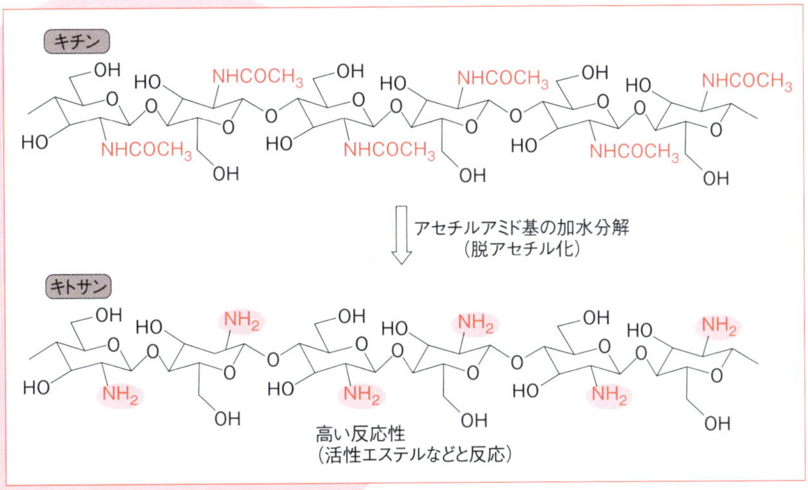

キチン

アセチルアミド基の加水分解
（脱アセチル化）

キトサン

高い反応性
（活性エステルなどと反応）

図２　機能性多糖として用いられるキチンおよびキトサン

構造制御されたブロック共重合体や星型ポリマーなどを合成することができる．リビング重合は，成長鎖末端の化学構造によって，リビングラジカル重合，リビングカチオン重合，リビングアニオン重合などがあり，さまざまな医療応用のための機能性高分子が合成されている．

ユニークな高分子材料として，デンドリマーがある．デンドリマーは，高度に規則的に分岐した樹枝状の分子鎖骨格をもつ球状高分子である．デンドリマーは，成長反応ごとに分子鎖を分岐させることで分子鎖を伸長させることで合成される．代表的な合成方法として，開始点となるコア物質から分子鎖を成長させていくダイバージェント法と，中心方法に向かって成長させるコンバージェント法がある．デンドリマーは，このような反応によって段階的に成長していくため，反応回数を調節することで必要とされる分子サイズのものを，分子量分布をもたない均一の高分子として得ることができる．また，異なるデンドロン（デンドリマーの側鎖構造）を組み合わせることによって非対称構造デンドリマーや，線状高分子との連結によるデンドリマー–リニアポリマーハイブリッドなどさまざまな構造的バリエーションが可能となる．

デンドリマーは，球状構造の内部領域と表面領域の機能化による材料設計が可能である．内部領域は，薬物や金属ナノ粒子などのゲスト分子を取り込むための空間として使うことができる．また，表面領域はポリエチレンオキシド，オリゴオキシエチレン，アルキルアミド基，糖鎖などで修飾することで，生体適合性，刺激応答性，細胞特異性などさまざまな機能を付与することができる[1]．

## 2.2 生体由来高分子

タンパク質であるコラーゲン，シルク，エラスチン，フィブリンや，多糖類であるアルギン酸，キチン，ヒアルロン酸，ヘパリン，コンドロイチン硫酸などのさまざまな生体由来高分子が医療用材料として使用されている．これらの高分子は，生体における安全性や分解性に優れるだけでなく，それらの高分子自体がユニークな機能をもつこともメリットである．

多糖類は，分子内に多数のヒドロキシ基をもつため，その化学修飾によって特性を改変したり機能性を与えたりすることができる．たとえば，多糖にカルボン酸無水物を反応させることによってカルボキシ基を導入すると，pH 応答性を示す多糖誘導体が得られる．また，生分解性ポリエステルである PLGA（乳酸とグリコール酸の共重合体）のグラフト化や，長鎖アルキル基の導入によって，両親媒性の多糖誘導体が得られる．これらの多糖誘導体は水中でナノ粒子やミセルを形成する．また，エビやカニの甲羅から分離することによって得られるキチン（ポリ-β 1,4-*N*-アセチルグルコサミン）のアセトアミド基の加水分解によって反応性の高いアミノ基をもつキトサンとなり，さまざまな誘導体が合成されている（図 2）．

タンパク質と同じくアミノ酸が縮合した高分子であるポリアミノ酸は，医療用材料として重要である．アミノ酸はその側鎖構造によって親水性，疎水性，アニオン性，カチオン性などさまざまな特性をもつことから，いろいろなアミノ酸からなるポリアミノ酸が合成されている．また，ポリアミノ酸の側鎖カルボキシ基，アミノ基，ヒドロキシ基は，薬物やリガンド分子を，共有結合を介して導入（化学修飾）するための部位（官能基）として使うことができる．

ポリアミノ酸は，アミノ酸 *N*-カルボキシ酸無水物（NCA）を開環重合させることによって合成される．アミンなどの求核性反応剤が NCA と反応することでその重合が開始され，開始剤を選ぶことでさまざまな機能性ポリアミノ酸を合成することができる．たとえば，片末端にアミノ基をもつポリエチレングリコールを開始剤として疎水性アミノ酸 NCA を重合させることで，ポリエチレングリコールとポリアミノ酸のブロック共重合体が得られる[2]．根元（フォーカルポイント）にアミノ基をもつデンドロンを開始剤として用いて NCA を重合させることで，デンドロンを末端にもつポリアミノ酸を合成できる[3]．NCA の重合は，機能性をもつ生体材料作製のための優れた手段といえる．NCA の重合ではアミノ酸残基の配列を自在に制御したポリペプチドを合成することはできない．アミノ酸配列の決まったペプチドを合成するために，固相合成法が用いられる．これは，ポリスチレンなどのビーズ上で，α-アミノ基および側鎖官能基を保護したアミノ酸を用いて

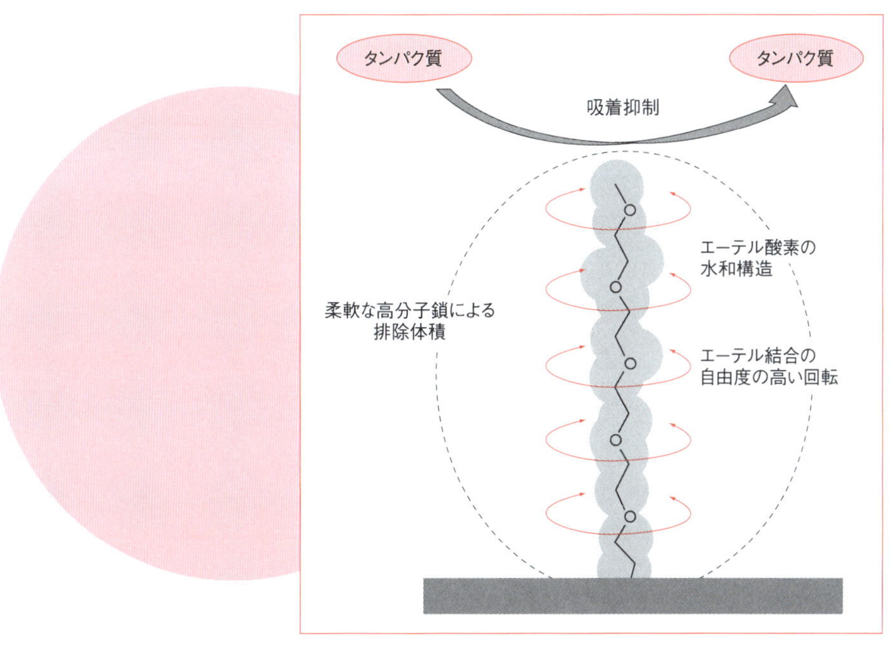


図3　ポリエチレングリコールの排除体積効果によるタンパク質吸着抑制

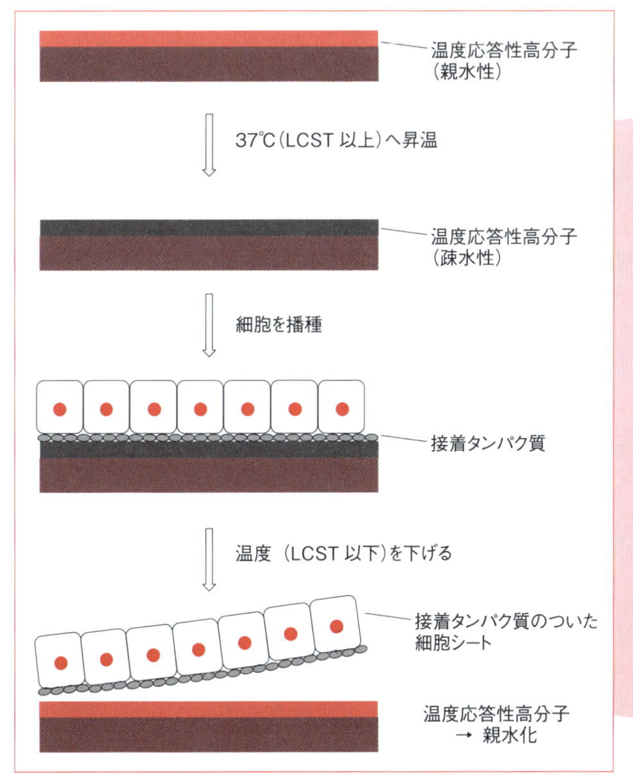


図4　温度応答性高分子を用いた細胞シートの作製

縮合と脱保護を繰り返すことで，所定のアミノ酸配列のペプチドを合成し，最後にビーズから切り離す．この原理によるペプチドの自動合成装置も用いられている．

## 3 材料の特性と生体内での挙動

医療応用を目的とした材料には，利用目的に応じてさまざまな特性，機能性が求められる．たとえば，人工血管や人工関節など，生体内で長期間働く材料は，化学的に安定で生体から異物として認識されず，また，血栓形成，炎症反応，アレルギーなどの免疫反応などの生体反応を引き起こさない性質(生体適合性)が求められる．逆に，人工皮膚や縫合糸，徐放性薬物送達システム(DDS)の材料は，生体内で分解してなくなる性質が望ましい．他にも生体の細胞に安定に結合する性質や，逆に細胞と相互作用しない性質，生体の内部の環境に応じて特性を変える性質など，さまざまな特性をもつ材料が医療応用には必要となる．ここでは，医療応用のための材料の特性，機能性について説明する．

### 3.1 材料の特性の生体適合性

材料の生体適合性は，その表面の特性と生体成分との相互作用に依存する．生体内において材料は，まず体液や血液に含まれるタンパク質と相互作用する．したがって，タンパク質が材料表面にどのように相互作用するかが材料の生体内での挙動に大きく影響する．タンパク質は正や負に帯電した側鎖をもつアミノ酸残基や疎水性の高い側鎖をもつアミノ酸残基を含むため，静電相互作用や疎水性相互作用などによって材料表面と相互作用する．材料表面に強く吸着したタンパク質は，その立体構造を変化させて変性し，血液凝固などの生体反応の惹起や細胞接着，細胞活性化などにつながる．

電荷をもたないが水和しているポリエチレングリコールは，柔軟な高分子鎖がもたらす排除体積効果によってタンパク質の吸着を抑制し，生体と相互作用しない不活性な材料表面をつくるためによく用いられる(図 3)．実際，高分子材料や金属材料の表面にポリエチレングリコール鎖をグラフト化すると表面へのタンパク質吸着が抑制され，また，細胞も接着できなくなる．また，高分子などでできたナノ粒子は血中に投与すると肝臓などに存在する貪食細胞に認識され取り込まれ，速やかに血中から排除されてしまうが，ポリエチレングリコール鎖で表面を覆ってやると，貪食細胞による捕捉を逃れて血中に長く留まり，循環するようになる．この他，細胞膜を構成するリン脂質分子の極性基と同じホスホリルコリンを側鎖にもつ 2-メタクリロイルオキシエチルホスホリルコリン(MPC)ポリマー[4]や，ポリ(2-メトキシエチルアクリレート)といった高分子などは，表面修飾した高分子鎖近傍の水の構造に着目した生体に適合する材料表面が構築されている．

### 3.2 生体内で分解する高分子

生分解性高分子は，組織工学，再生医療，DDS などさまざまな医療応用のために使われている．生体内での高分子材料の化学的安定性は，主鎖の結合様式や側鎖の疎水性度などの化学構造，材料の結晶化度，酵素による分解性などさまざまな因子に影響される．生体内で分解し，吸収される高分子材料としてまずあげられるのが，生物由来高分子であり，コラーゲンやその変性物であるゼラチンなどのタンパク質，セルロースやキチン，キトサン，ヒアルロン酸といった多糖類などが生分解性高分子として用いられている．また，化学構造的にタンパク質と同じポリ-L-アミノ酸も生分解性高分子であるが，ポリ-D-アミノ酸は，酵素分解を受けず，生体内の分解性は低い．

一方，分解性を示す合成ポリマーも開発されている．高分子の分解性は主鎖骨格に含まれる結合の開裂によって起こる．多くの場合，ポリマー主鎖の開裂性は，主鎖骨格に含まれている加水分解性結合によって与えられている．このような加水分解性結合として，アミド結合，ウレタン結合，エステル結合，カーボネート結合などが用いられ，この順に加水分解性が増大する．

## 4 材料の機能性と医療応用

材料の機能はその医療応用に直結する．したがって，その利用目的に応じた機能性をもつ材料の開発が必要となるため，さまざまな機能性をもつ材料が

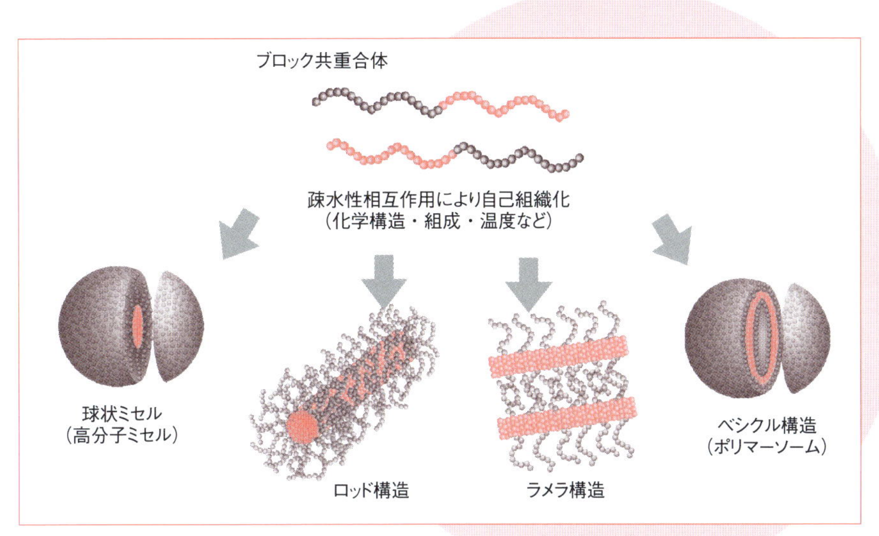


図5　ブロック共重合体が自発的に形成する自己組織体

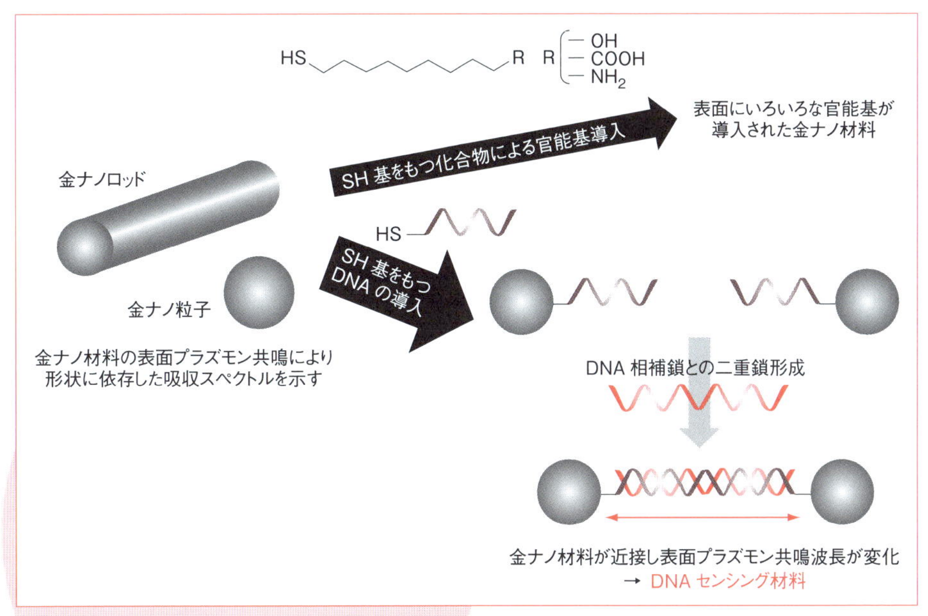


図6　金ナノ材料の表面修飾

作製されている．とくに，高分子材料は，モノマーの分子設計や高分子反応を駆使することで，多様な機能性材料を設計できるため，生体応用のための材料として優れた素材である．さまざまな機能をもつポリマー材料が合成され，それらの DDS や再生医療機器などの医療応用が試みられている．ここでは，おもな機能性高分子材料について述べる．

### 4.1 刺激応答性高分子材料

生体内部の体液の pH は中性に維持されているが，それとは異なる pH 環境をもつ部位や組織が存在する．たとえば，胃の内部は強酸性であるが腸の内部は，中性～弱アルカリ性 pH である．また，炎症部位や腫瘍近傍は，弱酸性 pH となっている．細胞内部においても，細胞内小器官であるエンドソームやリソソームの内部は弱酸性 pH であり，中性 pH のサイトゾルとは異なった pH 環境になっている．このような環境 pH の違いを感知して応答する材料は，DDS などに応用できる．一方，温度に応じて水溶性を変化させる温度応答性高分子は，DDS や細胞工学材料，ゲル，分離材料など幅広い医療応用が進められている．代表的な温度応答性高分子であるポリ-*N*-イソプロピルアクリルアミド（PNIPAAm）は，約 32℃以下では水によく溶けるが，それ以上の温度では脱水和して相分離する．この相分離温度は下限臨界溶液温度（LCST）とよばれる．PNIPAAm を表面にグラフト化したシャーレは，さまざまな細胞のシートを作製できる（図 4）．LCST 以上である 37℃ではシャーレ表面は疎水性となっており，タンパク質が吸着し，細胞が接着する．培養を継続して表面が細胞で覆われた後に，LCST 以下の温度にすると，PNIPAAm が水和してシャーレ表面が親水性となり，タンパク質が吸着できなくなり，細胞をシート状で回収することができる．この細胞シートは，タンパク質分解酵素を用いた細胞回収とは異なり，細胞間の接着が維持され，細胞表面に接着タンパク質が存在した状態で回収できることから，再生医療の有用なツールとなっている[5]．また，温度応答性高分子の LCST は，親水性モノマーや疎水性モノマーと共重合することで調整でき，体温付近など望む温度で特性変化する温度応答性高分子（共重合体）を得ることができる．このような高分子の LCST は，高分子鎖の水和状態の影響を受けるため，共重合させるモノマーとして，カルボキシ基などの pH 応答性基をもつものを用いると，pH 応答性も付与させることができる．

### 4.2 分子集合体

分子が溶液中で集合化することで形成する分子集合体はさまざまな機能をもつナノ材料として利用される．たとえば，セッケン分子や界面活性剤が，水中でミセルとよばれる数ナノメートル程度の集合体を形成することはよく知られている．セッケン分子は，脂肪酸のナトリウム塩であり，一つの分子内に疎水性の長鎖アルキル基と親水性のカルボキシラートイオン部位をもつ．このような分子は両親媒性分子といわれ，水中に分散させると疎水性相互作用によってアルキル鎖部分が集合し，カルボキシラート部位が外に向いて球状のミセルを形成する．

生体膜の構成成分であるリン脂質も極性のリン酸エステル基部分と 2 本の長鎖アシル基部分からなる両親媒性分子である．リン脂質も水中に分散させると自発的に分子集合体を形成する．リン脂質集合体は，リポソームとよばれ，ミセル構造ではなく，脂質分子が二重に並んで膜状に集合化した脂質二重層膜で覆われたベシクル構造をもつ（図 5）．ミセルやリポソームは内部にさまざまな薬物や生理活性分子を封入できるため，DDS など医療応用が活発に行われている[6, 7]．

このような分子集合体形成を高分子に応用することで，より多様な集合体構造の制御が可能になり，また，それらの構造に基づいた多様な機能性ナノ材料をつくることができる．代表的な高分子材料としては，親水性高分子と疎水性高分子を直列に連結させた両親媒性ブロック共重合体があげられる[2, 6]．両親媒性ブロック共重合体を両連鎖にとって良溶媒である有機溶媒に溶かしたのち，水への透析による溶媒置換を行うことによって，疎水性連鎖の溶解性の低下により自発的に会合して高分子ミセルを調製することができる．また，親水性連鎖と疎水性連鎖の鎖長のバランスを変化させることによって，ロッドやラメラ構造，さらにリポソームのようなベシクル構造（ポリマーソーム）を形成させることもできる（図 5）．

### 4.3 ハイブリッド

発光特性(量子ドットなど)，磁気特性(超常磁性粒子など)，触媒特性(酸化チタンナノ粒子など)など，有機材料では得られないさまざまな特性をもつ金属・無機材料がある．これらの材料と高分子などの有機材料と複合化することで得られる有機・無機ハイブリッド材料は，それぞれの材料の機能性と特性の組合せで高性能な材料が得られるため，たいへん魅力的である．

有機・無機ハイブリッドでは，金属・無機材料の表面に高分子などの有機分子をくっつけることが必要となる．これは，金属・無機材料の表面の化学構造・特性と関係するが，共有結合，静電相互作用，疎水性相互作用などが用いられる．たとえば，生体毒性が低いと考えられている金は，表面プラズモン共鳴によりその形態に依存した吸収を可視光から近赤外光領域に示すことや，適切な波長の光を照射すると発熱する特性をもつことから医療応用のためのハイブリッド材料が活発に開発されている．金表面はメルカプト基と高い反応性をもつため，片末端にさまざまな官能基をもつ長鎖チオールやチオカルボン酸を金ナノ材料と反応させると，表面特性を変化させることができる(図 6)．また，DNA などの分子認識能をもつ高分子材料の片末端にチオール基を導入して，金ナノ材料表面を修飾したハイブリッドは，表面プラズモン共鳴変化を利用した一塩基多型(single nucleotide polymorphism；SNP)の検出など DNA センシングに使用することができる[8]．

近年，医療応用のための材料化学は，高分子を中心とした材料合成の技術の進歩だけでなく，新しい高感度な表面および界面の解析装置の開発や，細胞分子生物学など異分野の知見を材料設計へ取り入れることで，目覚ましい進展を遂げてきている．今後も新たな分野の技術・知見に基づいた材料が開発され，世の中のニーズにあった医療用材料が開発されていくだろう．

### ◆ 文 献 ◆


[1] 河野健司，「機能性デンドリマーとDDS」，『先端バイオマテリアルハンドブック』，秋吉一成，石原一彦，山岡哲二 監修，エヌ・ティー・エス(2012)．

[2] K. Kataoka, A. Harada, Y. Nagasaki, *Adv. Drug Delivery Rev.*, **47**, 113 (2001).

[3] A. Harada, M. Kawamura, T. Matsuo, T. Takahashi, K. Kono, *Bioconjugate Chem.*, **17**, 3 (2006).

[4] 石原一彦，畑中研一，山岡哲二，大矢裕一，『バイオマテリアルサイエンス』，東京化学同人(2003)．

[5] 岩田博夫，加藤功一，木村俊作，田畑泰彦，『バイオマテリアル』，大嶌幸一郎，大塚浩二，川﨑昌博，木村俊作，田中一義，田中勝久，中條善樹 編，丸善出版(2013)．

[6] A. Harada, K. Kataoka, *Prog. Polym. Sci.*, **31**, 949 (2006).

[7] 河野健司，弓場英司，膜，**36**，183(2011)．

[8] 丸山 厚 監訳，『翻訳 ナノバイオテクノロジー——未来を拓く概念と応用』，エヌ・ティー・エス(2008)．

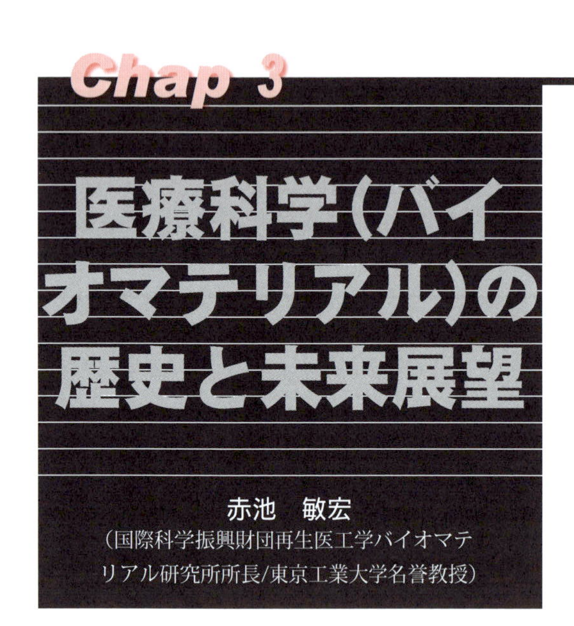

Chap 3

# 医療科学（バイオマテリアル）の歴史と未来展望

赤池　敏宏
（国際科学振興財団再生医工学バイオマテリアル研究所所長/東京工業大学名誉教授）

## 1 はじめに―わが国のバイオマテリアル研究前史―

わが国でバイオマテリアルサイエンスともいうべき学際領域の種子がまかれて本年で40年余りが経過した．バイオマテリアルとは主として診断と治療からなる医療分野に使用される材料と定義される．医療の根本は人間の病気の本質を解明し診断と治療に応用することにある．バイオマテリアルは，医療（用）材料あるいはバイオメディカルマテリアルとよばれることもあるが，医療に用いられる各種の高分子・金属・無機（セラミックス）と生体由来材料の総称である．今日では，人工臓器用生体適合性材料から最新の再生医療用材料を目指すホットな領域となっている．

ある分野の学問が，比較的地味な培養期を経て，ある時全面開花して時代変革の推進役になることがある．19世紀後半から20世紀初頭にかけての生化学/近代医学の全面開花を，先立つE. Fisherらの有機化学・分子化学が先導したことはよく知られている〔1902年以降，一門の研究者はノーベル賞（医学生理学/化学）受賞者多数輩出〕．遺伝子生物学をベースにした分子生物学の革新的進展が1953年のJ. Watson，F. CrickのDNA二重らせん構造の発見を鏑矢として位置づけられるのも典型的な例である．まだまだこれらにたとえるのはおこがましいが，バイオマテリアルも工学，とくに高分子化学と医学・生物のはざまにあって，双方向にイノベーションを引き起こしつつあるといっても過言ではない．

この学際的性格のもたらすイノベーション効果という視点も取り入れつつバイオマテリアル研究について歴史を振り返りながら，その現状および期待される未来を眺望してみよう．

外科医を中心とした人工臓器開発を志す医学者が（高分子）材料研究者や（プラスチック）材料開発エンジニアとの共同研究で各種バイオマテリアルの埋め込み実験を繰り返した時代が，バイオマテリアル研究の第Ⅰ期であった．わが国におけるバイオマテリアル研究の第Ⅰ期に指導的役割を果たしたのは渥美和彦（東京大学）である．渥美が所属した東京大学医学部木本外科は，1960年代当時日本に勃興しつつあった人工臓器研究のリーダーシップを取っており，人工肺，人工腎臓，人工血管，人工心臓弁，人工血液など多種多様の臓器の人工化にチャレンジしていた．それらの人工臓器用機能性材料として，当時勃興しつつあった石油化学製品としての合成高分子の利用が追求されていた．

このような雰囲気の中で育ちつつあった進取の気性に富んだ人は渥美和彦のほか，堀原一，櫻井靖久などの東京大学医学部木本外科の若手研究者，そして，能勢之彦と水戸廸夫．両氏は当時北海道大学医学部の三上外科から東京大学の木本外科に国内留学していたが，彼ら30代の新進気鋭の外科医によって力が発揮され，人工心臓や人工肝臓の開発に向けられたのである．既存の材料としてシリコン樹脂やポリ塩化ビニル樹脂を利用した人工心臓用サックの設計が追求されつつ，アメリカで流行し始めていたアブコサン，バイオマーなどのセグメント化ポリウレタン系材料の導入や比較もなされた．その過程において，わが国のバイオマテリアル設計論は学際型“サイエンス”としての質を高めていったといえる．

## 2 学際的イノベーション効果を高めたわが国のバイオマテリアルサイエンスの広範な展開

引き続き，高分子化学を始めとする材料科学分野での分子科学/物性論的進展と医学研究者の高分子・材料工学への理解の深まりが相まって，二つの異分野の交流が深まっていった．真の学際研究の始まりであった．なぜ異物反応が起こるのか？　外科的医療デバイス（人工臓器など）として，すなわち異物として挿入あるいは接触させせられた人工界面における化学的・物理的相互作用を分子レベルで解析して，臓器・血液・皮膚などの生体組織と共存するためのポリマー設計にフィードバックしようとするアプローチが取り入れられていった．こうしてバイオマテリアル研究の歴史は東京大学工学部鶴田禎二や東京女子医科大学，理論外科の桜井靖久らの提唱によりバイオマテリアルサイエンス/材料生化学ともいうべき第Ⅱ期の時代に移っていった．各種の出来合いの工業用プラスチックゴム・ファイバーをそのままバイオマテリアルとして医療用途に使うというそれまでの第Ⅰ期の流れは，いわばわが国医用高分子研究草莽期前史ともいえる．バイオマテリアル研究の第Ⅱ期の実質的展開は1970年代，東京女子医科大学（櫻井靖久グループ）/東京大学（鶴田禎二グループ）共同グループや，東京医科歯科大学（増原英一，中林宣男，今井庸二グループ）と京都大学（筏義人グループ）から始められた．

もう少し経緯を述べる．東京女子医科大学・日本心臓研究所（心臓外科の榊原仟教授が設立）理論外科に，1974年に東京大学医用電子研究所から櫻井靖久教授が赴任し，医療高分子材料（バイオマテリアル）の科学的設計を目指す研究がスタートした．

1975年，東京大学工学部・合成化学科鶴田禎二教授に推薦された卒業生，筆者・赤池敏宏がこのグループにトップバッターとして参加し，本格的バイオマテリアル研究が開始された．1977年には，赤池と片岡一則（大学院博士課程）は，“血小板粘着カラム法”という臨床での血小板機能の個人差を評価する方法をヒントにし，「各種高分子材料でコートしたガラスビーズをカラムに充填し，血小板接着能の差を同一個体の血液や血小板溶液を流すことによって定量的に比較検討する」“ミクロスフィアカラム法”という，血液（血小板）適合性材料評価方法を開発した．血液を利用することによって初めて各種高分子材料の抗血栓性を細胞レベルで「定量的」に評価することが可能となり，この系は当時次々に合成されていった新しい血液適合性（抗血栓性）材料候補の評価に応用された．

その流れのなかで，岡野光夫・篠原功ら（早稲田大学）と東京女子医科大学のグループは，このミクロスフィアカラム法を駆使して，ミクロ・ナノ相分離構造をもつスチレンとヒドロキシエチルメタクリレートブロック共重合の設計と，抗血栓性の最適化に成功した（1979年）．並行してこれらのブロック共重合と血液タンパク質の相互作用におけるドメイン選択性が透過電顕（TEM）法で解明された．

第Ⅱ期の展開は，紙幅が尽きるので，表にまとめて示す．1970年代後半になると，わが国は，各種の人工臓器や医療用デバイス，診断デバイスへの応用を目的として設計された高分子材料の設計と，その分子レベルでの解析が急速に展開されていった．バイオマテリアルの夜明けの時代から急速な活性期に入っていった[1]．第Ⅱ期1980年代は，医用高分子の生体適合性，血液適合性（抗血栓性）の発現メカニズムの解明が，実際の材料設計の実践と並行して進められた時期と位置付けられる[2,3]．1990年代は組織工学，細胞工学への応用，あるいは標的指向やコントロールリリース/ドラッグデリバリー（DDS）を目指し，細胞認識性の制御の視点が深まっていったといえる．筆者らの“細胞認識性バイオマテリアルの設計・開発”は，以下に触れるように分子生物学や生成発生生物学との接点を求める先鋭的な流れであったともいえるだろう．

今やバイオマテリアルに関する学問は，“高分子”（Macromolecule）という共通のメディエイターを介して，細胞生物学，分子生物学，分子発生学，そして分子病理学などと真に融合する状況にある．こうして迎えるバイオマテリアル研究第Ⅲ期（大体2010年代から現在に至るまで）は，Macromolecular Biology（高分子生物学）とかMaterials Genomics（マテリアルゲノミクス）という学問名称がふさわしい時代として展開されていくであろう．*in vivo*（生体内）に迫る*in vitro*（試験管内）テクノロジーの確立や，*in vivo*環境に真に適合するバイオマテリアル設計のためには，こうした第Ⅲ期的なアプローチが不可欠であると思われる．こうして設

表　わが国のバイオマテリアルサイエンスのおもな出来事

| 研究期間 | 年 | 氏名(所属) | 出来事 |
|---|---|---|---|
| I期 | 1963 | 渥美和彦(東京大学) | 人工心臓の実用化. |
| II期 | 1974 | 櫻井靖久(東京女子医科大学) | バイオマテリアルの科学的設計を目指す研究開始. |
| | 1975 | 鶴田禎二，赤池敏宏(東京大学) | バイオマテリアル研究開始. |
| | 1977 | 赤池敏宏，片岡一則(東京大学) | ミクロスフィアカラム法という，血液(血小板)適合性材料評価方法を開発. |
| | 1977 | 仲矢忠雄，井本稔ら(大阪市立大学) | リン脂質(ホスファチジルコリン，MPC)を側鎖にもつポリマーを合成. |
| | 1978 | 赤池敏宏ら(東京大学) | ミクロスフィア *in vivo* 注入法による *in vivo* 局所反応解析法の開発. |
| | 1978 | 鶴田禎二，片岡一則(東京大学) | 抗血栓性の最適化により，新しい医療用のポリイオンコンプレックス(PI)膜の血液適合性の最適化. |
| | 1978 | 赤池敏宏，宮田清蔵(東京大学・東京農工大学) | PIゲル膜と血漿タンパクとの相互作用をUV(紫外可視スペクトル)法と円二色性(CD)スペクトル法の併用法で解析し，カチオンリッチなPI膜に吸着したアルブミン等のタンパク質分子が大きく変性することを立証. |
| | 1979 | 岡野光夫，篠原功ら(早稲田大学・東京女子医科大学) | ミクロ・ナノ相分離構造をもつスチレンとヒドロキシエチルメタクリレートブロック共重合体の設計と抗血栓性の最適化. |
| | 1980 | 岡村誠三，中島章夫，今西幸男，筏義人ら(京都大学) | 医用高分子研究センターが京都大学内に設立. |
| | 1980年代初頭 | 筏義人，玄丞烋(京都大学) | ポリグリコール酸の吸収性縫合補強材に関する研究．のちにグンゼ(株)で商品化. |
| | 1980年代初頭 | 中島章夫，今西幸男，伊藤嘉浩(いずれも京都大学) | ポリアミノ酸膜やヘパリン化ポリウレタン材料の血液適合性透過への応用への研究. |
| | 1983 | 片岡一則，西村隆雄，丸山厚，鶴田禎二ら(東京女子医科大学・東京理科大学・東京大学) | ミクロスフィアカラム法を使用してポリアミングラフト共重合体を用いたリンパ球を対象とした，細胞分離材料の設計・開発. |
| | 1984 | 谷徹，小玉正智ら(滋賀医科大学) | 東レ研究陣と共同でエンドトキシンと相互作用するポリミキシンBを不溶性繊維に固定化する方法を開発. |
| | 1984 | 松田武久ら(国立循環器研究センター) | 医用高分子材料への血漿タンパク質，とりわけ凝固因子や血小板との相互作用を詳細に解明. |
| | 1984 | 前田瑞夫，井上祥平ら(東京大学) | 人工ポリペプチドチャンネルを埋め込んだ分子選択性高分子膜の開発. |
| | 1985 | 梶山千里，高原淳ら(九州大学) | セグメント化ポリウレタンの表面構造と血液適合性の相関性の解明に貢献. |
| | 1985 | 前田浩，松村保広ら(熊本大学) | アスパラキナーゼのポリエチレングリコール(PEG)グラフト体や無水マレイン酸ポリスチレンコポリマーとネオカルチノスタイン(NCS)の複合体(SMANCS)のようなナノミセル粒子が担ガン部の毛細管を通過しやすいこと(EPR効果)を発見し，制がん剤のドラックデリバリー分野の発展に寄与. |
| | 1985 | 三菱レイヨン(株) | ポリオレフィン系中空糸膜の微細多孔質化の技術開発. |
| | 1985 | 小林一清，伊奈由光，住友宏(名古屋大学) | オリゴ糖を側鎖にもつポリスチレン誘導体の合成と機能に関する研究. |
| | 1985 | 旭メディカル(株)，東京大学鶴田グループ | 微量のカチオン基を有するビニル高分子からなる極細繊維の不織布技術を開発. |
| | 1985 | 鐘淵化学工業(株) | 血液浄化システムとして膜型血漿分離器とデキストラン硫酸を樹脂微粒子に固定化したLDL(低密度リポタンパク)吸着器からなる体外循環型高脂血症治療システムを開発. |
| | 1986 | 赤池敏宏(東京農工大)，小林一清(名古屋大学) | 糖置換ポリスチレンが両親媒性構造ゆえに水中でポリマーミセルを形成し容易に単分子層コートが可能であること，ラクトースを糖鎖側にした場合に特異的に肝実質細胞が認識しその培養，および肝特異機能の維持が可能となることを見いだす. |
| | 1987 | 田畑泰彦，筏義人ら(京都大学) | 汎用性の高い生体適合性材料の一つであるゼラチン微粒子を用いたドラックデリバリー研究開始. |
| | 1987 | 瓜生敏之，畑中研一ら(東京大学) | 合成高分子である糖無水物誘導体の開環重合体も分子設計により高い血液抗凝固活性を示すことが明らかにされ，人工ヘパリン様多糖開発への道が開かれる. |
| | 1987 | 岡野光夫，Y. H. Bae，S. W. Kimら(東京女子医科大学・ユタ大学) | アメリカのユタ大学で，*N*-イソプロピルアクリルアミドをベースとする感温性ゲルを設計し，その温度制御されたドラッグデリバリーへの応用研究を開始. |
| | 1988 | 由井伸彦，緒方直哉ら(上智大学) | 新しいミクロ・ナノ相分離構造をもつセグメント化ポリアミドの抗血栓性最適化. |
| | 1988 | テルモ(株) | 人工肺用ポリプロピレン多孔質中空糸膜の開発. |
| | 1989 | 明石満ら(鹿児島大学・大阪大学) | 単分散なコア-コロナ型高分子ナノ粒子を調製し，ドラックデリバリーシステム担体として応用を提示. |
| | 1989 | 片岡一則，横山昌幸ら(東京大学) | ポリエチレングリコール(PEG)とポリアスパラギン酸をカップルさせブロックコポリマーを合成し，アドレアマイシンでアスパラギン酸側鎖を修飾することにより両親媒性ポリマーとし，これにより高分子ミセルを形成し，ドラックデリバリーシステムへの応用を開拓. |
| | 1990 | 松田武久，小関英一，阿久津哲造ら(国立循環器病センター) | 細胞培養のための表面パターニング技術を開発. |

| | | |
|---|---|---|
| 1990 | 石原一彦，中林宣男ら(東京医科歯科大学) | リン脂質を側鎖にもつポリマーの合成法を改良し，大量合成技術を改良．医療用展開． |
| 1990 | 竹澤俊明，吉里勝利，森有一ら(広島大学・テルモ) | 感温性高分子であるポリ-*N*-イソプロピルアクリルアミド(PNIPAM)をコラーゲン等の細胞接着マトリックスと混合して作成したシート上での常温での細胞培養法としての応用と低温での細胞シートの脱離と回収に成功[4]．(特許化) |
| 1990 | 岡野光夫，山田則子，桜井靖久ら(東京女子医科大学) | PNIPAM をプラズマ重合によりグラフト化したポリスチレン表面上での細胞培養と吸脱着に成功[5]．(細胞シート工学の提唱) |
| 1990 | 岡野光夫，菊池明彦ら(東京女子医科大学) | 温度応答性を示す相互貫通ゲル(IPN ゲル)を用いて薬剤放出のオンオフ制御に成功． |
| 1991 | 赤池敏宏ら，NEC グループ | ラクトース側鎖型ポリスチレンのパターニング面を利用した肝細胞の培養に成功． |
| 1992 | 明石満，丸山征郎ら(鹿児島大学・大阪大学) | 高い抗凝固活性をもつヒトトロンボモジュリンの各種高分子表面への固定化研究を開始． |
| 1992 | 原田明，蒲池幹治ら(大阪大学) | シクロデキストリンをポリマー鎖に閉じ込めたポリロタキサンの合成． |
| 1992 | 長田義仁，龔剣萍ら(理化学研究所・北海道大学) | さまざまな刺激応答性の高分子ゲルが設計され，刺激―ゲルの応答性の制御に関する基礎研究と医用応用が展開． |
| 1992 | メニコン(株) | マクロモノマーを使用した高含水率ゲル(72%)からなるコンタクトレンズの開発． |
| 1992 | 武田薬品工業(株) | 生体内分解性の乳酸-グリコール酸共重合体を使用した徐放性マイクロカプセル注射剤(リュープロレリン)を開発，発売． |
| 1993 | 黒柳能光ら(北里大学) | ケラチン，コラーゲン等を主要マトリックスとする細胞培養型人工皮膚の設計とその臨床研究が開始． |
| 1993 | 秋吉一成，砂本順三ら(京都大学) | 疎水化多糖が自己集合により，単分散で安定なヒドロゲル・ナノ微粒子が形成されることを報告し，ナノゲルという名称を提唱． |
| 1994 | 山之内製薬(株)，科薬(株)，(株)クラレ | スマンクス(スチレン+無水マレイン酸共重合体結合抗がん剤)の共同開発と発売． |
| 1994 | 東レ(株)，谷徹ら(滋賀医科大学) | ポリミキシンB固定化吸着型ポリスチレン誘導体血液浄化器，トレミキシンを発売． |
| 1995 | 吉田亮ら(東京大学) | 高速応答性櫛型高分子ゲルを開発． |
| 1995 | 長田義仁ら(理化学研究所) | 形状を記憶できるゲルを開発． |
| 1995 | 吉田亮ら(東京大学) | BZ 反応を利用した自励振動ゲルシステムの創製に成功． |
| 1995 | 片岡一則ら(東京大学) | PEG ブロック共重合体のポリイオン錯体によるミセル形成の研究． |

計されるバイオマテリアルと生体との相互作用を，細胞生物学，分子生物学，分子発生学そして分子病理学などの生命科学の武器をもって解析することは，生命現象のブラックボックスを解明することに大きく貢献するであろう．

本節で解説した 1975〜1995 年の医用高分子(バイオマテリアル)は，バイオマテリアルの新時代，すなわち世界に誇りうるバイオマテリアルサイエンス第Ⅲ期を発展的に展開するための礎と位置づけられる．

## 3 バイオマテリアルサイエンスの新展開と世界への発信 ―医療を革新する生体適合性バイオマテリアル・細胞認識性バイオマテリアルの設計―

第 1 節で述べたように，東京大学工学系大学院の高分子合成化学研究室鶴田禎二らと東京女子医科大学・日本心臓血圧研究所理論外科桜井靖久らとの共同研究から始まったわが国のバイオマテリアル研究は，「よい医用材料の開発をめざして新しい“材料生化学”バイオマテリアルサイエンスを打ち立てよう！」という“松下村塾”的かけ声とともに怒涛の勢いで進み，順調に育っていった．多くの理工系材料研究分野の若人と指導者たちが医学と生物学との新しい境界領域に興味をもち，この分野の開拓に馳せ参じたからである．

今や日本のバイオマテリアル研究は世界屈指のレベルにあるといってよい．ドラッグデリバリーシステム(DDS)で薬や遺伝子，核酸などを疾患部に届ける役割を担う「高分子ミセル型医薬」で知られる片岡一則教授グループ(東京大学工学部/医学部)や，「細胞シート」を開発し，再生医療・組織工学分野で先端を走る岡野光夫教授グループ(東京女子医科大学・先端生命医学研究所)など，他にも枚挙にいとまがないほど優秀で行動的な研究指導者が育っていった．東京女子医科大学の小さな研究室から世界

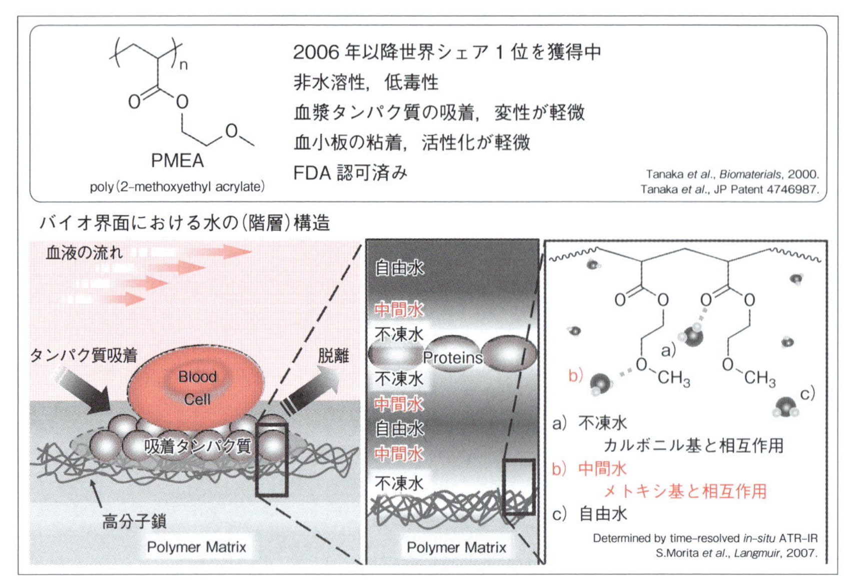


図 3-1　新しい生体（血液）適合性材料の開発例（田中賢教授ら）
PMEA の分子設計[8]と中間水構造の果たす役割[10]

へ巣立っていったことは，驚異的であった[6, 7, 9, 11]．

## 4 人工臓器の性能向上を目指す生体適合性バイオマテリアル開発の新しい流れ

バイオマテリアルに課せられる二つの大事な特性がある．

①生体（血液）適合性

②生体（細胞・組織）機能性

生体適合性バイオマテリアル研究開発におけるわが日本の研究陣の現状を語る．

人体は，およそ 60 兆個，200 種類の細胞集団からなる．動的で階層的なこの素晴らしい生体システム（個体―臓器・組織―細胞）は，外界とのコミュニケーションを口・鼻・消化器・肺など，国境線ともいうべき体の各所にちらばる粘膜組織を介してのみ行っていて，一般的には外界の異物（人工材料）と接触・相互作用することを嫌う．

それゆえ，人工臓器として人工材料を体の中に無理やり埋め込んだり接触させると，これを排除しようとする（生体異物反応）．このような関係のなかで，人工材料の生体組織により受け入れられる程度を示す概念が“生体適合性”である．

生体適合性バイオマテリアル設計を目指すときに最も重要な課題となる血液適合性の解明と材料開発には，世界中の研究者が長らく悪戦苦闘を強いられたが，近年わが国を先頭に急速な進展を見せている．田中賢ら（九州大学先導物質化学研究所，山形大学工学系）の最も革新的で優れた研究を一例として紹介する（図 3-1）．

田中らは，バイオマテリアルの表面の水の構造に着目して，アクリル系高分子の一種である PMEA（ポリ-2 メトキシエチルアクリレートの略，図 3-1 に化学構造式）を開発し，そのメカニズムを解明するという快挙を成し遂げた．

それによれば，生体成分との相互作用（血液タンパクの吸着変性，血小板の粘着/活性化/補体系活性化/血液凝固反応/白血球の活性化など）が，軽微で高い生体（血液）適合性をもつための条件としては，材料・生体間の界面における水分子の構造が重要であり，自由水，結合水型でなく，中間水型（0℃で凍結や解凍をしないやや不思議な状態）であることが必須であるというのである．彼らの膨大な実験と鶴田禎二・東京大学名誉教授（95 歳で現役研究者のままの熱意を失うことなく，2015 年 9 月に逝去された）たちとの約 10 年に及ぶ徹底的なプロジェクト研究により，この作業仮説は証明され多数の論文報告となった（筆者も鶴田フォーラムと呼ばれたこのグループに参加し，討論・世界発進の手伝いをした）．

このバイオマテリアルは，テルモ㈱により，人工肺や心臓用のカテーテルやステントなどにコーティングされ，高性能の生体適合性医療機器として世界の市場を席捲している．

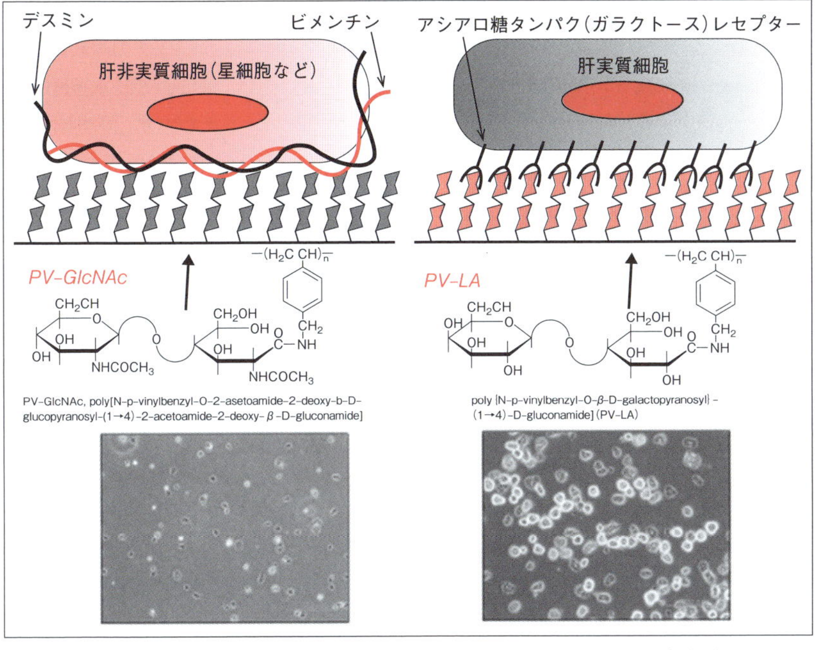


図 3-2　細胞認識性両親媒性マトリックスの設計(Ⅰ)：化学合成法

日本における優れた有機合成化学分野の研究活動を通じて，リン脂質成分(フォスファチジルコリン基)を側鎖にもつ MPC ポリマーは仲矢忠雄らにより設計・合成された．実用化と大量生産は，バイオマテリアルへの応用を目指し，中林宣男，石原一彦(東京医科歯科大学，東京大学)により展開され，多方面で実用化されている．一方，筆者と小林一清(名古屋大学名誉教授)は，オリゴ糖，とくにラクトースをもつ PVLA(本来は肝細胞特異的認識材料として開発された・図 3-2)は肝細胞以外との相互作用がなく，優れた“生体(血液)適合性材料”となることを示した．

このように，バイオマテリアルの一つの主要分野である生体(血液)適合性材料分野では，近年わが国を中心として次々に成果が世界に発信されている．

## 5 細胞認識性バイオマテリアル設計と細胞まな板-cell cooking plate への応用 —“カドヘリンマトリックス工学”の提唱—

話はさかのぼるが，筆者は 1975 年から 5 年間過ごした東京女子医科大学を離れ東京農工大学(工学部)に移り，再び工学サイドにシフトして，バイオマテリアル設計開発の道に向かった．筆者は，当時，ブレスロー教授(アメリカ，コロンビア大学)が提唱し始めていたバイオミメティック化学の概念に感銘を受け，バイオマテリアル分野への応用を志すことを決意した(1984)．前述した生体機能性材料のなかで，“細胞認識性バイオマテリアル”設計の分野をスタートさせたのである．

バイオ人工肝臓開発を志し，バイオマテリアル開発に向けて各種肝臓構成細胞を相手に，細胞“認識”材料の設計に取り組んだ．当時最も有力な共同研究者は，小林一清(当時は名古屋大学助手，現名誉教授)であった．

たとえばガラクトース糖鎖を側鎖にもつスチレン誘導体のポリマー(略称 PV-LA，図 3-2 に分子構造を示す)は，その分子構造特性により，両親媒性(水にも油にもなじむ性質)を示して水中で高分子ミセルを形成する．このミセル溶液をポリスチレンのような実用的な疎水性材料の表面に接触させると，高分子ミセルは安定に吸着し，細胞認識に関与することが判明した．すなわちガラクトース側鎖(PV-LA と略称，図 3-2 上段)が露出していれば，肝臓を構成する主細胞である肝実質細胞が特異的に接着し，他の細胞にはまったく認識されないことが判明した(1984 年)．さらに，*N*-アセチルグルコサミン側鎖が露出(*PV-GlcNAc* と略称)していれば，肝硬変に深く関わる肝星細胞や心筋細胞のような間質系細胞が特異的に接着する(図 3-2；下段 後藤光昭，伊勢裕彦)．それぞれの認識メカニズムが解明されたので，これらの細胞接着状態を制御することも可能

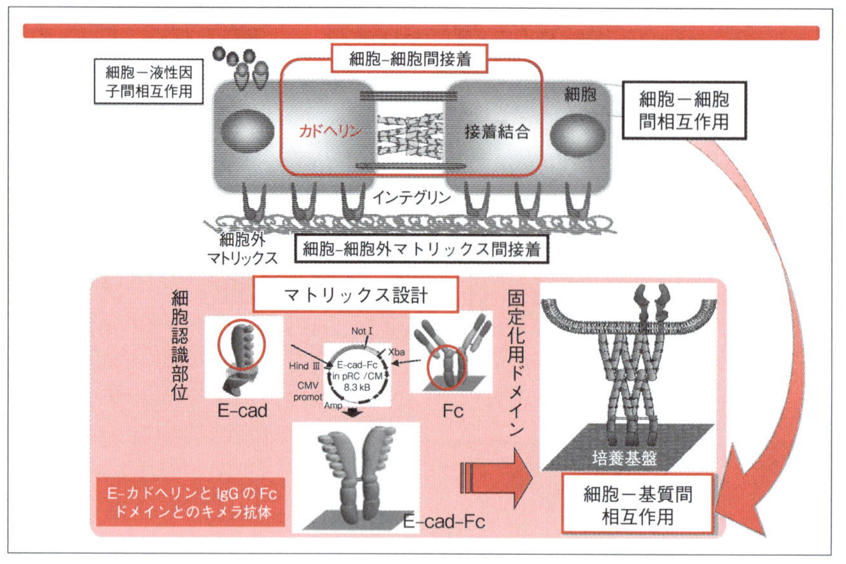


図 3-3　細胞認識性両親媒性マトリックスの設計(Ⅱ)：遺伝子工学法
細胞認識性分子のなかでとくに細胞間接着を担う膜タンパク質カドヘリンを選び，キメラ抗体化(両親媒性 E-カドヘリン Fc 分子設計)によって E-カドヘリンの固定材料化に成功した．

であった．高分子ミセル自体での利用，あるいはほかのナノ粒子のコーティング材料として利用すれば，*in vitro*(生体外)はもちろん，*in vivo*(生体内)でも標的細胞を識別し，各種の合成医薬やタンパク質，DNA，RNA を細胞内部に送達させることができる．実際，正常肝臓においては，PV-LA 系ナノ粒子は肝細胞だけに薬を送達させ，PV-GlcNAc 系ナノ粒子は，肝星細胞，とりわけ肝硬変の肝臓の活性化星細胞に集中して薬を送り込むことが判明した．これらはナノメディシン時代の一翼を担うものと期待される．その後，筆者らの細胞認識性材料の設計論をさらに進展させることができた[12]．

さらに，高分子合成化学をベースにした両親媒性糖質高分子の設計手法に加えて，遺伝子工学をベースにした人工(キメラ)タンパク質設計も可能となった(図 3-3)．

たとえば竹市雅俊(京都大学名誉教授)が 1980 年代に発見し研究し続けた，細胞(間)接着分子カドヘリン分子の頭部構造のようなさまざまな細胞認識性構造を“頭部”にもち，比較的疎水性に富む抗体分子の Fc 部を“尾部”にもつキメラ型の人工タンパク質は，前述の糖質高分子と同様その両親媒性に基づいて疎水表面に吸着し，水溶液相側に露出した分子認識部位となる親水性タンパク質リガンドは，相手側の細胞を識別・接着・活性制御する〔2006 年，長岡正人，赤池敏宏〕．さらにさまざまな増殖因子・サイトカイン類を選び，同じく Fc 部とキメラ化することにより，まったく新たな細胞認識性バイオマテリアルとして応用することができた．こうして，これまで唯一の細胞接着(培養)用材料であると考えられてきた天然マトリックス材料のコラーゲン，フィブロネクチン，ラミニンなどのように，インテグリン(細胞の接着用レセプター)と相互作用する接着材料(一般的に細胞外マトリックスと総称)とは異なる，まったく新しい細胞認識性マトリックスとしてデビューさせることができた(図 3-3)．

とりわけ各種の細胞間接着分子カドヘリン(E，N，VE など)のキメラ化を実現することにより，材料表面は細胞用まな板(cell-cooking plate)（図 3-4）としての自在な機能を実現することが可能となった．

こうして，カドヘリンマトリックス工学に基づき，再生医療/組織工学分野での活躍が期待される各種の臓器構成細胞および現時点で最も期待される原料細胞でもある ES 細胞/iPS 細胞などの幹細胞を，単一細胞レベルでプレートなどの上に接着させ，均一な系として“料理”加工することが可能になった．それらの細胞に増殖・分化誘導・ソーティング，遺伝子/薬剤投与などの処理を，液相側方からあたかも“化学反応”をしかけるようにまったく平等・均一に，しかも自由自在に行うことができるのである．

装置の表面に各種のカドヘリンやサイトカイン由来のキメラタンパク分子をコートし，均一かつ単分散で各種幹細胞を未分化増殖させたり，シグナルを送ったり，さらには肝細胞や神経細胞に分化させたうえに細胞をキレート剤処理などで回収することも可能となった(カドヘリンマトリックス工学の確立)．このような細胞認識・制御機能性バイオマテリアルを細胞用まな板として利用した典型的な成功の実例を紹介する．

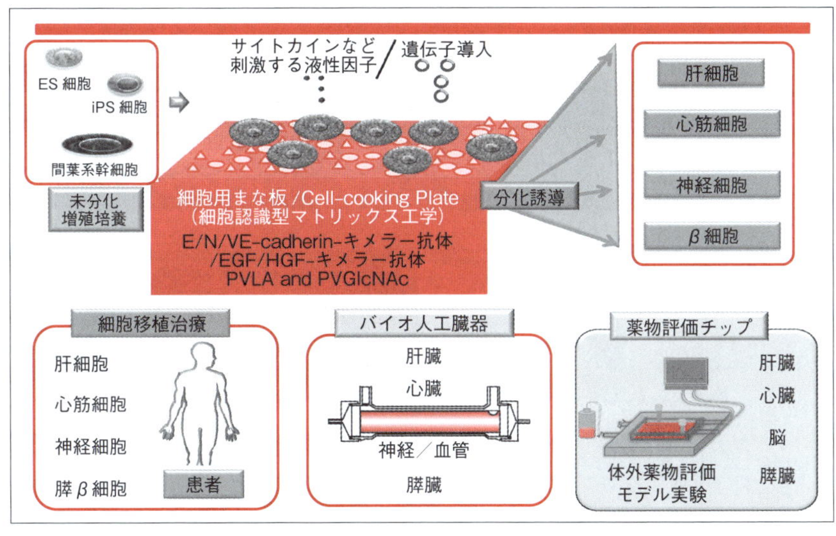


図 3-4　細胞まな板/Cell-cooking プレートの設計と組織工学・医療等への応用
ES/iPS 細胞の増殖・分化誘導をシングル細胞系で実行でき，併せて細胞分離機能(ソーティング機能)をもつ多機能細胞用まな板を開発した．

## 6 細胞まな板/Cell-cooking プレートによる幹細胞の均一反応制御と再生医工学バイオマテリアル研究の創成を目指す

ES/iPS 細胞などは，E カドヘリン Fc キメラタンパク質上で，世界で初めてシングルのまま接着・増殖し，分化誘導剤カクテルの添加により，シングルのまま肝細胞へほぼ完全に転化させることができた(図 3-5)．

この過程で他細胞へ分化した細胞は自動的に脱着するので，初めて細胞分離(ソーティング)機能をあわせもつ ES/iPS 細胞培養法が開発された．これらの操作はあたかも ES/iPS 細胞がまな板(cooking plate)"にのせられて料理されていくように見える．これもすでに図 3-4 で示した細胞用まな板(cell-cooking plate)の再生医療への好ましい活用事例である．こうして，細胞認識・制御機能性のバイオマテリアルは，単に細胞表面を認識して接着するコーティング材料としてだけでなく，組織工学・再生医療・DDS 領域での機能制御にも応用されるようになった．現在実用化をはばんでいるさまざまなハードルを超える有力な医用工学手法となるだろう．

E- カドヘリン Fc に引き続き神経細胞間そして血管内皮細胞間を接合させる N-カドヘリン，VE-カドヘリンもその Fc キメラ化に成功し，それぞれの分化細胞を選択的に各種装置上に培養し，機能制御するために，新しい人工マトリックスに変化させることができるようになった．"カドヘリンマトリックス工学"時代の到来である．他のサイトカイン成長因子タンパク分子も同じ手法で細胞特異的な認識・機能制御するための新しいマトリック材料に変換することができるようになった．サイトカインマトリックス工学も始まったということができる[12, 13]．

## 7 おわりに―バイオマテリアルによる医療の革新の時代へ―

これまで述べてきたように，高分子材料設計が中心に行われた初期の時代からバイオマテリアル設計は明らかに進化し，臓器を構成する細胞に対するバイオマテリアルの選択的な認識・機能は高められつつある．本稿で述べた話は今や典型的な学際領域となったバイオマテリアル開発という，40 年に及ぶ多くの研究者の試行錯誤と格闘の経験を書き述べたものでもある．筆者にとっても，バイオマテリアル

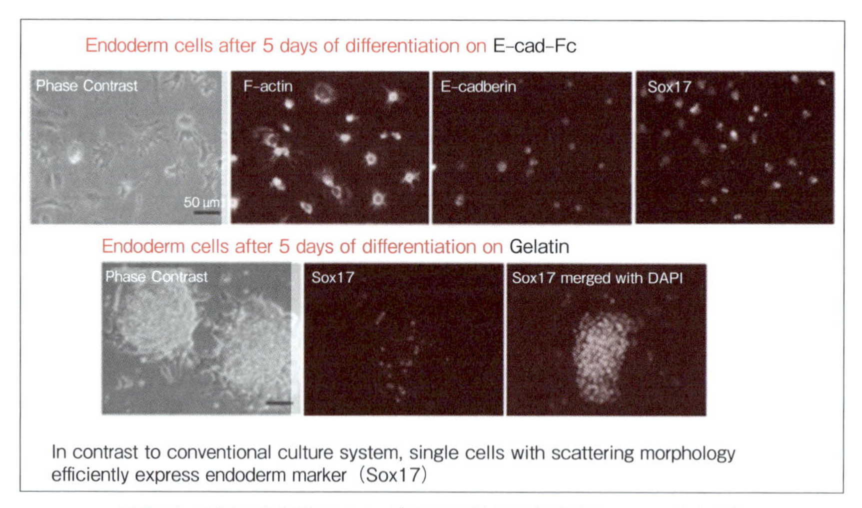


図 3-5　ES/iPS 細胞のシングルでの幹細胞転化［カラー口絵参照］

（a）E-カドヘリン-Fc コート表面（上段）での ES 細胞のシングル肝細胞への分化誘導シングル状態ではほとんどすべての ES 細胞に肝細胞分化への道を歩ませることができる．

（b）フィーダーレイヤー上や一般的な培養材料ゼラチン上などではコロニー形状のままで，分化誘導剤の相互作用も不均一なため，肝細胞分化へのプロセスが大変遅くかつ不均一になってしまう．

サイエンス創成を担ってきた誰にとっても，この 40 年は決して長すぎたわけではない．価値ある学際的研究の努力の過程であったのである．高分子化学を学び，それから決断し材料工学を医学に応用するという，今では当然の領域に向かってゼロスタートを切ったら，最低限これだけかかったということである．分野を横断して総合的な知識・技術を蓄積しその柔軟な応用力を兼ね備えた人材は，今後も求められていくであろう．

## ◆ 文　献 ◆

［1］妹尾学，『医用高分子』，共立出版（1978）．
［2］鶴田禎二，桜井靖久，『バイオマテリアルサイエンス 第 1 集』，南江堂（1982）．
［3］鶴田禎二，桜井靖久，『バイオマテリアルサイエンス 第 2 集』，南江堂（1982）．
［4］T. Takezawa, Y. Mori, K. Yoshizato, *Nat. Biotechnol.*, 8, 854（1990）．
［5］N. Yamada, T. Okano, H. Sakai, F. Karikusa, Y. Sawasaki, Y. Sakurai, *Macromol. Rapid Commun.*, 11, 571（1990）．
［6］片岡一則，『生命材料工学』，裳華房（1991）．
［7］筏義人，『生体材料学』，産業図書（1994）．
［8］M. Tanaka, T. Motomura, M. Kawada, T. Anzai, Y. Kasori, T. Shiroya, K. Shimura, M. Onishi, A. Mochizuki, *Biomaterials*, 21, 1471（2000）．
［9］赤池敏宏，『生体機能材料学』，コロナ社（2006）．
［10］S. Morita, M. Tanaka, Y. Ozaki, *Langmuir*, 23, 3750（2007）．
［11］赤池敏宏，『バイオマテリアルワールドへの招待』，テクノネット社（2008）．
［12］赤池敏宏，長岡正人，「細胞認識性バイオマテリアル設計からカドヘリンマトリックス工学を展望して」，再生医療，11，22（2012）．
［13］赤池敏宏，「医療の向上に貢献する細胞認識性バイオマテリアル開発とその課題」，学士会会報 No. 915（2015）．

# Part II

# 研究最前線

Chap 1

# バイオセンサーの歯科への応用

# Application of biosensor in dental care

竹中 繁織
（九州工業大学工学研究院）

## Overview

少子高齢化が進行している日本において，高齢者が元気で働ける健康長寿国の実現が一つの目標となっている．このためには，高齢になっても多くの歯を保つことが重要である．歯を失うおもな原因である歯周病は，成人の80%が罹患しているといわれているが，近年では，心筋梗塞などの全身疾患のリスクファクターとなることが明らかになっている．したがって，歯周病の早期発見のみならず進行，治療効果の判定を可能にするバイオセンサーの開発が望まれている．歯周病の判定は，（1）歯周病原因菌の分布（菌叢），（2）これら菌から分泌されるプロテアーゼなどの毒素，（3）罹患者（宿主）の免疫反応によって産出される炎症性サイトカインなどを同時に調べる必要がある．簡易型DNAチップ，プロテアーゼチップ，ELISA（enzyme-linked immunosorbent assay）チップは，これらを実現する手法として期待されている．これまで筆者らが開発してきた歯周病診断チップは，歯周ポケットにペーパーポイントを差し込み，これに染み込んだ歯肉溝滲出液（gingival crevicular fluid：GCF）を用いてこれらの診断を可能にしている．

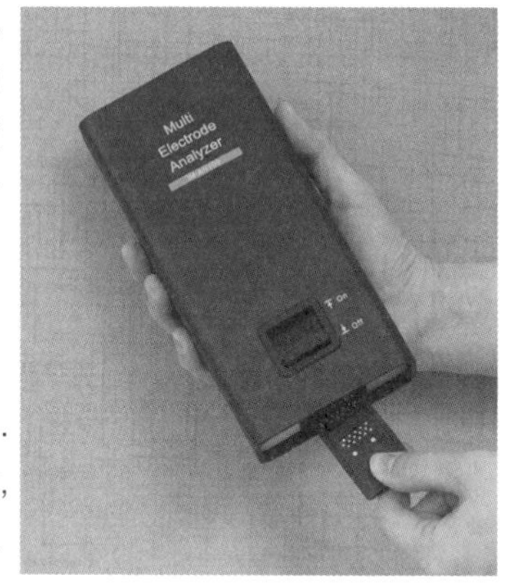


▲歯周病診断のために開発した電気化学バイオチップ

■ KEYWORD 📖マークは用語解説参照

■歯周病（periodontal disease）📖
■生活習慣病（lifestyle-related diseases）
■電気化学的DNAチップ（electrochemical DNA chip）
■電気化学的プロテアーゼチップ（electrochemical protease chip）
■エライザ（enzyme-linked immunosorbent assay：ELISA）📖
■フェロセン化ナフタレンジイミド（ferrocenyl-naphthalene diimide：FND）
■ポルフィロモナス・ジンジバリス（*Porphyromonas gingivalis*）

## はじめに

世界のなかで最も少子高齢化が進行している日本において，労働人口を今後も継続するためには，高齢者が元気で働ける健康長寿国の実現が必須である．このために厚生労働省は，健康日本21の数値目標の一つに「80歳の方のうち20%以上が自分の歯を20本以上もつ」をあげている．日本歯科医師会は，これを「8020（はちまるにいまる）運動」と称して推進している．また，自分の歯による咀嚼は，食べることだけでなく，脳の活性化にも重要であることが明らかになっている．口腔の2大疾患として歯周病と齲蝕（うしょく，虫歯）が知られているが，とくに歯を失うおもな原因は歯周病による．55〜64歳で歯周病の有病者率が82.5%とほかの疾患に比べ類を見ないほど高率を示している．

歯周病は，歯を失うだけでなく生活習慣病のリスクファクターとなっている．歯周病でできる歯周ポケットは，重症の人では手のひらいっぱいの潰瘍面があるのと同じとされており，そこから細菌が体のなかに入り込む．たとえば，動脈硬化を起こしている部分から検出される細菌のうち，歯周病原因菌の検出率が高いといわれている．動脈硬化は血管内面の損傷であるが，それに細菌感染が関与している．ところで，肥満や2型糖尿病はインスリン抵抗性に関係している病態であることが知られている．このインスリン抵抗性と炎症性サイトカインの一つである腫瘍壊死因子$\alpha$（tumor necrosis factor-$\alpha$：TNF-$\alpha$）の産生と関連していることが明らかになっている．すなわち，歯周病の慢性炎症巣からもつねに産生されているTNF-$\alpha$によってもインスリン抵抗性が増すことが知られており，歯周病の管理を行うことで肥満や糖尿病が改善されることが知られている．

これらのことから歯周病の診断は，歯を保つことだけでなく全身疾患予防のためにもきわめて重要である．これまで歯周病によって引き起こされる現象に対応した種々の検査方法が開発されてきている．本章では，まず歯周病に関する現象を概説し，これに対応する検査方法について述べる．

## 1 歯周病によって引き起こされる現象

歯周病は，歯周組織に発生する疾患の総称であり，歯肉に限局した炎症が起こる病気を歯肉炎（gingivitis）で，日本人成人の80%以上が罹患しており，ほかの歯周組織まで炎症が広がっている病気を歯周炎（periodontitis）で，日本成人の40%以上が罹患している．歯周病発症の機構は，種々の要因があって複雑であるが，大まかにまとめると次のように考えることができる[1]．

歯のくぼみ，溝に〔図1-1（e）〕に示したように固着性の細菌が吸着することを引き金として歯垢（デンタルプラーク）を形成する〔図1-1（b）〕．これが発達して歯石となる〔図1-1（c）〕．歯垢は70〜80%が水分で残り20〜30%が固形成分，すなわち微生物細胞とその間隙を埋める細胞間基質（間質，マトリックス）よりなる．湿重量1 g当たり約2500億個の微生物を含んでいるといわれている．歯垢のなかの細菌は，唾液のなかのカルシウム成分と混ざり非常に目の細かい軽石状の歯石を形成する〔図1-1（d）〕．これによって食べカスがさらにたまりやすくなり，細菌が雪ダルマ式に増えていく．歯石はダイヤモンド，オパールの次ぐらいの硬度をもっている．歯茎でこれらが形成され，歯垢のなかに含まれる細菌によって歯肉と歯肉繊維が炎症を起こすと，歯肉炎になる．これまでの過程に関与するのは好気性菌である．これが進み，歯と歯肉が離れて歯周ポケットが形成される．ここでは，嫌気性細菌の繁殖が始まる．この炎症がさらに進行して歯の根のほうに侵入していくと，歯根膜や骨，さらに歯の根を溶かすことになる（骨吸収）．歯周病を悪化させると歯のまわりの骨をほとんど溶かし，歯はそこにとどまることができず，抜け落ちてしまう．歯茎に物理的な刺激を与えると出血するが，一般に痛みを伴わないので「沈黙の病気」といわれている．

## 2 歯周病原因菌

歯周病は，複数の嫌気性菌を含むデンタルプラークが原因の感染症である．口腔内には500種以上の細菌が100億以上生息するといわれている．とくに，歯周ポケットから検出されるグラム陰性嫌気性菌が

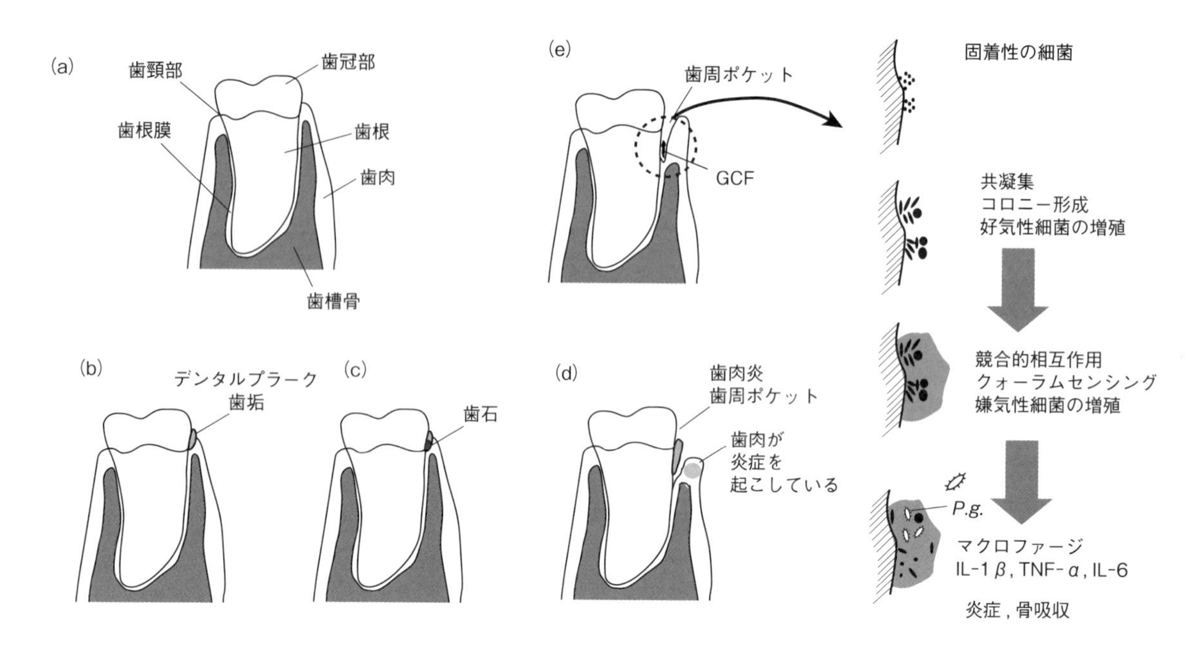


図 1-1 歯茎の断面(a)と歯垢(b)，歯石(c)および歯肉炎(d)，口腔内細菌によって引き起こされる歯周病(e)

歯周病原因菌と考えられている．そのおもな細菌としてポルフィロモナス・ジンジバリス *Porphyromonas gingivalis*(*P. g.* 菌)，トレポネーマ・デンティコーラ *Treponema denticola*(*T. d.* 菌)，タンネレラ・フォーサイセンシス *Tannerella forsythensis*(*T. f.* 菌)，アグリゲイティバクター・アクチノミセテムコミタンス *Aggregatibacter actinomycetemcomitans*(*A. a.* 菌)，プレボテラ・インターメディア *Prevotella intermedia*(*P. i.* 菌)が知られている．これらのなかで *P. g.*，*T. f.*，*T. d.* は，トリプシン様酵素を産生して強い病原性をもち，歯周病が進行した患者から検出されることから歯周病の主要な病原細菌と考えられている(歯周病の発症や進行にかかわりのあるレッドコンプレックス(Red Complex)として分類されている)[2]．ここでは，とくに歯周病の前段階の歯周炎が発症，進行に関与が大きいといわれている *P. g.* について概説する[3]．

*P. g.* は，慢性歯周炎の原因菌として知られている．日本人には侵襲性歯周炎に関与している．病原因子は，線毛，プロテアーゼ，LPS(lipopolysaccharide，リポポリサッカライド)などである．線毛は付着因子として宿主細胞や歯面に定着するために働くと同時に，白血球の成分である単球を刺激してインターロイキン類の IL-1$\beta$，IL-6 や TNF-$\alpha$ の炎症性サイトカインの産生を促す．また，*P. g.* はコラゲナーゼやトリプシン様プロテアーゼなどのプロテアーゼを産生する．とくに，トリプシン様活性を示すシステインプロテアーゼであるジンジパイン(gingipain：gp)は，アルギニン特異的タンパク質分解酵素(Ag-Xaa を切断する)である gingipain R(Rgp)とリジン特異的タンパク質分解酵素(Lys-Xaa を切断する)である ginigipain K(Kgp)に分類される．ここで Xaa は任意のアミノ酸である．両酵素は相互に協力しながら生体タンパク質の分解を引き起こし，宿主細胞に障害を与え歯周病に関連する種々の病態を引き起こすと考えられている．

これらのタンパク質は，触媒ドメインに加え赤血球凝集および付着ドメインをもつ RgpA と Kgp として存在するが，Rgp は触媒ドメインのみをもつ RgpB も存在している．gp は宿主の免疫系に種々の作用を及し，免疫による生体防御機能のバランスに障害を与えることが知られている．具体的には，生体に侵入してきた病原体の排除を促進する補体系の不活化，病原体を捕食して分解する白血球の成分である好中球の破壊によるマクロファージの LPS に対する低反応性，IL-1$\beta$，IL-6，IL-8，TNF-$\alpha$，IL-1ra，インターフェロン-$\gamma$ などのサイトカインネットワークの破壊を生じさせる．

## 3 これまでの歯周病検査法

歯科で行われている基本的な検査として歯周ポケットの深さ（probing pocket depth：PPD）と動揺度があげられる．PD（pocket depth）は，金属製の棒を歯周ポケットに差し込み，差し込むことのできる深さによって歯周病の進行度が見積もられている．0～3 mm だと正常，歯肉炎，または軽度，4～6 mm だと中等度歯周炎，7 mm 以上だと重症歯周炎と考えられ，それぞれ P1，P2，P3 で表される．動揺度はピンセットによって歯を動かし，その動きの程度を調べることで歯周疾患の進行度を見積もる方法である．進行度に伴って M0 から M3 までと評価される．さらにプロービング時の出血の有無を調べる歯肉炎指数（gingival index：GI），プラーク・インデックス（plaque index：PlI），1 分間に分泌される唾液の量，質感，緩衝能を調べる唾液検査，口臭などが行われている．また，X 線上での骨破壊程度の観察が行われている．

最近では，1 週間程度要するが歯周ポケット内細菌検査が行われている．歯周ポケット内にペーパーポイントを底部まで挿入し，10 秒間吸い上げ PCR（polymerase chain reaction，ポリメラーゼ連鎖反応）が行われている．先に述べた歯周病原因菌の 16S rRNA 遺伝子を用いてリアルタイム PCR によってこれらの分布などが調べられている[4]．

Red Complex は，トリプシン様酵素活性をもつのでこの酵素活性を指標した検査も行われるようになっている．トリプシンは，エンドペプチターゼとセリンペプチターゼで塩基性アミノ酸であるリジン，

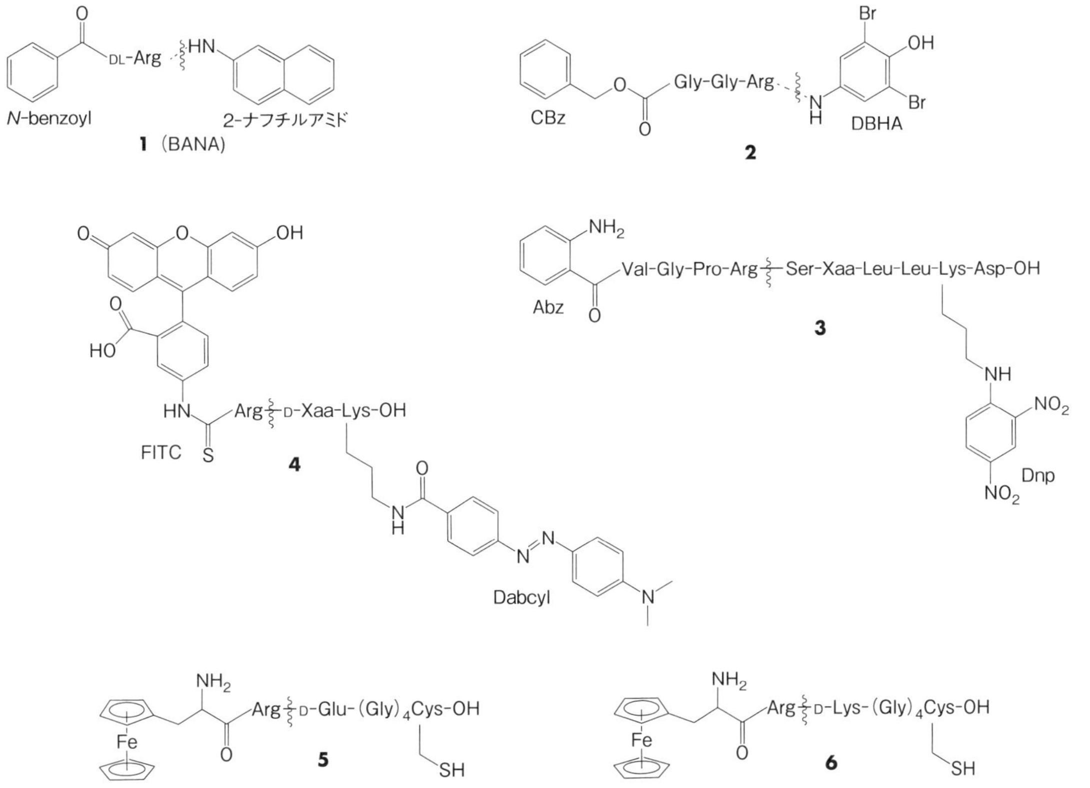

図 1-2　歯周病原因菌から分泌されるプロテアーゼ検出のためのプローブ
波線は切断部位を示している．

アルギニンのカルボキシ基側のペプチド結合を加水分解する．このことからアルギニンのカルボキシ基側にアミノ色素を連結させた擬似基質によってその酵素活性が評価されている．代表的なものとしてバナペリオの benzoyl-DL-Arg-β-naphtylamine（**1**）とペリオチェックの CBz-Gly-Gly-Arg-DBHA（3,5-dibromo-4-hydroxyaniline）（**2**）が知られている（図1-2）[5]．これらは，酵素反応によって生じるアミノ色素の酸化反応などによって起こる色調変化によって検出が行われている．バナペリオにおいては，β-ナフチルアミンとファーストガネット GBC とのアゾカップリング反応によって赤色色素が生成する．ペリオチェックでは，遊離した DBHA が β-NTM〔4,4′-bis（dimethylamino）diphenyl（2-hydroxy-1-naphthyl）methane〕存在下，アスコルビン酸オキシダーゼ（L-ascorbate oxidase：AOD）とビリルビンオキシダーゼ（bilirubin oxidase：BLOD）とを作用させることにより青色に呈色することに基づいている．

すでに述べたように歯周病診断のために，（1）歯周病原因菌の分布（菌叢），（2）これらが分泌する毒素，（3）罹患者（宿主）の炎症性サイトカインの検査が必修である．従来の知られているバイオ技術を用いてもこれらの検査を実現できる．（1）は DNA マイクロアレイ[6]またはリアルタイム PCR[4]にて，（2）はバナペリオやペリオチックによって，（3）は，炎症性サイトカインの検出なので，これらに対する抗体を利用した ELISA によって実現されている．

## 4 菌叢解析バイオチップ

リアルタイム PCR を利用した歯周病原因菌の 16S rRNA 遺伝子を利用した菌叢解析が行われてきたが，最近，大阪大学の山田ら[6]によってヒト歯根膜から作製された cDNA ライブラリーのランダムシークエンス解析により歯根膜関連遺伝子発現プロファイルを解明し，ヒト歯根膜解析用 DNA マイクロアレイ（PerioGen Chip）を作製している．しかし，歯周病原性検出用の DNA チップの開発はまだ行われていないようである．筆者らは，マルチ電極チップに歯周病原因菌の *P. g.*，*P. i.*，*A. a.* に特徴的な 16S rRNA とハイブリダイゼーション可能な DNA プローブを固定化したチップを作製した．

これを用いた検出原理を図 1-3 に示した．電極上に DNA プローブとハイブリダイゼーションを行い，目的の mRNA が存在すると二本鎖が形成され，この二本鎖部位に筆者らが開発した電気化学活性を示す二本鎖特異的リガンド（フェロセン化ナフタレンジイミド，ferrocenyl naphthalene diimide：FND）を添加する．二本鎖の形成量に応じて FND が濃縮され電位をかけると濃縮量に応じた電流値の増加が得られる．すなわち，電流増加量によって存在量を見積もることができる．本系を歯肉溝浸出液（gingival crevicular fluid：GCF）から抽出したトータル RNA へ適用した．歯周病患者または健常者からの GCF サンプルを RNA spin mini キットによって全 RNA を抽出し，チップ上の DNA プローブと直接ハイブリダイゼーションを行った．これによって 3 種の歯周病原因菌にかぎられるが，どのような菌がどれぐ

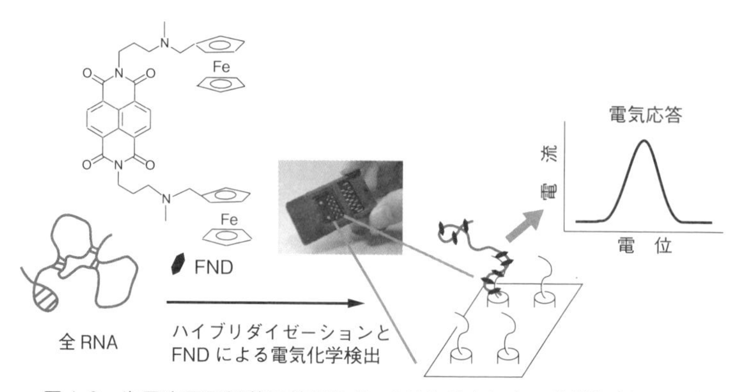


図 1-3　歯周病原因細菌に特徴的な rRNA 検出による菌叢解析チップ

+ COLUMN +

**★一番気になっている研究者・研究**

**Erik Winfree**
（アメリカ・カリフォルニア工科大学教授）

B. Winfree 教授は，数学科を卒業したあと，コンピュータ科学に進学している．現在，コンピュータ科学とバイオ技術とを組み合わせた領域で活躍している．Nadrian C. Seeman 教授（ニューヨーク大学）や Paul Rothemund 教授（カルフォルニア工科大学）との共同研究によって DNA オリガミや DNA コンピューティングの分野で精力的に研究を行っている．

彼の 2009 年に報告された「Control of DNA Strand Displacement Kinetics Using Toehold Exchange」〔D. Y. Zhang, E. Winfree, *J. Am. Chem. Soc.*, 131, 17303 (2009)〕に関する研究が気になっている．二本鎖 DNA の鎖交換は，DNA ハイブリダイゼーション反応による遺伝子検出や DNA オリガミなどの DNA ナノテクノロジーにおいて重要である．鎖交換反応は熱力学支配による遅い過程である．しかし，E. Winfree 教授は，鎖交換反応を行わせる場合，右図のように足がかり配列を導入することによって速度論的に鎖交換を速めることができることを実験的および速度論的解析により明らかにした．この知見は，非酵素的にシグナル増幅可能な DNA 検出法へ応用されている．

I-Ming Hsing 教授（香港科学技術大学）は，この原理を利用して DNA プローブとターゲット DNA とのハイブリダイゼーション反応に連続してハイブリダイゼーションが連続することによってデンドリマー型に枝分かれ DNA を形成させることにより超高感度 DNA 検出を実現している〔F. Xuan, T. Wing, I-M. Hsing, *ACS Nano*, 9, 5027 (2015)〕．デンドリマー型増幅による DNA の高感度検出法はすでに報告例はあったが，本システムは，非酵素的でかつ迅速検出できる点で従来の酵素を組み合わせたハイブリダイゼーション反応を大きく超えたものと考えてられる．この非酵素で増幅型遺伝子検出の元になったのは，足がかり鎖交換反応に関する基礎的な研究である．

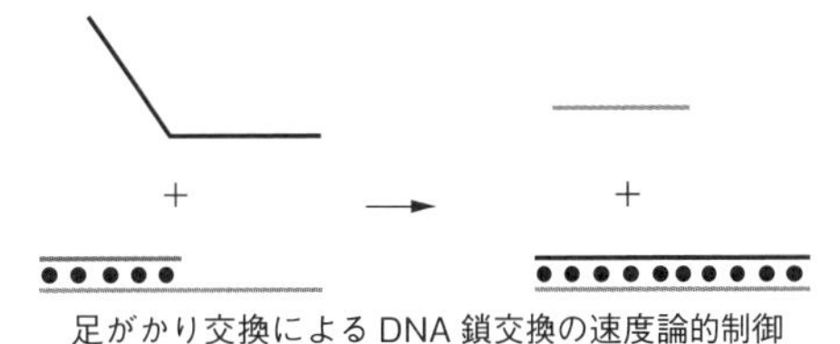

足がかり交換による DNA 鎖交換の速度論的制御

らい存在するかを見積もることができた[7]．

### 5 歯周病破壊酵素検出チップ

すでに歯周病原因菌の Red Complex は，トリプシン様酵素活性をもつのでバナペリオやペリオチェックによる Ag-Xaa の切断能の評価を行うことができる．Rgp の X 線構造解析によって，その構造とさらに基質となるアミノ酸配列が調べられている．この配列両端に蛍光色素とクエンチャーを導入した(Abz)-Val-Gly-Pro-Arg-Ser-Xaa-Leu-Leu-Lys(Dnp)-Asp-OH(**3**)が設計されている(図 1-2)[8]．酵素切断によって発蛍光となるので蛍光強度のモニタリングで基質に対応する酵素活性を評価できる．オーストラリアの Monash 大学の R. N. Pike らのグループ[8]は，Xaa のアミノ酸によって $K_m$ と $k_{cat}$ を算出した．Phe，Leu，Tyr に対して高い活性を示すことが報告されている．オランダのアムステルダム大学の F. J. Bikker らのグループ[9]は，歯周病診断の *P. g.* の検出のために gp に対して特異性の高い基質のサーチを行っている．彼らは，FITC-Arg-Xaa-Lys(Dbc)OH を作製した．この擬似基質ペプチドは，それぞれに末端に蛍光色素である FITC (fluoresceinisothiocyanate)と蛍光の消光剤として働く Dobcyl(Dbc)をもっている．したがって，このペプチドは蛍光を示さない．しかし，ペプチドが酵素によって切断されると消光剤が離れるので FITC の蛍光が観察されようになる．したがって，蛍光強度変化をモニタリングすることによってその酵素反応を追跡できる．彼らは，種々のペプチド基質を用いて Rgp の切断能を調べた結果，D 体アミノ酸を連結させた FITC-Arg-D-Xaa-Lys(Dbc)OH(**4**) において Xaa＝Asp，Glu の場合，特異度 100%を示し，Xaa＝Lys のとき感度が 75%と最も高いことを明らかにした．

筆者らは，電極上に固定化されたフェロセン化ペプチド基質を用いて酵素活性を測定する手法を報告している．この原理を図 1-4 に示す．この基質ペプチドチップ上に酵素が作用してペプチドを切断することによって，フェロセン部が電極から解離して電流値が減少する．この電流値は酵素活性と相関することを明らかとしている．基板上に固定化された基質と酵素反応とを仮定することによって Michaels-Menten の式が成立することも明らかにしている．この手法を gp の酵素活性検出へ応用した．特異性または選択性の高い配列として Arg-D-Glu および Arg-D-Lys を選び FcAla-Arg-D-Glu-$(Gly)_4$Cys (**5**) および FcAla-Arg-D-Lys-$(Gly)_4$Cys(**6**) を合成した(図 1-2)．ここで FcAla はフェロセン導入アラニンである．Cys 部の SH と金電極との結合によって電極へ固定化した．また，四つの連続 Gly は，電極と切断部位とのスペーサーとして導入した．電子移動による電流値が観察されると同時に酵素のアクセスが可能なように電極から離す目的で導入したものである．これらのチップ電極を利用することによって歯周病進行度に依存した電流減少が得られたが，とくに 6 修飾電極が感度，特異度とも高いものであった[10]．

## 6 炎症性サイトカインの検出

GCF 中の炎症性サイトカインの検出は，歯周病の状態を判定するのに重要である．歯周病の進行や予後に状況把握に有用な炎症性サイトカインである TNF-$\alpha$，IL-1$\beta$，IL-6 の検出は ELISA(enzyme-linked immunosorbent assay)法にて行われている．たとえばサンドイッチ ELISA では，タイタープレートへの抗体の固定化，検体中に存在するサイトカインの捕捉，検出のためのシグナル増幅を目的としたアルカリホスファターゼ修飾二次抗体との反応，検出のための色素基質添加により検出が行われている．この手法では，多数のサンプルを同時に処理することができる．たとえば 126 穴をもつタイタープレートを利用すれば 126 個のサンプルの測定が可能である．しかしながら固定化，非特異的吸着を防ぐためのブロッキング，抗原抗体反応に加え各段階で行われる洗浄工程が必要であり，自動化されているもののまだ測定時間においては十分な短縮化は行われていない．

一方，簡易法としてイミノクロマトが知られている．これは，細長いメンブレンの一端に試料を添加し，これが他方に毛細管現象で移動する際にメンブレンの中心部分に固定化されている抗体に結合したものと結合していないものの分離(B/F 分離)を行うものである．この手法は洗浄操作を必要としないので，測定時間の短縮化が可能である．最近，この手法に金属ナノ粒子を組み合わせることによって高感度化が達成されつつあるが定量性はまだ不十分のようである．

筆者らは，直径 6 mm にカットしたニトロセル

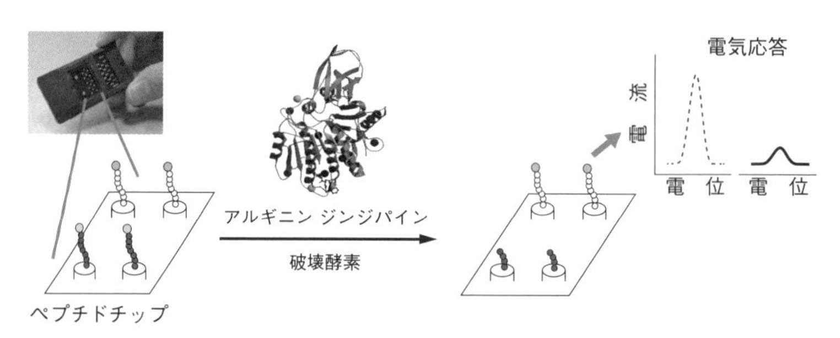


図 1-4　歯周病原因菌から分泌されるプロテアーゼを検出するための
ペプチドチップ

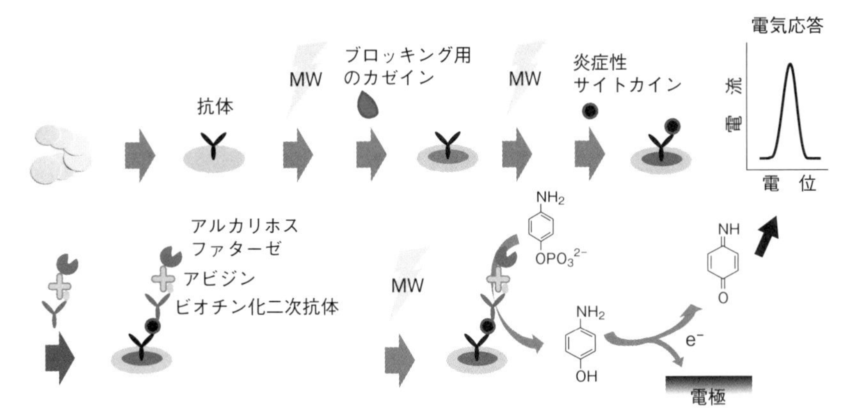


図 1-5　炎症性サイトカイン検出のための MMeELISA 法の原理
MW：電子レンジ照射．

ロースメンブレンと電子レンジ処理を組み合わせた membrane-based microwave mediated electrochemical enzyme-linked immunosorbent assay (MMeELISA)法を開発した(図 1-5)[11]．その原理を図に示す．まず，メンブレンに抗体溶液を染み込ませ電子レンジで処理を行う．これによって抗体がメンブレンに固定化される．また，カゼインを加え電子レンジ処理によってブロッキングを行う．このように作製されたメンブレンを用いてサイトカインのアッセイを行うことができる．GCF サンプル溶液を添加し，アルカリホスファターゼ修飾二次抗体を加え電子レンジ処理後洗浄し検出反応を行う．最終的に電流値として評価できる．

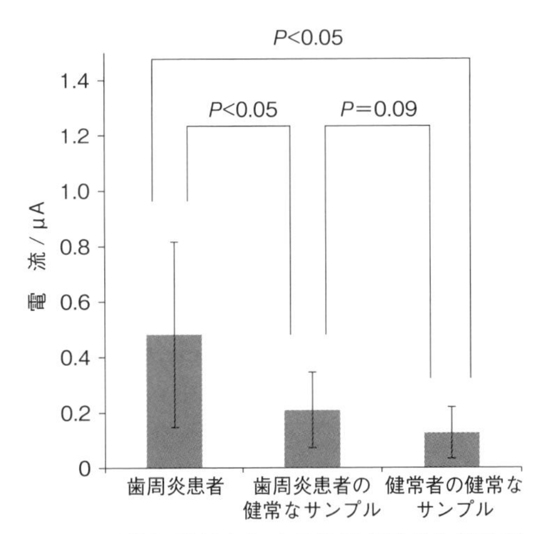


図 1-6　MMeELISA による歯周病患者と健常者の TNF-αレベルの検出例

本手法によって 0.5～2000 pg/mL の TNF-$\alpha$，0.06～1000 pg/mL の IL-1$\beta$ の定量が可能であった．TNF-$\alpha$ において歯周病患者と健常者との間に明確な差が見られ，また，歯周病患者の健常部分から採取したサンプルは，健常者よりも高い値となった(図 1-6)．

## 7　まとめと今後の展望

口腔内のケアは高齢化社会で労働人口を確保する重要な手段である．歯周病は，歯が抜け落ちるだけでなく生活習慣病のリスクファクターとなっている．このことから歯周病の状況をいち早く把握し，その治療効果を含め状況を把握する簡易なバイオチップの開発が期待されている．ここで述べた歯科へのバイオチップは今後益々重要となるものと期待される．

一方，技術的な観点から眺めると特定の RNA 検出法は，mi(micro)RNA に代表されるようにその検出は種々の病気の診断マーカーとして期待されている．プロテアーゼも種々の病気の診断マーカーとして期待されていることから特定タンパク質の存在の有無だけでなくその活性を検出できる観点からの意味は大きいものと考えられる．サイトカインの検出に用いた MMeELISA 法は，インフルエンザやノロウイルスなどの検査にも応用可能である．テロメラーゼによるがん診断は，患部の細胞を採取しやすい場合はがんの簡易診断法への展開が期待される．電気チップでは，電流値などの値として結果が得られるので，定量的な診断技術として有用であると期待される．

### ◆ 文 献 ◆

[1] 野口和行，石川 烈，『新しい健康科学への架け橋 歯周病と全身の健康を考える』，財団法人ライオン歯科衛生研究所 編，医歯薬出版（2004），p. 55.
[2] L. A. Ximenez-Fvvie, A. D. Haffajee, S. S. Socransky, *J. Clin. Periodontal*, **27**, 722 (2000).
[3] 門脇知子，瀧井良祐，馬場貴代，山本健二，日薬理誌，**122**, 37 (2003).
[4] M. Kuboniwa, A. Amano, R. K. Kimura, S. Sekine, S. Kato, Y. Yamamoto, N. Okahashi, T. Iida, S. Shizukuishi, *Oral Microbiol. Immunol.*, **19**, 168 (2004).
[5] K. Ishihara, Y. Naito, T. Kato, I. Takazoe, K. Okuda, T. Eguchi, K. Nakashima, N. Matsuda, K. Yamasaki, K. Hasegawa, H. Suido, K. Sugihara, *J. Periodontal Res.*, **27**, 81 (1992).
[6] S. Yamada, S. Murakami, R. Matoba, Y. Ozawa, T. Yokokoji, Y. Nakahira, K. Ikezawa, S. Takayama, K. Matsubara, H. Okada, *Gene*, **275**, 279 (2001).
[7] 佐藤しのぶ，竹中繁織，unpublished result.
[8] N. Ally, J. C. Whisstock, M. Sieprawska-Lupa, J. Potempa, B. F. Le Bonniec, J. Travis, R. N. Pike, *Biochemistry*, **42**, 11693 (2003).
[9] W. E. Kaman, F. Galassi, J. J. de Soet, S. Bizzarro, B. G. Loos, E. C. I. Veerman, A. van Belkum, J. P. Hays, F. J. Bikker, *J. Clin. Microbio.*, **50**, 104 (2012).
[10] 佐藤しのぶ，中原敏貴，竹中繁織，unpublished result.
[11] I. Diala, S. Sato, M. Usui, K. Nakashima, T. Nishihara, S. Takenaka, *Anal. Sci.*, **29**, 927 (2013).

Chap 2

# アプタマーの医療応用

# Medical Applications of Aptamers

池袋 一典　長谷川 聖
（東京農工大学大学院工学研究院）

## Overview

アプタマーは分子認識能をもつ核酸分子であり，医療分野では，抗体と同じように分子標的薬や診断薬の素子として利用することができる．実際に，医薬品として市販されているものも存在する．また，アプタマーは核酸であるため，化学的に全合成できること，分子構造の変化を設計できることなど抗体とは異なる特徴を多数もっており，この特徴を利用することで，新たな標的分子検出システムを提案できる．アプタマーを診断薬やバイオセンサーの分子認識素子として利用することで，抗体では実現できなかった迅速，簡便な診断が可能になると期待される．

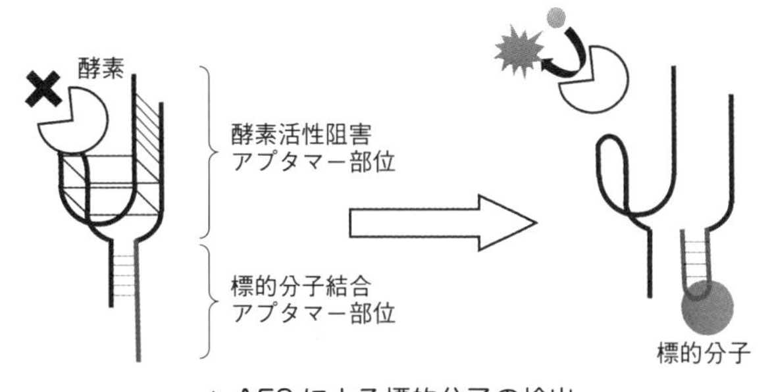


▲ AES による標的分子の検出

■ **KEYWORD** 📖マークは用語解説参照

- ■アプタマー（aptamer）
- ■Watson-Crick 塩基対（―― base pair）📖
- ■SELEX（systematic evolution of ligands by exponential enrichment）
- ■相補鎖（complementary strand）
- ■B/F 分離（bound/free separation）📖
- ■結合活性（avidity）

## はじめに

アプタマーは分子認識能をもつ核酸分子であり，塩基配列によって決まる特定の立体構造を形成し，標的分子を認識する．医療分野では，抗体と同じように，分子標的薬や診断薬の分子認識素子として利用することができる．アプタマーは，おもに *in vitro* selection 法である SELEX（systematic evolution of ligands by exponential enrichment）法[1, 2]を用いて取得される．この方法では，異なる塩基配列をもつ核酸の混合物を初期ライブラリーとして用い，このなかからアプタマーのスクリーニングを行う．*in vitro* で選択できるため，抗体が標的としえない（免疫原性をもたない）分子に対してもアプタマーを取得することができる．これまでに多くのアプタマーが報告されており，医薬品として市販されているものもある．診断の分野では，アメリカの SomaLogic 社が多項目診断チップとしてアプタマーアレイの作製を事業化している．

アプタマーは核酸であるため，化学合成によって安価に作製でき，化学修飾が容易であるなど抗体にはない特徴をもっており，この使い勝手のよさは応用するうえで大きな利点となる．さらに，アプタマーの分子内構造は，おもに Watson-Crick（W･C）塩基対で形成されているため，アプタマーの一部分もしくは部分相補鎖の塩基配列を設計し，アプタマーの構造変化を制御できる．これにより，抗体では実現できない標的分子検出システムが可能となり，疾病診断の分野では抗体に代わる分子認識素になると期待される．一方で，アプタマー 12 ヌクレアーゼにより分解されるため，とくに医療品として応用するには，ヌクレアーゼ耐性を向上させる工夫が必要となる．

本章では，アプタマーの医薬品としての応用例と，病気の診断ツールとしての利用可能性について述べる．最後に，アプタマーを医療応用するうえで課題となるアプタマーの結合能について，近年報告されている結合能を向上させるためのアプローチについて述べる．

## 1 アプタマーの医薬品としての応用

これまでに医薬品として市販されているのは，血管内皮細胞増殖因子（vascular endothelial growth factor：VEGF）に対するアプタマーのみであり，加齢黄斑変性症（age-related macular degeneration：AMD）の治療薬（Macugen®）として上市されている．Macugen® は，AMD の治療薬として 2005 年に Eytech 社と Pfizer 社からアメリカで発売され，日本でも 2008 年から市販されている．Macugen® は，VEGF の最も主要なアイソフォームである VEGF165 に結合する 28 塩基の修飾 RNA アプタマーで，1998 年にその獲得が報告された[3]．VEGF は，AMD における血管内皮細胞の増殖を誘導し，新しい血管の形成を促すタンパク質である．Macugen® を眼球に直接注入することで，AMD における VEGF の働きが阻害され症状が緩和される．

アプタマーを医薬品として応用するうえで課題となるのが，抗体に比べて血中半減期が短いことである．その原因の一つがヌクレアーゼによる分解で，非修飾の RNA オリゴヌクレオチドは血清中では数十秒で分解される．ヌクレアーゼ耐性はアプタマーに化学修飾を施すことで向上させることができる．ただし，非修飾の核酸ライブラリーを用いて取得されたアプタマーに高度な修飾を施すと，アプタマーの活性が低下する場合があるため，修飾が施された核酸ライブラリーを用いて SELEX を行うのが望ましい．SELEX 法では，初期ライブラリーから標的分子に結合する核酸分子を分離し，これらの核酸分子を PCR（polymenase chain reaction，ポリメラーゼ連鎖反応）法により増幅後，一本鎖の DNA または RNA を調製する操作を繰り返すことで，アプタマーとなる核酸を濃縮していく．RNA アプタマーの場合は，DNA ライブラリーを転写することで RNA ライブラリーを作製する．

化学修飾されたライブラリーを SELEX に用いるためには，転写，逆転写，PCR などの工程で使用する酵素が基質として認識できる修飾ヌクレオチドを用いる必要がある．Macugen® は，シチジンとウリジンのリボース 2′-OH 基がフルオロ基（F）に置換されたライブラリーを用いて選択された．得られた

RNA アプタマーを最小化し，アデノシンとグアノシンのリボースの 2′-OH 基の一部を *O*-メチル基(OMe)に置換したものが，Macugen® であり，VEGF165 に対し解離定数で 50 pM という高い親和性をもつ．さらに，3′ 末端には逆向きのチミジンでキャップ，5′ 末端にはポリエチレングリコール(polyethylene glycol：PEG)が修飾されている．チミジンでキャップはエキソヌクレアーゼ耐性を高めること，PEG 修飾は腎排泄や肝代謝による血中からの排泄を抑制することを目的に施されている．

1990 年に最初のアプタマーが報告され，2011 年まで SELEX の特許が存続していたため，これがアプタマーを臨床応用するうえで足かせとなっていた．現在，この特許は失効したが，医薬品としての応用例は抗体のほうが圧倒的に多い．抗体は 20 種のアミノ酸から構成されるのに対し，アプタマーの多くは 4 種のヌクレオチドから構成される．このため，分子の多様性の観点から考えても，抗体の分子認識能は優れている．Macugen® に続くアプタマー医薬を上市するためには，抗体を凌駕する分子認識能をもつアプタマーや，抗体を得ることができない標的に対するアプタマーの獲得が必要である．さらに，アプタマーを医薬品として利用するためには，体内での安定性を高めるためにさまざまな修飾を施す必要がある．このため，アプタマー医薬の臨床応用にあたっては，化学修飾に関する特許についても注視しなくてはならない．

## 2 疾病診断ツールへのアプタマーの応用

抗体を用いた ELISA(enzyme-linked immunosolvent assay：酵素標識免疫診断)法は，臨床診断においてタンパク質を検出するために汎用されている方法である．核酸であるアプタマーがもつ以下の特徴は，診断薬やバイオセンサーなど，病気の診断ツールとして応用するうえで利点となる．

(1) 化学的に全合成でき，化学修飾が容易である．
(2) 熱や乾燥で変性しても容易に再生させることができる．
(3) 構造変化を設計できる．

化学修飾が容易であるため，基板への固定や酵素などの標識が必要となる診断薬やバイオセンサーの素子として利用しやすい．また，アプタマーは熱や乾燥によりいったん変性してももとに戻るため，室温，乾燥条件下で保存できる．抗体を用いた ELISA キットは 4℃で保管する必要があり，アプタマーを代用すると保管や管理が容易になる．ELISA 法において，抗体の代用としてアプタマーを利用した報告はこれまでにも多数あり，タンパク質，細胞，ウイルスなど幅広い標的の検出が行えることが示されている[4]．さらに，(2)の特徴を利用すれば，繰り返し使うバイオセンサー用素子としての応用も期待できる．(3)については，アプタマーの構造の大部分は W･C 塩基対で形成されるため，塩基配列に基づいて，構造を予測し，構造変化を設計することができる．この特徴を利用することで，抗体では実現できなかった検出システムも提案できる．

筆者らは，RNA に比べて化学的に安定な DNA アプタマーのバイオセンサー素子としての有用性に着目し，センシングシステムを開発している．ELISA 法のなかでもよく用いられるサンドイッチ法では，標的タンパク質の異なる部位を認識する二つの抗体を用い，一方をビーズやプレート上に固定する．もう一方の抗体は酵素標識されており，二つの抗体で標的タンパク質をサンドイッチして，酵素活性を指標にタンパク質を検出する(図 2-1)．酵素はシグナルを増幅する効果があるため，検出感度の向上が期待できる．

さらにこの方法では，標的タンパク質に結合していない検出用抗体や非特異吸着したタンパク質などを洗浄により除去(bound/free 分離：B/F 分離)で

図 2-1 抗体を用いたサンドイッチ法による標的分子の検出

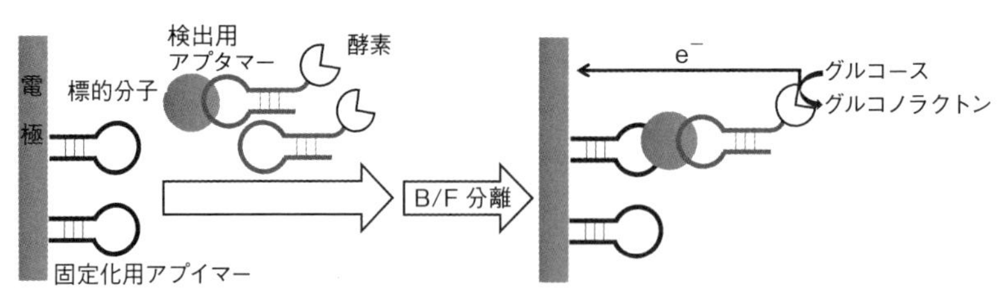


図 2-2　アプタマーを用いたサンドイッチ法による標的分子の電気化学検出システム

きるため，バックグラウンド信号を抑制することによる高感度化も可能となる．筆者らは，二つのDNAアプタマーでサンドイッチすることで標的タンパク質を電気化学的に検出するシステムを構築した[5]（図 2-2）．トロンビンの異なるエピトープ〔エキソサイト(exosite)1 とエキソサイト(exosite)2〕を認識する二つの DNA アプタマーを利用し，一方を電極上に固定し，もう一方は酵素標識して用いた．標識酵素として用いたピロロキノリンキノングルコースデヒドロゲナーゼ(pyroloquinoline quinone glucose dehydrogenase：PQQGDH)はグルコースセンサーの素子として用いられている酵素であるため，標的分子の検出にグルコースセンサーのシステムを利用できる．トロンビン濃度依存的な応答電流値の上昇が得られ，電極上でアプタマー-トロンビン-酵素標識アプタマーのサンドイッチが形成されることでトロンビンを検出できることが示された．

サンドイッチ法では，標的分子の異なる部位を認識する二つのアプタマーが必要である．しかし，SELEX で取得されたアプタマーのエピトープは重複することが多く，標的分子をサンドイッチできるアプタマーペアは少ない．実際に，これまでに報告されているアプタマーを用いたサンドイッチ検出では，標的分子の種類が抗体に比べて偏っている．たとえば，トロンビンや多量体タンパク質，複数の膜タンパク質が存在する細胞やウイルスが多い．アプタマーは核酸であり，おもに静電的相互作用と水素結合で標的分子と相互作用するため，標的分子の親水性部位，とくに正電荷に富む部位と相互作用しやすいことが，エピトープが重複しやすい要因と考えられる．

そこで筆者らは，一つのアプタマーだけを検出素子として用い，B/F 分離できる検出系を構築した[6,7]〔図 2-3(a)〕．この検出系では，アプタマーに酵素を修飾し，アプタマーに結合した標的分子を，酵素活性を指標に検出する．試料中に存在する標的と結合していないアプタマーは，アプタマーの部分相補鎖(capture DNA：CaDNA)でトラップして除去する．アプタマーは負電荷を帯びており分子内での電荷反発が存在するため，標的と結合していないアプタマーの分子内構造の安定性は低く，標的分子と結合することで構造が安定化されると考えられる．標的との結合の有無によるアプタマーの構造の安定性の差を利用し，より不安定なフリーのアプタマーだけをトラップするように CaDNA を設計した．本検出系では，CaDNA と測定試料を混合するだけで，簡便かつ迅速に B/F 分離を行えることも大きなメリットである．筆者らはこれまでに，この検出系を利用して，トロンビン，IgE，VEGF の高感度検出に成功している．しかし，この検出系では，試料中のフリーのアプタマーのみを除去するため，試料中にほかのバックグラウンド要因が存在する場合，それらを除去することはできない．標的分子と結合したアプタマーを CaDNA でトラップすれば，この課題を解決できる．

そこで，アプタマーに CaDNA の相補鎖が挿入された，capturable アプタマーを作製した[8]．capturable アプタマーは，標的分子非存在下では CaDNA の相補鎖部分はアプタマーの一部と塩基対を形成し，標的分子と結合してアプタマーの構造が変化することで，CaDNA と相補的な一本鎖が露出するように設計した．つまり，標的分子と結合していないアプタマーは CaDNA にはトラップされず，標的分子と結合したものだけが CaDNA にトラップされる〔図

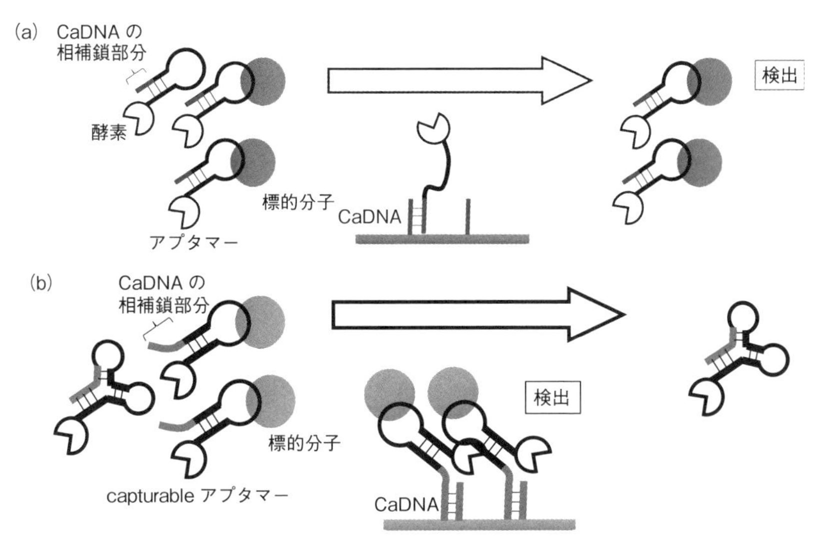


**図 2-3　CaDNA を用いた B/F 分離システム**

（a）フリーのアプタマーを CaDNA でトラップする方法，（b）標的分子と結合した capturable アプタマーを CaDNA でトラップする方法.

2-3(b)〕. この方法を用い，プリオンタンパク質の検出に成功した.

アプタマーの構造変化を利用すると，B/F 分離することなく測定試料中の標的分子を検出することも可能である．aptameric enzyme subunit（AES）は，二つのアプタマー部位から構成され，酵素活性を阻害するアプタマーに標的分子に結合するアプタマーが挿入されている[9~13]．標的分子結合アプタマーと標的分子とが結合し構造が変化すると，酵素阻害アプタマーの阻害能が変わるため，酵素活性を指標に標的分子を検出することができる（図 2-4）．たとえば，標的分子非存在化では，酵素活性阻害アプタマーの阻害能がオンの状態となっているが，標的分子と結合することによる AES の構造変化の結果，

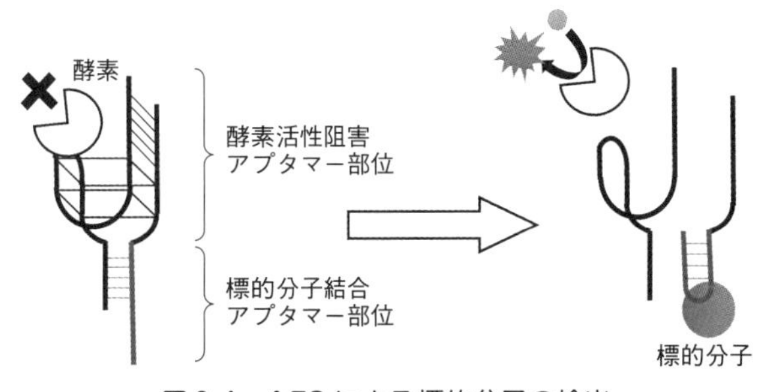


**図 2-4　AES による標的分子の検出**

阻害アプタマー部位の阻害能がオフになり，酵素活性を指標に標的分子を検出できる．これまでに，酵素としてトロンビンを用い，トロンビンの活性を指標に，DNA 分子，アデノシン，インスリン，IgE など種々の標的分子を検出できることを示している.

AES を用いた検出は，標的分子とアプタマーの結合をすぐに酵素活性に変換できるため，迅速かつ簡便である．また，ELISA をはじめとする多くの酵素を用いた検出系では，分子認識素子に酵素を修飾して用いており，修飾により酵素活性が低下することが問題である．AES は酵素を修飾する必要がないため，酵素活性を維持できる．AES はアプタマーの組合せにより，検出酵素や検出分子を幅広く選択できるため，たとえば，PQQGDH を検出酵素として用いることができれば，迅速，簡便，かつ高感度な検出システムを提案できると期待される．以上のように，筆者らは，アプタマーの特性を利用した検出システムを提案してきた．検出システムの選択性は，おもに素子として用いるアプタマーの標的特性に依存する.

また，検出限界を決める要因の一つにアプタマーの結合能がある．たとえば，AES に利用したアプタマーのうち，アデノシン結合アプタマーの $K_d$ 値

COLUMN

### ★いま一番気になっている研究者

**Shankar Balasubramanian**
（イギリス・ケンブリッジ大学　教授）

イルミナ社の次世代シークエンサーの原理を発明し，最近はG-quadruplexの研究で次々と先駆的な研究成果を発表しているのが，S. Balasubramanian教授である．エンジニアだと思っている筆者にとって，アイドルは，塩基配列決定法であるダイデオキシ法を開発したFrederick Sangerと，mRNA displayとアプタマーを開発したJack William Szostakである．S. Balasubramanian教授は彼らに迫る才能をもち，実績を上げる人物だと半ば妬ましく思いながら，認めている．

現在の次世代シークエンサーの主流であるSolexaを開発しただけでも賞賛に余りあるが，さらにヒトゲノムに四重鎖であるG-quadruplex形成可能領域が多数あることを見いだし，実際にこれらが形成されていることを裏づける報告を，矢継ぎ早に発表している．Solexaの検出原理は，化学の深遠なる知識をもち，かつ理解したうえで，これまでに開発された関連技術を俯瞰的に分類・分析できないと考えつかないと思う．そして，G-quadruplexの研究については，さまざまな異分野の研究者たちと迅速に共同研究ネットワークを組織して，世界を先導している．つまり彼は，現在の研究の進め方の趨勢に対応できる柔軟性も存分に発揮している．実に見習いたいかぎりである．

は6 μM，IgE結合アプタマーの$K_d$値は10 nMと報告されており，それぞれをAESの標的分子結合アプタマー結合部位としたときの検出下限が，IgEはアデノシンに比べて低い．素子として用いるアプタマーの特異性や結合能の向上が検出システムの性能の向上につながるといえる．

### 3 アプタマーの結合能の向上

Macugen®は，標的タンパク質であるVEGF165に対し，解離定数で50 pMと非常に高い親和性をもっている．また，臨床検査マーカーとなるタンパク質の血清中の濃度はpMオーダーであることが多い．アプタマーを医療応用するためには，標的分子に対する高い親和性が必要である．しかし，通常のSELEXで得られるアプタマーの標的分子に対する親和性は$K_d$値が数10〜数100 nM程度であることが多く，応用に適した親和性をもつアプタマーを得ることは難しい．これは，アプタマーが小さな核酸分子であることに起因すると考えている．

アプタマーは核酸分子であるため，標的分子との相互作用は水素結合と静電的相互作用が主であり，タンパク質間の相互作用で主となる疎水性相互作用は形成しにくい．これに対し近年，アプタマーに疎水性を付与する研究が報告されている．国立研究開発法人理化学研究所の木本らは，天然型の4種のヌクレオチドに加え，疎水性のDs〔7-(2-チエニル)-イミダゾ[4,5-*b*]ピリジン：7-(2-thienyl)-imidazo[4,5-*b*]pyridine〕を塩基部分にもつ非天然ヌクレオチドを含むアプタマーを創出した[14]．DNA1分子中にDsを1〜3個含むランダムライブラリーから，VEGF165およびインターフェロン-γ(interferon-γ: INF-γ)に対するDNAアプタマーを得た．疎水性ヌクレオチドを含むアプタマーの$K_d$値はVEGF165に対するアプタマーが0.65 pM，INF-γに対するアプタマーが0.038 nMであった．VEGF，INF-γはいずれも，天然型ヌクレオチドのアプタマーが報告されており，疎水性ヌクレオチドを含むアプタマーはこれらより100倍以上結合能が高かった．これは，疎水性部位の導入が，アプタマーの結合能向上に効果があることを示す結果である．

SELEX法は，理論上はどんな標的分子に対してもアプタマーを得ることができるはずだが，実際は，何度挑戦してもアプタマーを取得できない標的分子が存在する．このような標的分子がどのような特徴をもつものか明確ではないが，疎水性が高い標的分子に対してはアプタマーを得にくいことが懸念される．L. Gold らは，疎水性の化合物が修飾された dUTP を含むランダムライブラリーを用い，これまで天然のヌクレオチドから構成されるライブラリーではアプタマーを得られなかった複数の標的タンパク質に対し，アプタマーのスクリーニングを行った[15]．その結果，すべてのタンパク質に対し，高い親和性で結合する修飾アプタマーを取得することに成功し，疎水性部位の導入でアプタマーの標的としうる分子の幅を広げられることを示した．疎水性の非天然ヌクレオチドを含む修飾アプタマーと標的タンパク質の複合体の X 線結晶構造解析からは，アプタマーに付加された疎水性部位は標的タンパク質，そのなかでもとくに疎水性部位との相互作用に積極的に利用されていることが示されている[16]．さらに，修飾ヌクレオチドの疎水性部位はアプタマーの内部構造の形成にも関与しており，修飾 DNA アプタマーは部分的に，非修飾アプタマーには見られない分子内構造をもっていることもわかった．

DNA アプタマーに疎水性の塩基を付加することで，アプタマーが形成しうる構造の多様性も広がったといえる．アプタマーに疎水性を付与することは，結合能の向上や標的分子の種類の幅を広げる効果が期待できる．一方で，これらのアプタマーの特異性については，十分に議論されているとはいえない．今後，特異性も含めた検証がなされることで，応用可能性が期待できる．

アプタマーは塩基配列によって決まる特定の立体構造を形成し，その一部分が標的と接触することで，標的分子と一価の結合を形成することが多い．これに対し，抗体は五つのアイソタイプ(IgG，IgM，IgD，IgE，IgA)すべてが多価であり，多価の抗原と多価結合を形成できる．これが抗体の結合能が高い要因の一つである．多価の結合の強さは結合活性(avidity)とよばれ，多価結合を構成する一価の結合の強さ(affinity)よりも強くなることが知られている．たとえば，IgG と多価抗原の結合定数は，一価の Fab との結合定数よりも大幅に大きくなる．

アプタマーは化学合成できるため，標的分子の異なる部位を認識するアプタマーを複数個連結し，容易に多価アプタマーを作製できる．筆者らは，avidity の効果を期待し，二価のアプタマーを作成した[17]．二価アプタマーの VEGF165 に対する $K_d$ 値は 17 nM であり，二価アプタマーを構成する一価のアプタマーに比べ，結合能が約 30 倍向上した．これより，アプタマーを多価化することで，大幅に結合能を向上させられることを示した．

avidity の効果を大きくするためには，連結されたアプタマーがエピトープに対して適切に配置されることが重要であり，そのためにはリンカーの設計に注意する必要がある．これまでに，標的分子の構造情報に基づき，リンカーとして使用するポリマーの種類や長さなどを検討した研究が報告されている．しかし，標的分子の構造が未知の場合も多くある．これに対し，二つのアプタマーに挿入するリンカーをランダムなオリゴヌクレオチドからスクリーニングすることで，二価のアプタマーの結合能を一価のアプタマーの 200 倍以上に向上させ，$K_d$ 値が 10 pM 以下のアプタマーを得た報告もある[18]．アプタマーの多価化による結合能の向上は，リンカーさえ適切に設計できれば，すべてのアプタマーに適用することができ，有用な方法であるといえる．しかし，同一の標的分子の異なるエピトープを認識するアプタマーペアが少ないことが，この方法の課題である．

これに対し，近年，異なるエピトープのアプタマーを取得するための選択方法が多数報告されており，アプタマーペアは少しずつ増えてきている．アプタマーペアの増加に伴い，アプタマーの多価化による結合能向上の汎用性はさらに高まることが期待される．

## ◆ 文 献 ◆


[1] A. D. Ellington, J. W. Szostak, *Nature*, **346**, 818 (1990).
[2] C. Tuerk, L. Gold, *Science*, **249**, 505 (1990).
[3] J. Ruckman, L. S. Green, J. Beeson, S. Waugh, W. L. Gillette, D. D. Henninger, L. Claesson-Welsh, N. Janjič, *J. Biol. Chem.*, **273**, 20556 (1998).
[4] S. Y. Toh, M. Citartan, S. C. B. Gopinath, T. -H. Tang, *Biosens. Bioelectron.*, **64**, 392 (2015).
[5] K. Ikebukuro, C. Kiyohara, K. Sode, *Biosens.*

*Bioelectron.*, **20**, 2168 (2005).
[ 6 ] M. Fukasawa, W. Yoshida, H. Yamazaki, K. Sode, K. Ikebukuro, *Electroanalysis*, **21**, 1297 (2009).
[ 7 ] K. Abe, H. Hasegawa, K. Ikebukuro, *Electrochemistry*, **80**, 348352 (2012).
[ 8 ] D. Ogasawara, N. S. Hachiya, K. Kaneko, K. Sode, K. Ikebukuro, *Biosens. Bioelectron.*, **24**, 1372 (2009).
[ 9 ] W. Yoshida, K. Sode, K. Ikebukuro, *Anal. Chem.*, **78**, 3296 (2006).
[10] W. Yoshida, E. Mochizuki, M. Takase, H. Hasegawa, Y. Morita, H. Yamazaki, K. Sode, K. Ikebukuro, *Biosens. Bioelectron.*, **24**, 1116 (2009).
[11] W. Yoshida, K. Sode, K. Ikebukuro, *Biochem. Biophys. Res. Commun.*, **348**, 245 (2006).
[12] W. Yoshida, K. Sode, K. Ikebukuro, *Biotechnol. Lett.*, **30**, 421 (2008).
[13] K. Ikebukuro, W. Yoshida, K. Sode, *Biotechnol. Lett.*, **30**, 243 (2008).
[14] M. Kimoto, R. Yamashige, K. Matsunaga, S. Yokoyama, I. Hirao, *Nat. Biotechnol.*, **31**, 453 (2013).
[15] L. Gold, D. Ayers, J. Bertino et al., *PLoS ONE*, **5**, e15004 (2010).
[16] D. R. Davies, A. D. Gelinas, C. Zhang, J. C. Rohloff, J. D. Carter, D. O'Connell, S. M. Waugh, S. K. Wolk, W. S. Mayfield, A. B. Burgin, T. E. Edwards, L. J. Stewart, L. Gold, N. Janjic, T. C. Jarvis, *Proc. Natl. Acad. Sci. USA*, **109**, 19971 (2012).
[17] H. Hasegawa, K. Taira, K. Sode, K. Ikebukuro, *Sensors*, **8**, 1090 (2008).
[18] K. M. Ahmad, Y. Xiao, H. T. Soh, *Nucleic Acids Res.*, **40**, 11777 (2012).

Chap 3

# ナノ粒子による精密診断

## Reliable Diagnosis Using Nanoparticles

宝田 徹　前田 瑞夫
（理化学研究所）

## Overview

金ナノ粒子を使って簡便に遺伝子変異を目視検出する方法を紹介する．プライマーの一塩基伸長反応の進行を，金ナノ粒子の分散液の色変化で判定するのが測定原理である．一本鎖 DNA で高密度に修飾された金ナノ粒子は，同鎖長の相補鎖を系に添加して表面の DNA を二重鎖にすると，高イオン強度条件で自発的かつ迅速に凝集する．それに対して，わずか一塩基分だけが分散媒側に突出した末端（ダングリングエンド）をもつ二重鎖を形成すると，粒子は著しく高い分散安定性を獲得する．

金ナノ粒子が凝集すると，表面プラズモン共鳴シフトに起因して分散液の色が赤から青に変化するので，鎖長の一塩基の違いを目視判定できる．ジデオキシ鎖終結法で一塩基伸長されたタイピングプライマーをサンプルに用いて SNP タイピングを実施した．

▲ DNA 修飾金ナノ粒子の非架橋凝集とプライマーの一塩基伸長反応を組み合わせた目視 SNP 検出法
ddATP：ジデオキシアデノシン三リン酸，
ddGTP：ジデオキシグアノシン三リン酸，
ddCTP：ジデオキシシチジン三リン酸，
ddTTP：ジデオキシチミジン三リン酸．

■ **KEYWORD** □マークは用語解説参照

- ■ヒトゲノム（human genome）
- ■一塩基多型（single-nucleotide polymorphism）
- ■一塩基伸長反応（single-base extension reaction）
- ■金ナノ粒子（gold nanoparticle）
- ■非架橋凝集（non-crosslinking aggregation）
- ■表面プラズモン共鳴（surface plasmon resonance）
- ■ダングリングエンド（dangling end）
- ■ブラントエンド（blunt end）
- ■立体反発（steric repulsion）
- ■スタッキング相互作用（stacking interaction）

## はじめに

一塩基多型(single-nucleotide polymorphism: SNP)は，さまざまな生物で高い頻度で見られる遺伝学的変異の一つで，一塩基置換によって生じる．公共のデータベースではヒトゲノムにおいて500万個以上のSNPが確認されている[1]．これには，薬剤の副作用の程度や疾病の罹患率と密接に関係するものが含まれている．各個人のSNP部位の塩基の種類(A, G, C, T)を判定することをSNPタイピングという．このSNPタイピングが医療現場でもっと一般的に実施されるようになれば，ゲノム薬理学や予防医学の知見をより有効に活用できると期待される．これまでに，プローブが標的のSNP部位と結合すると酵素分解される仕組みを用いるインベーダー法や，同じく結合時に蛍光共鳴エネルギー移動(FRET)が解消する現象を用いるタックマン法などの優れた方法が開発されているが[2]，なかでも，標的SNP部位に隣接して結合したプライマーの一塩基伸長反応を用いるプライマー伸長法は，原理が単純で識別も正確である[3]．蛍光色素で標識した一塩基伸長プライマーを，未伸長プライマーから高速液体クロマトグラフィーや，フローサイトメトリー，キャピラリー電気泳動法などで分離することでSNPが同定できる．また，質量分析法やマイクロアレイ法を使えば，反応混合物のままタイピングすることができる．しかし，医療現場で簡便にSNPタイピングをするには，高価な実験装置と煩雑なデータ解析がいらない分析方法が求められる．

筆者らは，金ナノ粒子の凝集・分散を指標とする比色SNPタイピング法の開発を行ってきた．金ナノ粒子の分散液は，表面プラズモン共鳴のため赤色を呈する．金ナノ粒子が凝集すると，粒子間のプラズモンカップリングのために表面プラズモンバンドが長波長シフトして，分散液の色は赤から青に変化する．Rothbergらは，金ナノ粒子表面へのDNA鎖の吸着を利用してSNPを目視識別する方法を開発した[4]．Mirkinらは，金ナノ粒子表面に一本鎖DNAを高密度に固定し，それらを架橋する一本鎖DNAの一塩基の違いを目視検出することに成功した[5]．その後，一本鎖DNA修飾金ナノ粒子の架橋凝集と核酸固有の機能，たとえば鎖交換やアプタマーによる分子認識とを巧みに融合した方法が報告された[6]．それに加えて，この金ナノ粒子の架橋凝集と酵素反応を組み合わせた優れた方法が開発された[7]．これには，リガーゼによる連結反応，ポリメラーゼによるプライマー伸長反応やローリングサークル増幅反応，ヌクレアーゼによる加水分解などが含まれる．

もう一つの凝集様式として，二重鎖DNAで高密度に覆われた金ナノ粒子は，高イオン強度下で非架橋型の凝集をする[8]．一本鎖DNA修飾金ナノ粒子は，粒子間に発生する静電反発と立体反発のため，高イオン強度の溶媒中でも安定に分散できる．それに対して，二重鎖DNA修飾金ナノ粒子は，同条件で自発的に凝集して溶液の色が赤から青に変わる．興味深いことに，DNA層と分散媒の界面に位置するDNA末端がミスマッチの場合，または一塩基突出が存在する場合は，粒子はきわめて安定に分散できる(図3-1)．本章では，この特異なコロイド化学的現象を利用した目視によるSNPタイピング法について述べる．

## 1 DNA修飾ナノ粒子のコロイド特性

2003年に筆者らの研究グループは，二重鎖DNAを高密度に固定した金ナノ粒子が，高イオン強度の水系溶媒中で自発的に凝集することを報告した[8]．一本鎖DNA修飾金ナノ粒子は，DNAによる立体反発と静電反発のために，高塩濃度の水溶液中でも安定に分散できる．ところが，相補鎖を加えて粒子表面を二重鎖にすると，同条件で粒子は数分以内に凝集し，分散液の色は赤から青に変化する．興味深いことに，DNA層と分散媒の境界面に位置する最末端が一塩基ミスマッチの場合，または一塩基が突出している場合は[9]，粒子は著しく安定に分散して溶液は赤色を呈したままになる．この異常な分散安定化は，塩基対の開閉運動が粒子間にもたらす立体反発に起因すると考えられる．この非架橋凝集は，これまでに遺伝子一塩基多型[10]，重金属イオン[11]，有機小分子[12]の目視検出などに応用されている．

この特異なコロイド化学的挙動は，粒子核の材質，大きさ，形状に依存しない．粒子核が金属(金)でも

完全相補鎖
5′
3′
非架橋凝集
末端ミスマッチ鎖
分散
分散
一塩基伸長鎖
分散

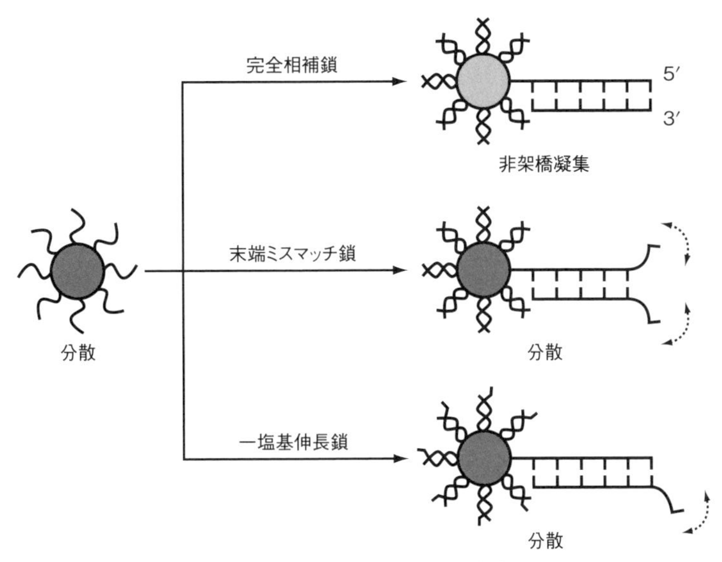

図 3-1　高イオン強度条件下での DNA 修飾金ナノ粒子のコロイド挙動
点線の両矢印は，対合していない末端ヌクレオチドのゆらぎ（開閉運動）を示す．

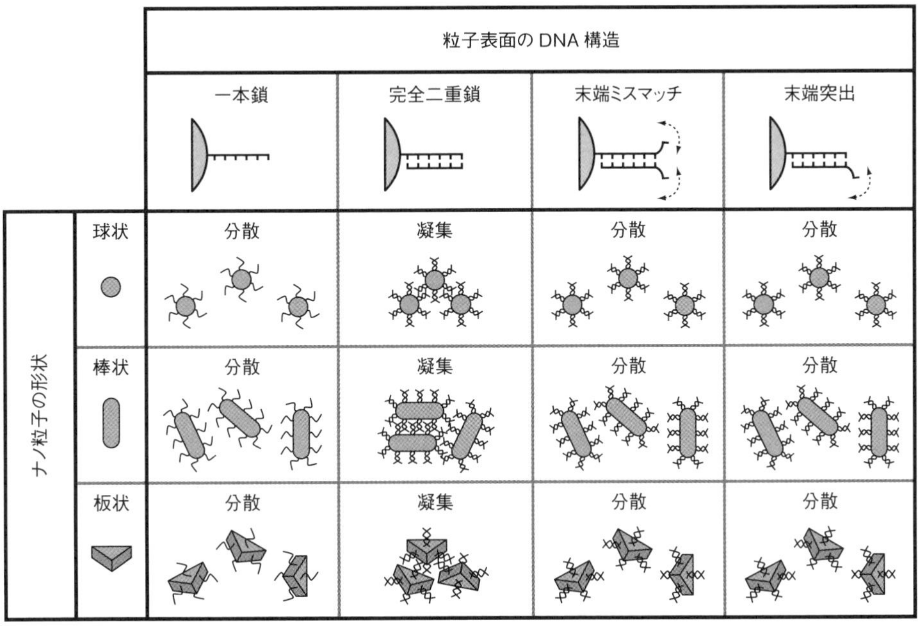

粒子表面の DNA 構造
一本鎖
完全二重鎖
末端ミスマッチ
末端突出
ナノ粒子の形状
球状
分散
凝集
分散
分散
棒状
分散
凝集
分散
分散
板状
分散
凝集
分散
分散

図 3-2　形状の異なる DNA 修飾金ナノ粒子のコロイド安定性

高分子材料〔ポリ（*N*-イソプロピルアクリルアミド）[13]またはポリスチレン[14]〕でも観測される．また，粒径が 5 nm から 300 nm の球状粒子が適用できることが確認されている[15]．粒子形状は球形だけでなく，ロッド状およびプレート状でも構わない（図 3-2）[16]．これらの結果は，この特異挙動が DNA 層の性質に由来することを示している．そのメカニズムはまだ完全には解明されていない．末端塩基対どうしに働くスタッキング相互作用がこの凝集様式に寄与していることを示唆するデータが得られつつあるという状況である．

ごく最近，一本鎖 DNA 修飾金ナノ粒子の架橋凝集と非架橋凝集による色変化の迅速性が精密に比較された[17]．その結果，表面に担持された DNA に対して過剰量の架橋 DNA あるいは相補 DNA を添加する場合は，非架橋凝集の方が架橋凝集よりも迅速に分散液の色を赤から青に変化させた．プライマー伸長法で使われるプライマーは，化学合成された短鎖のオリゴヌクレオチドである．系中にある表面 DNA に対して過剰量のプライマーを用意することに技術的な障害はないので，迅速な非架橋凝集を容易に起こすことができる．つまり，診断時間を短縮する目的において，非架橋凝集法と一塩基伸長反応の特徴は相性がよいといえる．

## 2 SNP 目視診断法

この特異なコロイド界面現象を利用すると，一塩基伸長反応産物と未反応物を目視識別できるはずである．今回の SNP タイピング法では，ある一つの遺伝子サンプルに対して ddATP，ddGTP，ddCTP または ddTTP をそれぞれ使用する計 4 本の試験管を準備し，これらを同時並行で以下の二段階の実験操作にかけた[9]．第一段階は一塩基伸長反応，第二段階は非架橋凝集である．例として SNP 部位が A である遺伝子サンプルを測定対象にして，実験手順を図 3-3 にまとめた．金ナノ粒子に固定した一本鎖 DNA の塩基配列は，伸長反応前のタイピングプライマーと相補するようにあらかじめ設計しておく．遺伝子サンプルとタイピングプライマー，および ddATP，ddGTP，ddCTP または ddTTP を使った一塩基伸長反応を行い，その反応液を分離精製せずに高イオン強度の一本鎖 DNA 修飾金ナノ粒子の分散液に添加する．ddATP，ddGTP，または ddCTP を原料として添加した三つの試験管では，いずれも粒子がただちに凝集して分散液の色は青になるはずである．これは伸長できないタイピングプライマーが金ナノ粒子表面で二重らせんを形成し，完全相補の二重鎖 DNA 修飾金ナノ粒子を与えて，これが非架橋凝集するためである．一方，ddTTP を添加した試験管では，一塩基伸長反応が順調に進行し，粒

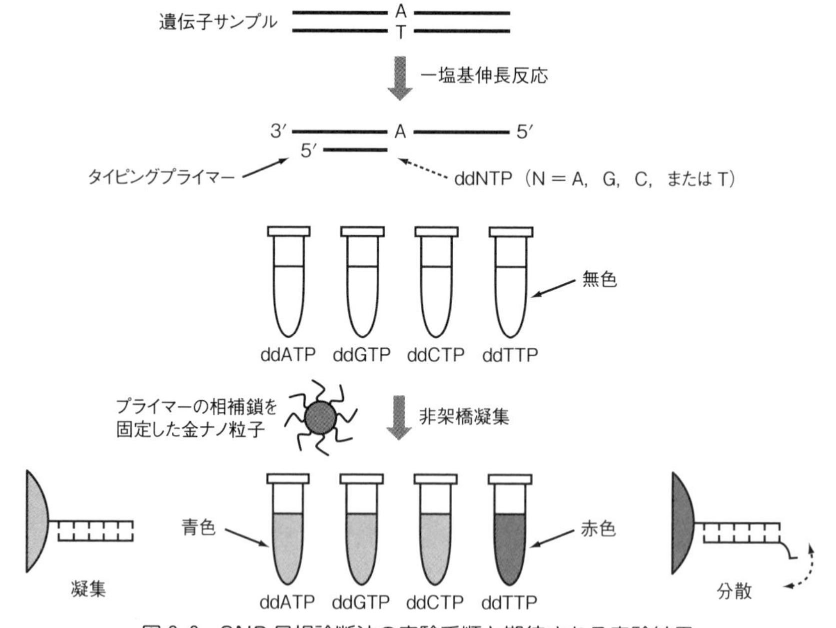


図 3-3　SNP 目視診断法の実験手順と期待される実験結果
例として SNP 部位がアデニン(A)の場合を示した．
ddATP：ジデオキシアデノシン三リン酸，ddGTP：ジデオキシグアノシン三リン酸，ddCTP：ジデオキシシチジン三リン酸，ddTTP：ジデオキシチミジン三リン酸．

子の表層に一塩基(T)突出部位が形成され，粒子は安定に分散して分散液の色は赤になるはずである．測定対象に，薬剤の副作用に関連するシトクロムP450 2C19遺伝子(野生型：G，変異型：A)と心筋梗塞の発症リスクに関連する内皮性一酸化窒素合成酵素遺伝子(野生型：T，変異型：C)を選び，まずは化学合成したポリヌクレオチドをモデル試料として使用した．シトクロム遺伝子の野生型をCYP(G)，変異型をCYP(A)，一酸化窒素合成酵素遺伝子の野生型をNOS(T)，変異型をNOS(C)と略記する．

どちらの実験でも，SNP部位に対応したddNTPを使った一塩基伸長反応液は金ナノ粒子を加えると赤色を示し，対応しないddNTPを使った反応液は青色になった[9]．遺伝子サンプルがホモ接合体の野生型または変異型である場合の結果を模式的に図3-4に示した．CYP(G)，すなわち野生型の遺伝子モデルをサンプルに用いたときは，ddCTPを原料に使った試験管が赤色を示し，ddATP，ddGTPまたはddTTPを使った試験管は青色を示した．CYP(A)，すなわち変異型の遺伝子モデルをサンプルに用いたときは，ddTTPを原料に使った試験管のみが赤色を示し，ddATP，ddGTPまたはddCTPを使った試験管は青色を与えた．さらに，CYP(G)とCYP(A)の等量混合物(ヘテロ接合体の遺伝子モデルに相当)をサンプルに用いた場合は，ddCTPまたはddTTPを使った二つの試験管が赤色を与え，ddATPまたはddGTPを使った残りの二つの試験管は青色を与えた．さらにNOS(T)とNOS(C)についても2種類のホモ接合体とヘテロ接合体を同様に識別できた．二つの実施例を合わせると(シトクロムP450 2C19遺伝子でGとA，一酸化窒素合成酵素遺伝子でTとC)，SNP部位が4種類のどの塩基であっても目視検出できたことになる．以上の結果は，本法によって野生型のホモ接合体，変異型のホモ接合体，野生型と変異型のヘテロ接合体を目視識別できることを強く示唆している．

ごく最近，ヒト毛根細胞から抽出した遺伝子サンプルに対して本法が有効であることも示された[18]．まず市販のキットを用いて，被験者の毛根からゲノムDNAを抽出した．この操作に要する時間は10分以内である．ついで，シトクロムP450 2C19遺伝子の一部(169塩基対)をPCR(polymerase chain reaction，ポリメラーゼ連鎖反応)で増幅した．増幅されたDNA断片は磁気ビーズを用いて精製し，十

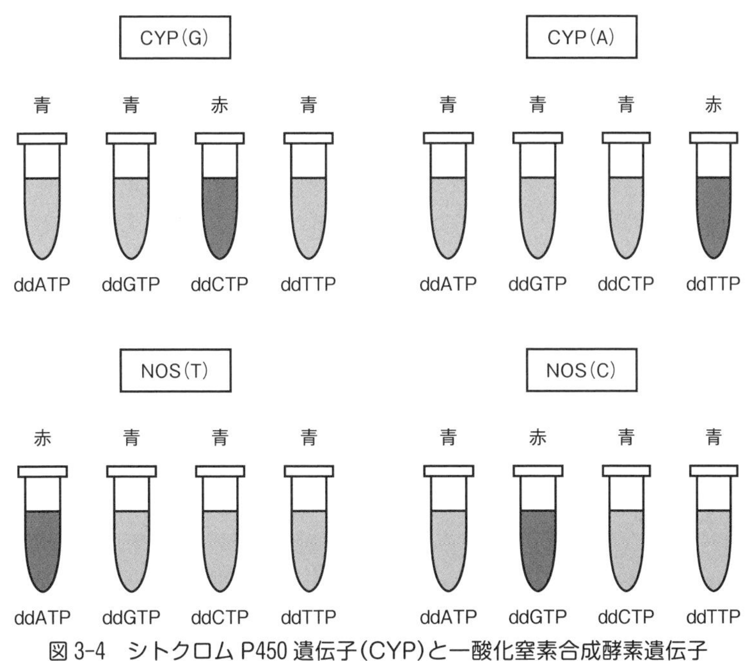


図3-4 シトクロムP450遺伝子(CYP)と一酸化窒素合成酵素遺伝子(NOS)のSNP目視診断結果の模式図

分に高い純度で試料が得られたことをゲル電気泳動法により確認した．次に，この試料をテンプレートとして上述のとおり，一塩基伸長反応を行った．得られる四つの反応混合物それぞれに，プライマーに対し相補的な一本鎖 DNA を表面に担持している金ナノ粒子を添加した．最後に非架橋凝集反応に基づく呈色により SNP 診断を行った．その結果，3 人の被験者のうち，2 人については ddCTP を原料に使った試験管のみが赤色を示したことから野生型であると判定され，残る 1 人については ddTTP を原料に使った試験管のみが赤色を示し，変異型であると判定された．呈色に要する時間はいずれも 10 分以内であった．一方，これら 3 人の被験者について上記の PCR サンプルを DNA シーケンサーにかけたところ，いずれも当診断の正しさを証明する結果となった．

## 3 まとめと今後の展望

一本鎖 DNA 修飾金ナノ粒子が示す塩基数識別能を使って，遺伝子における一塩基の違いを色の変化として目視で検出できる分析法を開発した．その測定原理は，ダングリングエンド(一塩基または数塩基が突出した二重鎖 DNA の末端)をもつ二重鎖 DNA 修飾金ナノ粒子のコロイド安定性が，ブラントエンド(鎖長がそろった二重鎖 DNA の末端)をもつそれよりも著しく高いことである．その分子レベルの機構は明らかではないが，非架橋型凝集体の詳細な構造解析と DNA 層どうしに発現する相互作用力の直接計測の結果に基づいて，別の場所で議論ができればと考えている．診断学上で重要なことは，この原理を使えば一塩基伸長反応の進行を金ナノ粒子の表面プラズモン共鳴シフトを利用した比色分析で正確に追跡できるようになったことである．簡便かつ迅速な SNP 識別法として，医療のみならず環境や食品などさまざまな分野で応用されることが期待できる．

## ◆ 文 献 ◆


[1] E. V. Bichenkova, Z. Lang, X. Yu, C. Rogert, K. T. Douglas, *Biochim. Biophys. Acta*, **1809**, 1 (2011).
[2] A.-C. Syvänen, *Nat. Rev. Genet.*, **2**, 930 (2001).
[3] M. Nikolausz, A. Chatzinotas, A. Táncsics, G. Imfeld, M. Kästner, *Biochem. Soc. Trans.*, **37**, 454 (2009).
[4] H. Li, L. Rothberg, *Proc. Natl. Acad. Sci. USA*, **101**, 14036 (2004).
[5] J. I. Cutler, E. Auyeung, C. A. Mirkin, *J. Am. Chem. Soc.*, **134**, 1376 (2012).
[6] (a) T. Song, S. Xiao, D. Yao, F. Huang, M. Hu, H. Liang, *Adv. Mater.*, **26**, 6181 (2014); (b) J.-W. Jian, C.-C. Huang, *Chem. Eur. J.*, **17**, 2374 (2011).
[7] J. Li, X. Chu, Y. Liu, J.-H. Jiang, Z. He, Z. Zhang, G. Shen, R.-Q Yu, *Nucleic Acids Res.*, **33**, e168 (2005).
[8] K. Sato, K. Hosokawa, M. Maeda, *J. Am. Chem. Soc.*, **125**, 8102 (2003).
[9] Y. Akiyama, H. Shikagawa, N. Kanayama, T. Takarada, M. Maeda, *Chem. Eur. J.*, **20**, 17420 (2014).
[10] K. Sato, K. Hosokawa, M. Maeda, *Nucleic Acids Res.*, **33**, e4 (2005).
[11] N. Kanayama, T. Takarada, M. Maeda, *Chem. Commun.*, **47**, 2077 (2011).
[12] D. Miyamoto, Z. Tang, T. Takarada, M. Maeda, *Chem. Commun.*, 4743 (2007).
[13] (a) M. Maeda, *Polym. J.*, **38**, 1099 (2006); (b) P. Pan, M. Fujita, W.-Y. Ooi, K. Sudesh, T. Takarada, A. Goto, M. Maeda, *Langmuir*, **28**, 14347 (2012).
[14] K. Sato, M. Sawayanagi, K. Hosokawa, M. Maeda, *Anal. Sci.*, **20**, 38 (2004).
[15] (a) M. Fujita, Y. Katafuchi, K. Ito, N. Kanayama, T. Takarada, M. Maeda, *J. Colloid Interface Sci.*, **368**, 629 (2012); (b) K. Isoda, N. Kanayama, M. Fujita, T. Takarada, M. Maeda, *Chem. Asian J.*, **8**, 3079 (2013).
[16] G. Wang, Y. Akiyama, T. Takarada, M. Maeda, *Chem. Eur. J.*, **22**, 258 (2016).
[17] G. Wang, Y. Akiyama, S. Shiraishi, N. Kanayama, T. Takarada, M. Maeda, *Bioconjugate Chem.*, **28**, 270 (2017).
[18] Y. Akiyama, G. Wang, S. Shiraishi, N. Kanayama, T. Takarada, M. Maeda, *ChemistryOpen*, **5**, 508 (2016).

Current Review

Chap 4

# 遺伝子診断の新手法

## New Method for Genetic Diagnostics

建石 寿枝（甲南大学 FIBER）　杉本 直己（甲南大学 FIBER & FIRST）

## Overview

標的核酸の塩基配列を厳密かつ迅速に検出にすることは，遺伝子診断，ウイルスや病原菌の感染の診断など，種々の診断に活用されている．これらの検出技術では，プローブとなる DNA と標的核酸との間で，Watson–Crick または Hoogsteen 塩基対が形成されることで，標的核酸の有無を検出する．しかしこれらの手法では，ミスマッチ塩基対の形成によって標的以外の核酸配列を誤認識してしまうという大きな問題点があった．最近，水和イオン液体 (ionic liquid: IL) 中で DNA の塩基対の安定性が生化学実験の標準水溶液環境 (0.1〜1 M NaCl 溶液) と異なることを活用し，水和 IL を用いることで標準水溶液環境よりミスマッチ塩基対の有無を 10000 倍の感度で識別できるシステムが開発された．本手法は，溶液環境を水和 IL に置き換えるだけで標的核酸の選択性を向上できるため，既存の検出システムでも標的核酸の選択性を向上させることができると注目されている．

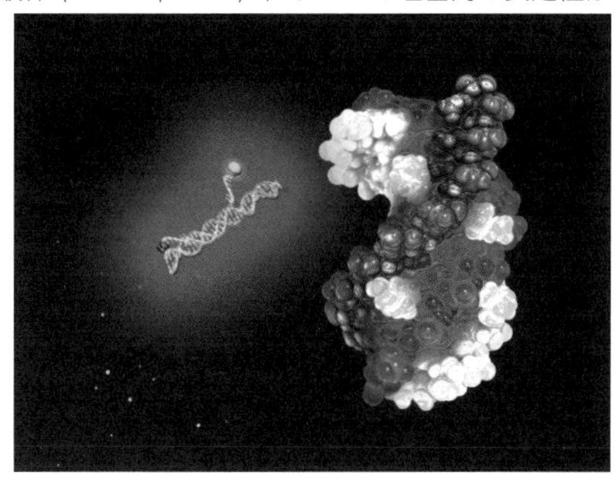

▲リン酸二水素型コリン水和イオン液体中における三重鎖とコリンイオンの結合および DNA 三重鎖形成を活用した DNA センサー

■ **KEYWORD** 📖マークは用語解説参照

- ■核酸（nucleic acid）
- ■一塩基多型（single nucleotide polymorphism: SNP）
- ■遺伝子診断（genetic diagnostics）
- ■水和イオン液体（hydrated ionic liquid）
- ■三重鎖（triplex）
- ■コリンイオン（choline ion）📖
- ■Hoogsteen 塩基対（——base pair）

## はじめに

現在の医療では，多くの場合，患者自身の自覚症状をもとに医療機関での診察・処置を受ける．しかし，がんなどの疾患の場合，患者に自覚症状が現れた段階では，すでに処置できないほど病状が深刻化していることが多々ある．多くの疾患への感受性，たとえば特定のがんになりやすいという体質(がん感受性)は遺伝する．家族性がん症候群では，乳がん，大腸がん，脳腫瘍，メラノーマなどのがんに関連する特定の遺伝子変異が親から子へ受け継がれる．そのため，このような遺伝性の疾患発症リスクを評価し，疾患の早期診断を可能とする技術の開発が求められている．個人の疾患発症リスクを知る指標となるのは，一塩基多型(single nucleotide polymorphism：SNP)である．1990年代にはじまったヒトゲノム計画では，ヒト1人のゲノムを解読するために10年以上の歳月と約30億ドルの資金が費やされた．現在では，特定のDNA配列の解析(SNP解析)であれば，民間企業に受託した場合でも約1か月で，1000～3000ドル程度で解析でき，種々の疾患に対する早期診断を行う動きが加速している．

本章では，このような遺伝子診断の精度を向上させるため，誤診断の原因となるミスマッチ塩基対(詳細は次節)の形成を従来技術の10000分の1まで低下させる新手法について，遺伝子診断の基礎と現状とともに紹介する．

## 1 標的核酸を検出する

標的となる核酸(DNAまたはRNA)配列を厳密に検出する技術は，遺伝子診断，ウイルスや病原菌の感染の診断，疾患発症の診断などの種々の診断に活用されている．核酸は，4種類の塩基A(アデニン)，C(シトシン)，G(グアニン)，T(チミン)〔RNAではTの代わりにU(ウラシル)〕によって構成されており，種々の診断では四つの塩基の並び(塩基配列)を解析する．たとえば，遺伝子診断において必須であるSNPの解析には，プローブDNAの設計が容易なモレキュラービーコン(molecular beacon：MB)法が古くから活用されている〔図4-1(a)〕．MB法では，蛍光剤および消光剤で修飾されたヘアピン型のプローブDNAを標的核酸と作用させ，プローブDNAと標的核酸の結合によってプローブDNAが蛍光を発することで標的核酸の有無を検出する[1,2]．さらに，DNAハイブリダイゼーション法は，区画化された基盤のうえに複数の標的核酸と相補的なDNA配列を固定化する．この基板上に検体中の核酸を添加し，基盤上でどの相補的核酸とハイブリダイゼーションしたかを解析することで，検体中に含まれる標的核酸配列を知ることができる〔図4-1(b)〕．DNAハイブリダイゼーション法では複数の標的核酸を同時に解析する際に有用である[3]．

これらの手法によって種々の疾患を診断する際には，標的核酸は血液，唾液，尿などの検体から採取される．その際，たとえばDNAはごく少量(～fM)しか検体に含まれていないため，一般的にはPCR(polymerase chain reaction，ポリメラーゼ連鎖反応)によって標的核酸を数十～数百nMまで増幅させたあと，標的核酸の検出を行う．しかし，PCR法では煩雑な操作と時間を要するため，複数の標的核酸を迅速に解析することは困難であった．そこで，標的鎖を検出したシグナルが増幅するようRCA(rolling circle amplification，ローリングサークル型増幅)やHCR(hybridization chain reaction，ハイブリダイゼーション型連鎖反応)などと組み合わせた検出システムが近年，開発されはじめている(表4-1)．たとえば，Q. Fangらはプローブ DNAが標的核酸と結合することによって，プローブDNAの環化とRCAが行われたあと，RCA産物と結合するDNAを磁気ビーズと連結させ，磁気ビーズの凝集による呈色によって標的核酸の有無を検出するシステムを開発した〔図4-1(c)〕．この手法では，標的核酸の検出限界を124 fMまで低下させることに成功している[4]．さらに，C. A. MirkinやW. C. Chanらは HCRで標的核酸を増幅させたあと，金ナノ粒子や量子ドットなどでDNAをバーコード化し，そのDNAにより標的核酸を検出することで検出限界を5 aM～数十fMまで低下させた[5,6]．さらに，J. J. Schmidtらは，キャピラリー内の標的DNAの移動に応じた伝導度を測定することにより，標的核酸の増幅なしに，10 fMのDNAを検出できるシス

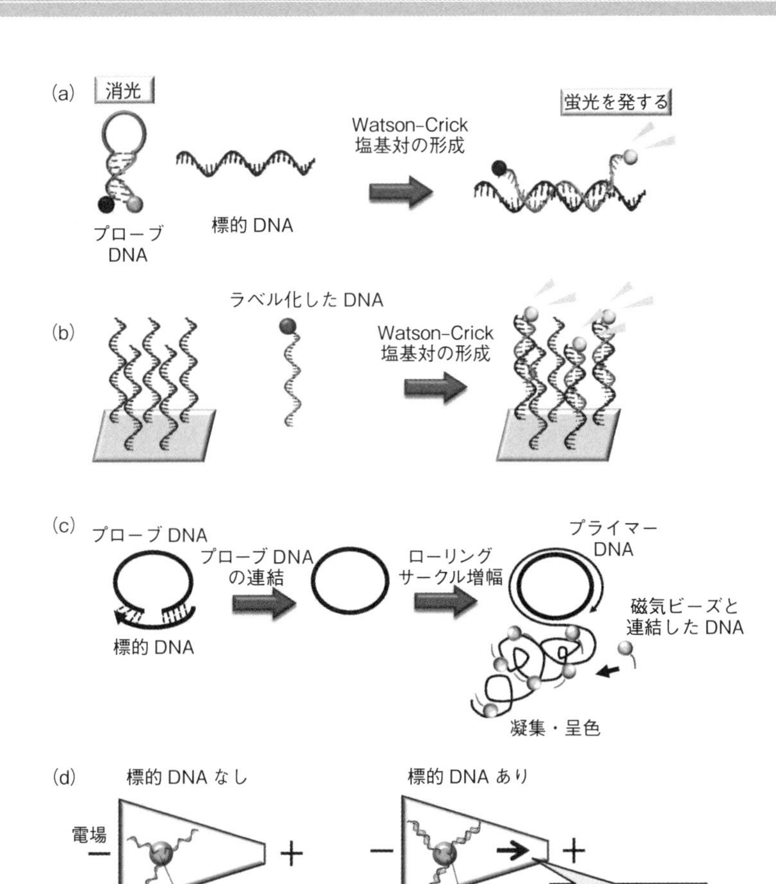


図 4-1 標的核酸の検出法
(a)モレキュラービーコン法,(b)DNA ハイブリダイゼーション法,(c)RCA 法,(d)キャピラリー内の伝送度測定法による標的鎖の検出. --Watson-Crick 塩基対, PNA(peptide nucleic acid, ペプチド核酸)

表 4-1 標的 DNA の検出法

| 手　法 | 利　点 | 検出限界 | 文　献 |
|---|---|---|---|
| モレキュラービーコン法 | プローブ DNA の設計が容易 | 数百 nM | 1, 2 |
| DNA ハイブリダイゼーション法 | 複数の検体を同時に解析できる | 数百 nM | 3 |
| プローブ DNA と標的核酸との結合により RCA が開始され, RCA 産物を磁気ビーズでラベル化した DNA で検出する方法 | 高感度 | 124 fM | 4 |
| 金ナノ粒子でバーコード化された DNA が標的鎖との結合により凝集する方法 | 高感度 | 数十 fM | 5 |
| HCR 後の標的鎖を量子ドットでバーコード化された DNA と結合させる方法 | 高感度 | 5 aM | 6 |
| キャピラリー内の標的 DNA の移動に応じた伝導度を測定する方法 | 迅速・高感度 | 10 fM | 7,8 |

テムを構築している〔図 4-1(d)〕[7,8]. これらのように血液などの検体から直接標的核酸を検出できる, 検出限界(fM 以下)を低下できる手法の報告が相次いでおり, 検体から迅速に標的核酸を検出する技術が確立されつつある.

これらのどの手法においても, プローブの役割をする DNA と標的核酸間の Watson-Crick(以後 W・C とする)塩基対によって二重鎖を形成することによって標的核酸の有無を検出する. しかしながら, プローブ DNA と標的核酸の二重鎖形成では,ミスマッチ塩基対〔A--T および G--C(W・C 塩基対を--で表す)以外の塩基対〕を形成してしまう可能性があり，ミスマッチ塩基対の形成は標的核酸以外の配列を誤認識してしまうという問題点がある．このような二重鎖内でのミスマッチの形成は，ミスマッチに特異的に結合するリガンド[9,10]により検出することができる場合もあるが，このようなリガンドの合成は困難である．とくに，ヒトの SNP を含む遺伝子のうち約 30%の遺伝子において，プローブ DNA との間で安定なミスマッチ塩基対である G--T 塩基対の形成が懸念されるため，標的配列の選択性を向上させる技術の開発が待望されている．

核酸の標準構造は W·C 塩基対からなる二重鎖であるが，核酸は Hoogsteen(以後 H とする)塩基対の形成を介して非標準構造である三重鎖および四重鎖などの構造も形成しうる．三重鎖内では，二重鎖の W·C 塩基対の major groove(主溝)側から 3 本目の DNA 鎖が H 塩基対を介して三重鎖に結合し，T*A--T または C*G--C トリプレット(H 塩基対を＊で表す)が形成される(図 4-2)．H 塩基対の塩基認識は，W·C 塩基対よりも厳密であることが知られているが，H 塩基対の形成は生化学実験の標準水溶液〔100～1 M NaCl 水溶液(pH 7.0)〕では非常に不安定であるため，H 塩基対の形成をもとにした標的配列の検出技術はほとんど開発されていなかった．

従来，塩基対の安定性は核酸の塩基配列に由来する相互作用(バルクの相互作用)で決定されていると考えられてきたが，筆者らは，同じ塩基配列の核酸でも分子環境を調整することで塩基対の安定性を変化させ核酸の全体構造を制御できるのではないか，という新しい観点から研究を遂行している[11,12]．たとえば，イオン液体は，不揮発，不燃の特性をもつため，安全性や環境に優しい点で優れた “Green” solvent としてナノテクノロジー分野で，近年，活用されている[13,14]．図 4-3(a)に示すリン酸二水素型コリン(choline dihydrogen phosphate, choline dhp)に少量(～30 wt %)の水を加えた水和イオン液体中では，核酸の構造安定性が劇的に変化する．筆者らは DNA 二重鎖内の W·C 塩基対の安定性を解析し，choline dhp 中では A--T 塩基対が G--C 塩基対よりも安定化され，この傾向は標準水溶液とまったく逆であることを見いだした[15]．さらに，熱力学的および分子動力学的解析の結果から，A--T 塩基対からなる minor groove(副溝)にコリンイオンが高い親和性で結合し，A--T 塩基対を安定化していることも明らかになった[15,16]．三重鎖の major groove 構造は二重鎖より狭く，コリンイオンとの親和性が高いことが予測されたことから，筆者らは，choline dhp 中における DNA 三重鎖の安定性を解析し，choline dhp 中における新規の標的核酸検出法の開発を行った．

## 2 イオン液体を使って Hoogsteen 塩基対を安定に形成させる

### 2-1 三重鎖構造に及ぼす choline dhp の効果

三重鎖の構造は W·C 塩基対と H 塩基対によって形成される〔図 4-2(b)〕．標準水溶液において G*C 塩基対は非常に不安定であるため，G*C 塩基対の

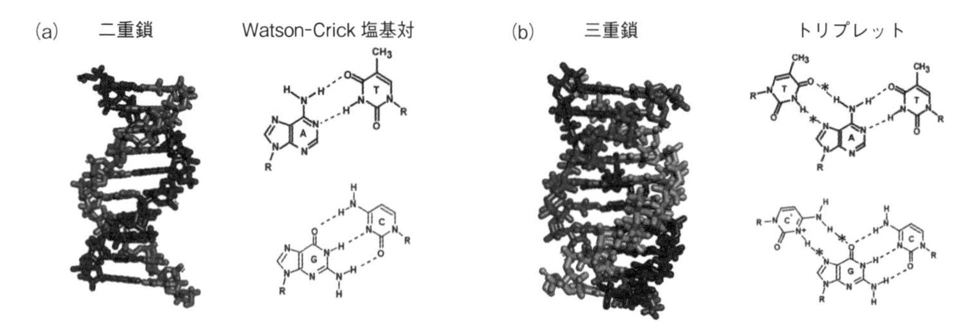


図 4-2 DNA の構造と塩基対
(a) DNA 二重鎖と Watson-Crick 塩基対，(b) DNA 三重鎖と三重鎖内のトリプレット．
--Watoson-Crick 塩基対，＊ Hoogsteen 塩基対．

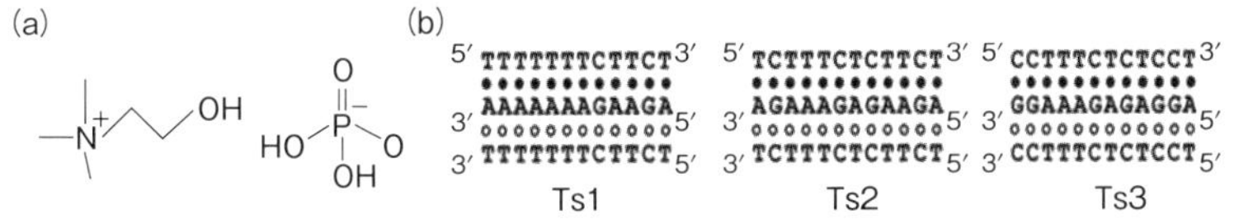

(a)
(b)
OH
O
HO
O
OH
5′ TTTTTTTCTTCT 3′
3′ AAAAAAAGAAGA 5′
3′ TTTTTTTCTTCT 5′
Ts1
5′ TCTTTCTCTTCT 3′
3′ AGAAAGAGAAGA 5′
3′ TCTTTCTCTTCT 5′
Ts2
5′ CCTTTCTCTCCT 3′
3′ GGAAAGAGAGGA 5′
3′ CCTTTCTCTCCT 5′
Ts3

**図 4-3　イオン液体の構造と DNA 三重鎖の塩基配列**

（a）リン酸二水素型コリンの化学構造，（b）DNA 三重鎖の構造．Watson-Crick 塩基対（●），Hoogsteen 塩基対（○）．

含有量が増加すると H 塩基対は形成されない．本研究では，まず，G*C 含有量の異なる 30 μM DNA 三重鎖［Ts1，Ts2，Ts3〔図 4-3（b）〕］の 260 nm における UV 融解挙動を測定した．標準水溶液である NaCl 水溶液における三重鎖の融解温度（$T_m$）の値は，Ts1：39.4，Ts2：14.5 および 48.1，Ts3：51.6 ℃となった〔図 4-4（a）〕．H 塩基対の解離を確認するために 295 nm における UV 融解挙動も測定した結果，Ts1 および Ts2 において H 塩基対の解離に由来する融解挙動が観測され，これらの $T_m$ 値は，Ts1：38.8，Ts2：15.0 ℃となった．Ts3 では H 塩基対由来の融解挙動は観測されなかった．このことから，三重鎖の解離において Ts1 は W･C 塩基対が H 塩基対と同時に解離し，Ts2 では H 塩基対が解離したのち W･C 塩基対が解離し，Ts3 では H 塩基対の形成は確認されないほど不安定であるため W･C 塩基対のみ解離していることがわかった．一方で，choline dhp 溶液中では，すべての三重鎖において W・C 塩基対と H 塩基対が同時に解離した〔図 4-4（b）〕．

これらの結果より，choline dhp 中では H 塩基対が W・C 塩基対と同程度までが安定化されることが示された[17]．さらに，choline dhp 中における三重鎖構造形成時の熱力学的パラメータを算出した結果，choline dhp 中における三重鎖構造の安定化は，三重鎖構造形成時のエンタルピー変化に由来していることも明らかになった．このことから，NaCl 水溶液中では起こらない新しい相互作用が，DNA-choline dhp の間で生じていることが示唆された（詳細は次節）．

### 2-2　分子動力学計算による choline dhp 中における三重鎖構造安定化機構の解明

choline dhp 中において構造が顕著に安定化された Ts1 とナトリウムイオンおよびコリンイオンの結合様式〔図 4-5（a）〕を 20 ns の分子動力学計算によって解析した．分子動力学計算のトラジェクトリー（trajectory：軌跡）のうち構造変化の少ない 15～20 ns の 25000 枚の snap shots から Ts1 から

(a)
4 M NaCl
規格化吸光度(260 nm)
温度(℃)
Ts3
Ts2
Ts1
$T_m$(℃)
($T_m$のとき295 nm)
Ts1：39.4(38.8)
Ts2：14.5, 48.1
(15.0)
Ts3：51.6(−)
(b)
4 M choline dhp
Ts1：55.5
(54.9)
Ts2：49.3
(40.0)
Ts3：37.3
(37.0)
Ts3
Ts2
Ts1

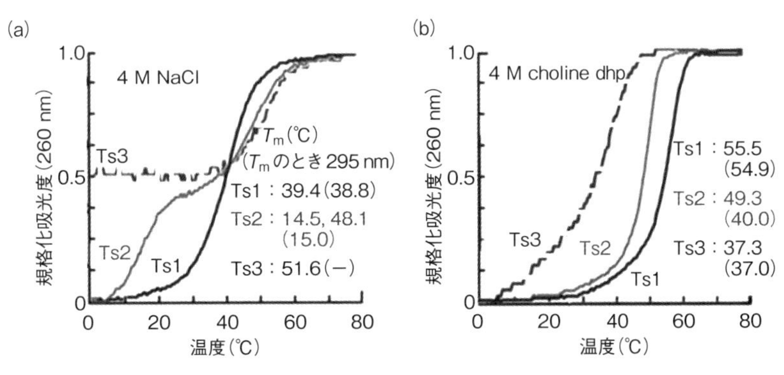

**図 4-4　DNA 三重鎖の融解挙動**

30 μM DNA 三重鎖 Ts1（黒），Ts2（灰色），Ts3（破線）の UV 融解挙動．測定は，50 mM Tris（pH 7.0），1 mM $Na_2EDTA$，（a）4 M NaCl または（b）4 M choline dhp 溶液中で行われた．グラフ内に各融解挙動から算出された融解温度（$T_m$）値を示す．

+ COLUMN +

### ★いま一番気になっている研究者

## Janez Plavec 博士

（スロベニア・国立 NMR センター長）

J. Plavec 博士は，スロベニア・国立 NMR センターのセンター長である．専門は構造生物学および生物物理学であり，NMR や物理化学的手法を用いて，核酸，タンパク質などの生命分子の構造や機能解析を行う先駆的な研究者である．

J. Plavec 博士は，四重鎖と水分子やカチオンの相互作用〔P. Podbevsek et al., *J. Am. Chem. Soc.*, 130, 14287（2008）；P. Sket, J. Plavec, *J. Am. Chem. Soc.*, 132, 12724（2010）；J. Zavasnik et al., *Biochemistry*, 50, 4155（2011）〕，溶液中のカチオンの種類による非標準構造の構造変化〔*Nucleic Asids Res.*, 40, 11047（2012）〕や溶液環境に応じた四重鎖のフォールディング機構〔S. Ceru et al., *Angew. Chem., Int. Ed.*, 53, 4881（2014）など〕を解明している．さらに，一般的に四重鎖構造は四つのグアニンがG-カルテットを形成することにより形成されるが，自閉症にかかわる遺伝子の調節領域に見られるグアニンの連続配列で G-カルテット構造を含まない新しい四重鎖構造を見いだしている〔V. Kocman, J. Plavec, *Nat. Commun.*, 5, 5831（2014）〕．

また，近年，核酸分子の生体外でバイオ材料として利用する際に注目されている水和イオン液体中での DNA 二重鎖の構造解析も行い，水和イオン液体の二重鎖への配列特異的な結合を報告している〔M. Marusic et al., *Biochimie.*, 108, 169（2015）〕．核酸は標準構造である二重鎖以外に三重鎖，四重鎖などの非標準構造を形成し，このような構造変化は転写・翻訳反応の抑制やタンパク質との相互作用の制御し，種々の疾患発症に関連すると考えられている．そのため，核酸構造の同定や，構造形成を制御する相互作用を知ることは非常に重要である．今後は，J. Plavec 博士らにより解析された構造をもとに，これらの非標準構造の生体内での重要な役割が解明されると期待される．

3.5 Å以内に存在したカチオンを抽出し，黒色の点で図示した〔図 4-5（b）および（c）〕．その結果，Ts1 近傍にはナトリウムイオンよりコリンイオンが約 3 倍多く集積し，結合様式もまったく異なることがわかった．ナトリウムイオン共存下では，Ts1 の骨格の近傍に黒色の点が集積し，リン酸基の負電荷を遮蔽するようにナトリウムイオンは Ts1 に結合していることが示された〔図 4-5（b）〕．

一方で，コリンイオン共存下では，黒色の点は骨格近傍だけでなく，三重鎖の groove（溝）部位〔とく

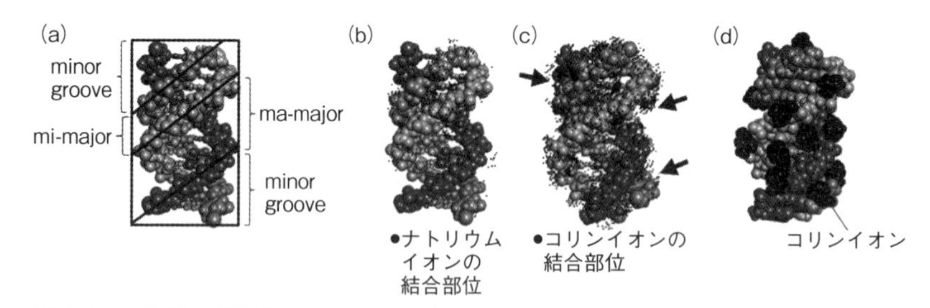


**図 4-5　三重鎖の構造と groove の名称および DNA 三重鎖とカチオンの相互作用**

（a）三重鎖の構造と groove の名称．分子動力学計算によって予測された DNA 三重鎖周辺の，（b）ナトリウムイオン，（c）コリンイオンの結合サイト．DNA 三重鎖とナトリウムおよコリンイオンの相互作用を分子動力学計算によって解析し，25000 枚の snap shots において DNA 三重鎖から 3.5 Å以内に存在したナトリウムおよびコリンイオンを，黒色の点で示した．（d）分子動力学計算によって予測された DNA 三重鎖の groove 部位へのコリンイオンの結合．コリンイオンは，DNA 三重鎖の groove にはまり込むように結合している．分子動力学計算は水溶液中で行われた．

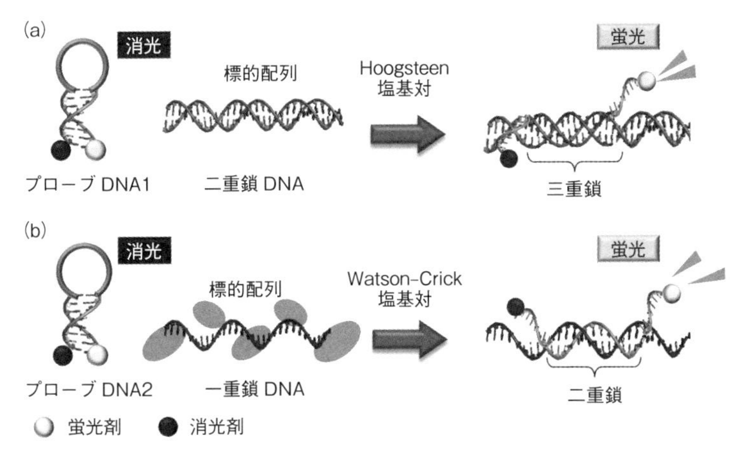


**図 4-6　プローブ DNA による標的核酸の検出機構**

（a）プローブ DNA1 による Hoogsteen 塩基対形成を介した標的二重鎖の検出機構，（b）プローブ DNA2 による Watson-Crick 塩基対形成を介した標的一本鎖の検出機構を示す．

に major-part of major（ma-major）groove および minor groove〕に集積し，コリンイオンはリン酸基のみならず groove 部位に結合することがわかった〔図 4-5(c)，矢印〕．コリンイオンの Ts1 への結合を詳細に解析するために，20 ns 後の snap shot から Ts1 に結合したコリンイオンを解析した．その結果，ma-major groove および minor groove において，コリンイオンがヒドロキシ基などを介して三重鎖の groove を形成する塩基や糖と水素結合を形成し，三重鎖の groove へはまり込むようにコリンイオンが結合することが示された〔図 4-5(d)〕[17]．このようなコリンイオンの結合は，choline dhp 中で安定化される A--T 塩基対からなる DNA 二重鎖でも見られたことから[16]，コリンイオンの部位特異的な結合が DNA の全体構造を安定化させていることが示された．

### 3　Hoogsteen 塩基対の形成を活用した新しい DNA 配列センシングシステムの構築

choline dhp 中において H 塩基対を安定に形成できることを活用して，H 塩基対の形成を介した標的核酸センシングシステムの構築を試みた．標的配列（二重鎖）を検出するセンサー（プローブ DNA1）として，ヘアピン構造のループ領域に標的二重鎖と H 塩基対を介して三重鎖を形成する DNA を設計した〔図 4-6(a)〕．さらに，従来法と比較するため，W･C 塩基対を介して標的配列と結合するプローブ DNA2 も設計した〔図 4-6(b)〕．これらのプローブ DNA は 5′ 末端に蛍光色素をもち，3′ 末端が消光剤で修飾され，ヘアピン構造形成時には蛍光色素は消光剤により消光されるが，標的鎖と結合するときには蛍光を発するように設計されている（図 4-6）．標的核酸として，HIV-1（human immunodeficiency virus，ヒト免疫不全ウイルス）-プロウイルス由来の配列をもとに，プローブ DNA1 とフルマッチの H 塩基対を形成する二重鎖（$A^*T$）および一つの $G^*T$ ミスマッチを含む H 塩基対を形成する二重鎖（$G^*T$）と，プローブ DNA2 とフルマッチおよび 1 個の G--T ミスマッチを 1 個含む W･C 塩基対を形成する一本鎖（A--T および G--T）を設計した．

まず，二重鎖 $A^*T$ および $G^*T$ に対してプローブ DNA1 を添加したところ，NaCl 水溶液中にでは二重鎖の有無にかかわらずプローブ DNA1 の蛍光強度はほとんど変化せず，プローブ DNA1 は H 塩基対を形成できないことが示された〔図 4-7(a)〕．一方で，choline dhp 中では，二重鎖 $A^*T$ および $G^*T$ ともに，プローブ DNA1 が二重鎖に結合したことに由来する蛍光スペクトルの増強が観測された〔図 4-7(a)〕．これらの蛍光強度の増大を比較すると，$A^*T$ 共存下での蛍光強度が $G^*T$ より大きい（12

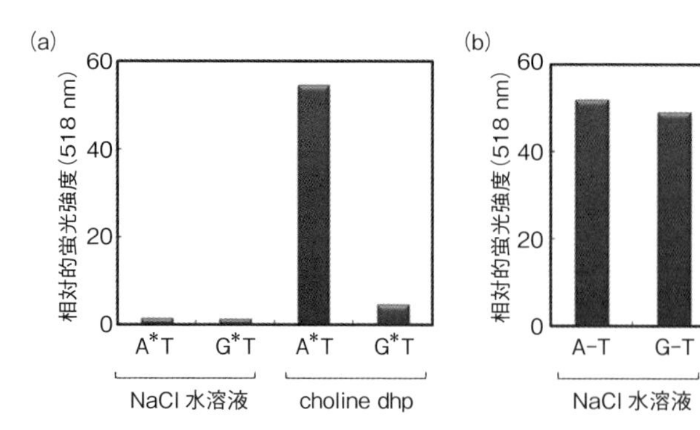


**図 4-7　標的核酸に応じたプローブ DNA の蛍光強度変化**

（a）プローブ DNA1 と標的二重鎖（A*T）および G*T ミスマッチを形成する二重鎖（G*T）を添加した際の蛍光強度，（b）プローブ DNA2 と標的一本鎖（A--T）および G--T ミスマッチを形成する一本鎖（G--T）を添加した際の蛍光強度．それぞれプローブ DNA のみの蛍光強度を 1 として算出している．

倍）ことから，プローブ DNA1 は標的二重鎖の 1 塩基対の違いを厳密に認識できることが示された．さらに，標的一本鎖（A--T および G--T）に対してプローブ DNA2 を添加したところ，NaCl 水溶液では A--T および G--T ともに同程度の蛍光強度の増大が観測され，ミスマッチ塩基対を識別できていないことが示された〔図 4-7（b）〕．一方で choline dhp 中においては，A--T および G--T ともに蛍光強度の増大が観測されたが，A--T の蛍光値増大は G--T と比較して 1.5 倍程度大きくなった〔図 4-7（b）〕．これらの結果から，choline dhp 中では H 塩基対，W･C 塩基対ともに塩基対の選択性が向上することがわかった．

choline dhp 中におけるプローブ DNA1 が，どの程度標的核酸を厳密にセンシングできるかどうかを定量化するために，W･C 塩基対型の G--T ミスマッチを形成する標的鎖および H 塩基対型の G*T ミスマッチを形成する標的核酸に対してプローブ DNA が結合した際の構造安定化エネルギー（$\Delta G^\circ_{25}$）を比較した．その結果，フルマッチ塩基対（A--T または A*T 塩基対）とミスマッチ塩基対の構造安定化エネルギーは，標準水溶液中の W･C 塩基対型および choline dhp 中の H 塩基対型においてそれぞれ 1.4 および 6.4 kcal mol$^{-1}$ 不安定化することがわかった．このことから，25 ℃において標準水溶液中 W・C 塩基対型のプローブ DNA2 は 10％の割合でミスマッチを誤認識するが，H 塩基対型のプローブ DNA1 では誤認識を 0.001％まで低下できることが示唆された．

## 4　まとめと今後の展望

遺伝子診断技術は，飛躍的に進歩しており，近い将来，われわれの身近な医療現場で活用されると期待される．しかし，遺伝子診断では疾患発症リスクを評価できるのみで，いつ，どのような確率で，どのように疾患が発症するかは，“環境”効果に大きく依存する．前述したように，核酸の標準的な構造は二重鎖であるが，核酸は“環境”に応じて，三重鎖，四重鎖などの非標準構造を形成する．筆者らは，生化学実験の標準水溶液（NaCl 水溶液，pH 7.0）では二重鎖を形成する核酸構造でも，細胞内を模倣した分子環境下では，三重鎖，四重鎖などの非標準構造を形成しやすいことを見いだしている[18]．また，細胞内で非標準構造の形成が確認された報告も相次いでいる[19, 20]．

さらに筆者らのグループは，これらの非標準構造の生体内での役割を明らかにすべく，非標準構造の形成が転写・翻訳などの生体反応へ及ぼす影響についても解析を行っている．結果の一例を示すと，DNA や RNA に四重鎖などの非標準構造が形成されると，転写では，転写産物 RNA の生産量が減少する，または本来の鎖長とは異なる転写産物が生産される，翻訳では翻訳されるアミノ酸の配列や鎖長が変化するなどが明らかになってきた[21～23]．つまり，SNPとは異なり，DNAの塩基配列が同一でも，DNA，RNAの構造変化によって，遺伝子発現が調節されていることを示唆する研究結果が蓄積されつつある．

このような非標準構造を形成できる配列はヒトゲノム中に点在し，たとえば，四重鎖を形成できる配列はヒトのゲノム配列上に30万か所も存在する[24]．とくに，多くのがん関連遺伝子の転写開始を制御する塩基配列部位には，四重鎖形成可能領域をもつものが多く，疾患発症と遺伝子がおかれる“環境”がどのように連動しているのか非常に興味深い．これまでの遺伝子解析の対象となるSNPのような塩基配列の変化は，細胞が分裂したあとも受け継がれ，世代を超えて恒久的な表現型の変化をもたらす．一方で，筆者らの研究成果は遺伝子の発現が核酸の非標準構造によって一時的に調節されている可能性を示唆し，これは塩基配列の変化を伴わない新規の調節機構であることを連想させる．

生命は，核酸の標準構造である二重鎖に遺伝情報を保持する役割を託した．解析されたゲノム配列をもとに医療・診断を行う技術が確立されつつある．一方で，核酸の非標準とされる構造に対しても解析が進められ，細胞内での“環境”変化よって化学的相互作用が変化し，核酸の構造が調整されている可能性が示唆されている．生命は，二重鎖では果たせない転写・翻訳などの生命現象を制御するという“機能”を核酸の非標準構造に託しているのではないだろうか．この非標準構造に秘められた“機能”を化学的に解き明かし，ゲノムの一次構造だけでなく高次構造を加味した遺伝子診断システムを開発することが，次世代の遺伝子診断に革新をもたらすと期待される．

## ◆ 文 献 ◆

[1] S. Tyagi, F. R. Kramer, *Nat. Biotechnol.*, **14**, 303 (1996).
[2] B. Dubertret, M. Calame, A. J. Libchaber, *Nat. Biotechnol.*, **19**, 365 (2001).
[3] A. W. Peterson, L. K. Wolf, R. M. Georgiadis, *J. Am. Chem. Soc.*, **124**, 14601 (2002).
[4] C. Lin, Y. Zhang, X. Zhou, B. Yao, Q. Fang, *Biosens. Bioelectron.*, **47**, 515 (2013).
[5] S. I. Stoeva, J. S. Lee, C. S. Thaxton, C. A. Mirkin, *Angew. Chem., Int. Ed. Engl.*, **45**, 3303 (2006).
[6] S. Giri, E. A. Sykes, T. L. Jennings, W. C. Chan, *ACS Nano*, **5**, 1580 (2011).
[7] L. Esfandiari, H. G. Monbouquette, J. J. Schmidt, *J. Am. Chem. Soc.*, **134**, 15880 (2012).
[8] L. Esfandiari, M. Lorenzini, G. Kocharyan, H. G. Monbouquette, J. J. Schmidt, *Anal. Chem.*, **86**, 9638 (2014).
[9] K. Nakatani, S. Sando, I. Saito, *Nat. Biotechnol.*, **19**, 51 (2001).
[10] R. J. Ernst, H. Song, J. K. Barton, *J. Am. Chem. Soc.*, **131**, 2359 (2009).
[11] S. Takahashi, N. Sugimoto, *Angew. Chem., Int. Ed. Engl.*, **52**, 13774 (2013).
[12] H. Tateishi–Karimta, N. Sugimoto, *Methods*, **67**, 151 (2014).
[13] M. Armand, F. Endres, D. R. MacFarlane, H. Ohno, B. Scrosati, *Nat. Mater.*, **8**, 621 (2009).
[14] R. Vijayaraghavan, A. Izgorodin, V. Ganesh, M. Surianarayanan, D. R. MacFarlane, *Angew. Chem., Int. Ed. Engl.*, **49**, 1631 (2010).
[15] H. Tateishi–Karimata, N. Sugimoto, *Angew. Chem., Int. Ed. Engl.*, **51**, 1416 (2012).
[16] M. Nakano, H. Tateishi–Karimata, S. Tanaka, N. Sugimoto, *J. Phys. Chem. B*, **118**, 379 (2014).
[17] H. Tateishi–Karimata, M. Nakano, N. Sugimoto, *Sci. Rep.*,**4**, 3593 (2014).
[18] S. Nakano, D. Miyoshi, N. Sugimoto, *Chem. Rev.*, **114**, 2733 (2014).
[19] S. Balasubramanian, L. H. Hurley, S. Neidle, *Nat. Rev. Drug Discov.*, **10**, 261 (2011).
[20] M. L. Bochman, K. Paeschke, V. A. Zakian, *Nat. Rev. Genet.*, **13**, 770 (2012).
[21] T. Endoh, Y. Kawasaki, N. Sugimoto, *Angew. Chem., Int. Ed. Engl.*, **52**, 5522 (2013).
[22] T. Endoh, Y. Kawasaki, N. Sugimoto, *Nucleic Acids Res.*, **41**, 6222 (2013).
[23] H. Tateishi–Karimata, N. Isono, N. Sugimoto, *PLoS One*, **9**, e90580 (2014).
[24] J. L. Huppert, S. Balasubramanian, *Nucleic Acids Res.*, **33**, 2908 (2005).

Chap 5

# がん診断に向けたラボオンチップの実用化

# Practical Applications of Lab-on-chip for Cancer Diagnostics

小野島 大介（名古屋大学未来社会創造機構）　笠間 敏博　馬場 嘉信（名古屋大学大学院工学研究科）

## Overview

侵襲性の低い次世代のがん診断法の確立に向けて，血液中に流れ出た極微量のがん関連成分を検出するラボオンチップ技術の実用化研究が加速している．がん組織から脱離して血流に乗って全身を循環するがん細胞（circulating tumor cell: CTC）や異常なメチル化を起こしたDNA分子を計測するチップが開発されており，臨床検査による予後管理や化学療法の治療奏功の予測が期待されている．また，免疫分析によって血中のタンパク質マーカーを検出するチップは，血液1滴から数分で分析結果を得るがん検査機器のコア技術として装置に組み込まれ，製品化の取り組みと医療現場への導入に向けた動きが活発化している．

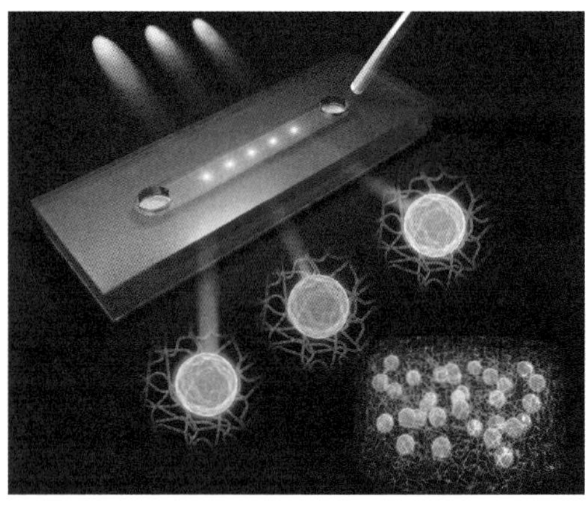

▲マルチプレックスタンパク質マーカー検出チップの概念図

■ **KEYWORD** 📖マークは用語解説参照

- ■ラボオンチップ（lab on a chip）
- ■組織生検（biopsy）
- ■リキッドバイオプシー（liquid biopsy）
- ■血中循環がん細胞（circulating tumor cell）📖
- ■メチル化DNA（methylated DNA）
- ■バイオマーカー（biomarker）
- ■抗原抗体反応（antigen-antibody reaction）
- ■フォトリソグラフィー（photolithography）📖
- ■早期診断（early diagnosis）

## はじめに

がん診断の分野では，近年，従来の組織生検を血液検査で代替えする利便性を追求する“リキッドバイオプシー”（liquid biopsy）とよばれる研究開発の動向が活発である．確定した診断結果を得るための一般的な手法として，とくに疾患の予後の重要性が考慮される場合，組織生検は最も確実な検査法である．しかし，組織生検は侵襲性が高いうえに重篤な合併症を発症する可能性があるため，実施には慎重にならざるをえない．たとえば，慢性腎不全において人工透析適用の可否を決定する確定診断は腎生検であることが2013ガイドライン[1]で明記されているが，その実施率は5.3%に過ぎない．また，各種がんの診断においても，卵巣がん，前立腺がん，腎がん，肺がん，および膵臓がんは生検が難しいことで知られており，同様の課題が存在している[1]．そこで，血中のがん診断マーカーを従来よりも微量，高速，高精度で検出可能なラボオンチップ技術を応用した血液検査装置を開発することで，組織生検がもつ課題を克服しようとする研究が盛んに行われている．

本章では，がん組織から血中に流れ出た極微量のがん細胞やDNA分子を1細胞・1分子レベルで検出し，従来よりも簡単な操作でがん診断に応用するための最新のラボオンチップ技術を紹介する．さらに，手のひらサイズのプラスチックチップを用いて，血中のタンパク質マーカーを従来よりも簡便に検査できる最新のがん診断装置を紹介する．

## 1　CTC分離フィルターチップ

CTC（circulating tumor cell，血中循環がん細胞）はがん患者の末梢血中に微少量存在しており，他部位への転移能をもつ細胞を含むとされている．現時点では，CTCが血行性転移のバイオマーカーであるのか，あるいは転移そのものの原因であるのかはまだ確定されていないが，少なくとも予後のモニタリングにおいて，性格が変化していく腫瘍の薬剤耐性化や血行転移能を迅速に追跡するために，CTCの測定は大変有効であることがわかってきている．また，がん化学療法は転移の有無によってその適用の可否が判断される場合が多く，その診断は予後に大きく影響するので，CTCの測定は正確な治療方策を決定するための重要な指標となりうる[2]．CTCはがん患者の血液10 mLあたり数個から数十個の割合で存在し，これを計測するためのさまざまなデバイスが考案されている．

現在，アメリカ食品医薬品局が認可しているCTC検出装置は，アメリカJanssen Diagnostics社が提供する製品（Cell Search®）[3]のみである．この製品は，CTC表面の上皮細胞接着分子（epithelial cell adhesion molecule：EpCAM）に対して抗EpCAM抗体修飾磁性微粒子を作用させ，磁力によってCTCを分離するプロセスを自動化したものである．適用されるのは，乳がん，前立腺がん，および大腸がんであり，免疫・核酸染色操作を経て，7.5 mLの血液中に含まれるCTCの数がカウントできる．一方，装置価格は高価（約2500万円）であり，分離後の解析操作に向けたCTCの回収が困難という問題がある．

これに対して，近年はより簡便な手法として，血液のフィルトレーションによってCTCを分離し，さらに培養することを目的とした安価な装置が多く開発されている．この手法はCTCのサイズ（10～20 μm）がほかの血液細胞より大きいことを利用した分離法であり，ISET（isolation by size of epithelial tumor cells）法ともよばれる．たとえば，フランスScreenCell社は，真空採血管とポリカーボネート製のメンブレンフィルタを組み合わせたCTC検出キット（図5-1）[4]を製品化しており，孔径8 μm，孔数4.5万個の細孔をもつ直径約9 mmのフィルターに血液10 mLをとおすと，約3分で容易に数十個のCTCが分離できることを示している．キットの価格は1本当たり約6.5万円であり，さらに分離されたCTCはフィルターごとマイクロタイタープレートやディッシュのうえに移して各種試験に用いることが可能である．しかし，細孔のサイズや配置のばらつきが大きく，フィルターの目詰まりが課題としてあげられている．

そこで，ラボオンチップの駆動系と微細加工されたフィルターチップをISET法に取り入れたCTC

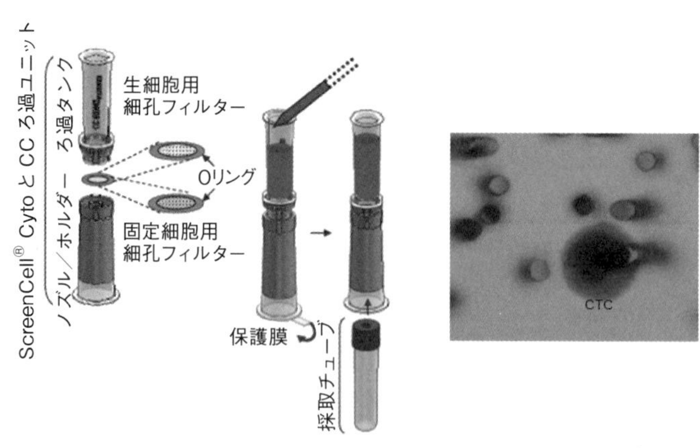

図 5-1 ScreenCell 社の CTC 検出キット ScreenCell®

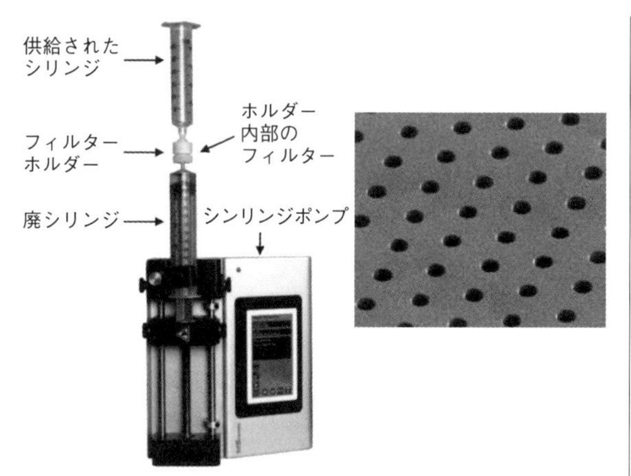

図 5-2 Creatv Microtech 社の CTC 検出装置 CellSeive™

分離の手法が注目されている．たとえば，アメリカ Creatv Microtech 社は，シリンジポンプと光硬化性樹脂(SU-8)製のメンブレンフィルターを組み合わせた CTC 検出装置を製品化している(図 5-2)[5]．リソグラフィーによって孔径 7 μm，孔数 16 万個の細孔を高い加工精度と孔密度で実現しており，血液をとおす時間も約 50 秒まで短縮できている．装置の価格は一式で約 40 万円であるが，その大半は血液操作用のプロトコルをプログラムされたシリンジポンプの代金に相当している．また，筆者らの研究グループでは，微細加工されたガラスフィルターを用いた同様の CTC 分離系の構築に取り組んでいる．ここでは，細孔をサイズ分離用のフィルターとして利用するだけでなく， つの細孔に 1 個の CTC を捕捉し，その後の 1 細胞解析を実現する機能として利用することを目指した応用開発が展開されている．

### 2 メチル化 DNA 検出チップ

翻訳後修飾の異常であるエピゲノム変異は細胞のがん化の過程で必ず起きる変異であり，とくに DNA メチル化異常はヒト遺伝子の広範な領域に存在する安定した化学修飾である．ここでいう DNA メチル化とは，シトシン塩基に生じるメチル化のことである．普段は遺伝子の正常な働きを保つものであるが，がん細胞では通常とは異なる遺伝子にメチル化が起こる．前がん病変でも確認される変化であることから，メチル化 DNA は診断マーカーとしての有用性がきわめて高いと考えられているが，臨床現場への適用はまだ大きく進んでいない状況にある[6]．たとえば，ヨーロッパやアメリカでは DNA メチル化診断マーカーとして *Septin9* 遺伝子が大腸がん血液診断向けの認可を受けている．しかし，現在の DNA メチル化アッセイ法〔パイロシークエンス法および定量的メチル化特異的 PCR(polymerase chain reaction，ポリメラーゼ連鎖反応)法〕は，原理的に DNA の塩基を変換する処理(バイサルファイト処理)と増幅する処理(PCR)を必要とし，同時に複数の遺伝子座を検出することができないため，偽陽性症例が多く発生している(検出率は約 50%)．そこで，実用化に向けては，PCR 用に細胞から調製される数百 ng 以下の DNA に対して，直接メチル化 DNA を検出する手法の開発が求められている．

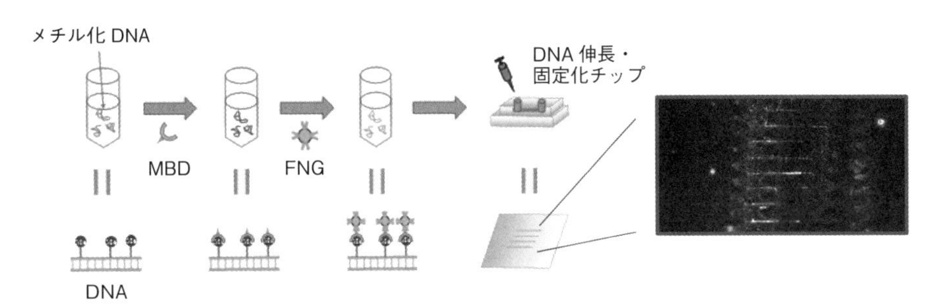


**図 5-3　メチル化 DNA の染色・標本化プロセスの概要と標本化されたメチル化 DNA の蛍光像**

染色には methyl binding domain protein-biotin（MBD）を介した fluoronanogold-streptavidin alexa fluor 546（FNG）によるメチル化部位標識が用いられ，標本化には DNA 固定用のジグザグ形状の溝構造が用いられている．

この計測技術上の問題に対して，筆者らの研究グループは，メチル化 DNA を直接基板上に固定化（標本化）して画像診断による検出を可能とする DNA 分子の病理検査チップの開発を行っている（図 5-3）[7]．一般的に，がん細胞ではがん抑制遺伝子の CpG サイト（シトシン-グアニン配列に富む 500〜2,000 塩基対領域）に異常な DNA メチル化が発生し，遺伝子が不活性化した結果，細胞の無秩序な増殖などが引き起こされることがわかっている[6]．そこで，実験的に CpG サイトにメチル化を発生させた DNA を早期がん由来のメチル化異常をもつ DNA のモデルとして使用し，DNA メチル化部位の染色，メチル化 DNA の伸長，および画像解析を行う微小流体チップを開発した結果，血液 1 mL 中に数十 ng 程度含まれる腫瘍由来の血中遊離 DNA に相当するサンプルから DNA 分子を標本化し，DNA メチル化異常を画像検査する技術を確立することに成功した．本チップの DNA 分子に対する捕捉率は約 70％であり，一度に約 1,500 本の DNA 分子を標本化できることが確認されている[8]．

### 3　高感度タンパク質検出チップ

血中には，細胞や核酸とともに，膨大な量のタンパク質も存在している．その大部分はアルブミンやグロブリンである．がん患者の血中には，がんの種類，場所，その進行度を示すようなタンパク質も微

---

**COLUMN**

**★いま一番気になっている研究者**

## Jack Thomas Andraka
（2012 年インテル社ゴードン・e・ムーア賞受賞者）

J. T. Andraka（1997 年生まれ）は，早期発見が困難といわれる膵臓がんの低コスト・迅速診断デバイスを考案した研究者である．そのとき，彼は若干 15 才であり，おもな情報源はインターネットであった．

彼は親しい人を膵臓がんで失った悲しみから，その早期発見手法の研究に着手した．バイオマーカーの高感度検出に着眼し，莫大な数の候補から一つ一つ丹念に調査を進め，4000 個程度を調べたところでメソテリンというバイオマーカーを見つけた．しかし，メソテリンの検出には多大なコストと非常に長い時間がかかっていることを知り，それが早期診断の妨げになっていると考えた．そこで，低コストな紙に，わずかな構造の変化で電気特性が大きく変化するカーボンナノチューブと抗体を結合したデバイスを考案した．その成果により，ゴードン・e・ムーア賞など数々の賞を受賞している．現在，彼はスタンフォード大学の学部生である．今後の彼の研究が大いに注目される．

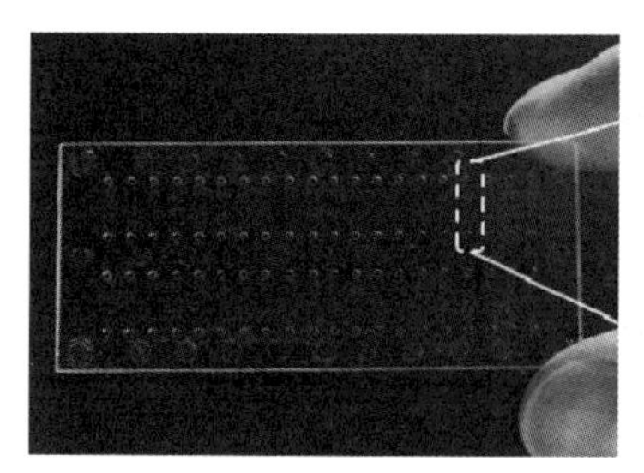
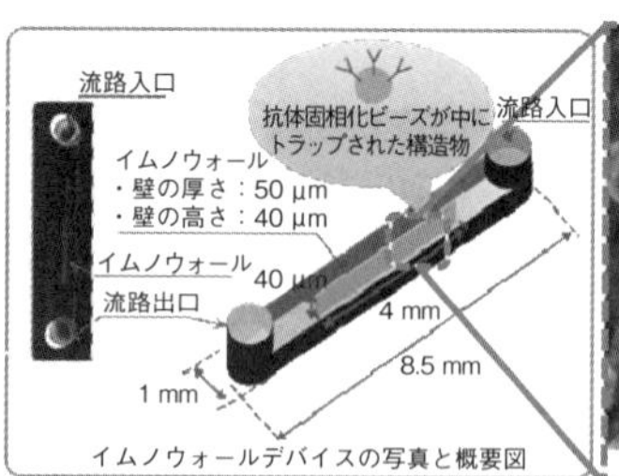

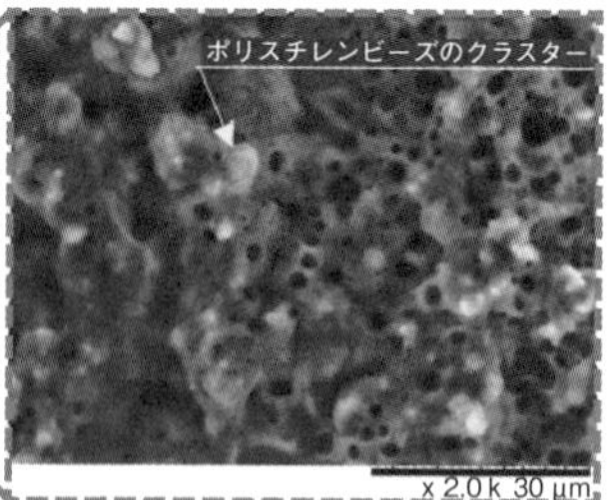


図 5-4　イムノウォールデバイス

環状オレフィンポリマー製の基板にマイクロ流路が 40 本つくられている．各マイクロ流路には，紫外線硬化樹脂でできたイムノウォールが，フォトリソグラフィー技術によって形成されており，そのなかには，抗体が表面に固定化されたマイクロビーズが多数包含されている．

量に存在し，タンパク質マーカーとよばれる．タンパク質マーカーの測定は，体液を採取するだけで行えるので，患者にとって身体的な負担が少ない低侵襲な方法ではあるが，がんにかかわる臨床医療の現場では，技術的もしくは経済的な課題がまだ多く存在する．本節では，これらの問題を解決できる有望な分析ツールであるラボオンチップデバイスについて述べる．

一般的に，ターゲットとなるタンパク質の特異的な捕捉には，抗体が利用される．また，タンパク質の濃度を測定するツールとしては，マイクロタイタープレートのウェルを反応場とした酵素標識免疫診断(enzyme-linked immunosorbent assay: ELISA)法が古くから広く用いられている．では，マイクロ流路がベースとなったラボオンチップデバイス[9]を用いる利点はどこにあるのだろうか．それは，おもに次のようなものである．

・検体量および試薬量が微量で済む．

・マイクロタイタープレートを使った ELISA と同等の感度を短時間で得ることができる．

マイクロ流路のなかですべての分析を行うため，検体量や試薬量を低減できることは自明であるが，さらに，分子の拡散を制御し，反応場との接触機会を増やせることが，反応時間の短縮と高感度化にもつながるのである．これらの特徴は，臨床医療における問題，たとえば，「検体が非常に少量で，検査できない」，「複数のタンパク質マーカーを同時に分析したいが，費用総額が大きくなりすぎるため，可能性が高いものから順番にしかできない」といった問題を解決し，現代の診断・治療の一連の方法に革新をもたらす可能性がある．

そのようなラボオンチップデバイスの一つとして，筆者らは，マイクロ流路内で抗原抗体反応によってタンパク質を高感度・迅速に検出するデバイスを開発している[10〜12]．筆者らが「イムノウォールデバイス」とよんでいるこのデバイスは，高さ 40 μm のマイクロ流路のなかに多孔構造をした壁状構造物(幅 50 μm，長さ 4 mm)を設けたものである(図 5-4)．構造物内部の空隙には，タンパク質マーカーに特異的に結合する抗体を固定化した数万個の微小なポリスチレンビーズが，物理的に閉じ込められている．このポリスチレンビーズの表面が抗原抗体反応の反応場となる．

分析の手順は通常の ELISA と似ている．検体を

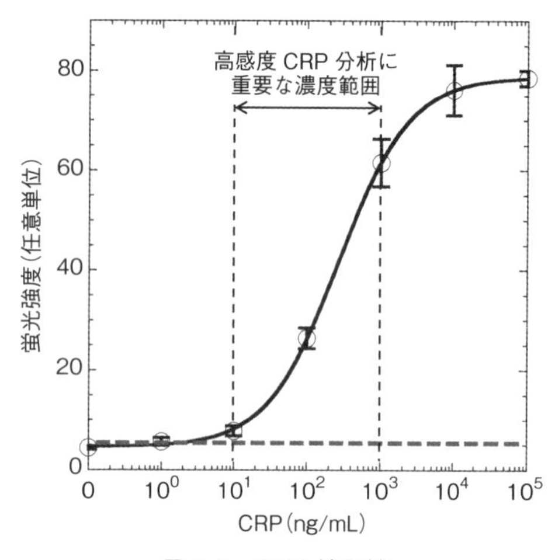


図 5-5　CRP 検量線

灰色の破線は検出限界を示している．

入れてインキュベートしたあと，洗浄液を数回流して未反応の抗原を除去する．その後，蛍光色素で標識された抗体を入れてインキュベートし，さらに洗浄液で未反応の蛍光標識抗体を除去する．最後に，蛍光顕微鏡で観察をする．抗原の濃度に応じた数のサンドイッチ状の抗原抗体複合体ができているため，その蛍光強度を測定することで検体中のタンパク質マーカーの濃度を知ることができる．一例として，高感度 CRP（C-reactive protein：C 反応性タンパク度）[13]とよばれる動脈硬化マーカーをヒトの血清から検出した実験結果を図 5-5 に示す．分析に要した時間は合計 10 分と短時間であったが，動脈硬化マーカーとして重要な 10〜1,000 ng/mL の濃度範囲で急峻な傾きが得られていることから，迅速な高感度 CRP 診断デバイスとして利用できることがわかる．ここでは分析時間を 10 分としたが，延長すればさらに低濃度領域も検出できる．従来法よりも高感度に検出することで，これまでわかっていなかった病気との関連も明らかになる可能性がある．

### 4 まとめと今後の展望

がんの早期診断は，日本が抱える医療費問題の解決に寄与する技術の一つとして，核酸や細胞，タンパク質などを分析ターゲットにした研究が進められている．近年，微細加工技術の進化とともに多くの優れたデバイスが開発され，単一の細胞や分子を操作・分析する技術も生みだされてきた．一方で，これらのデバイスを操作する医療分析機器は高額であることが多く，設置されるのは大手の臨床検査会社にかぎられるため，検体の輸送に時間がかかり，検体採取から結果が被験者に届くまで数日程度の時間を要することが多い．また，検体輸送インフラの利用や，臨床検査技師による分析が必要であるため，その分コストがかかる．これは，被験者にとって経済的，精神的な負担となっている．今後は，デバイスにとどまらずその周辺の機器も，市中の病院でも導入できる程度に格安なものが開発されることが期待される．

### ◆ 文 献 ◆


[1] 日本腎臓学会 編集,『エビデンスに基づくCKD診療ガイドライン2013』，東京医学社（2013），p. 10.

[2] E. S. Lianidou, A. Markou, *Clin. Chem.*, **57**, 1242 (2011).

[3] Janssen Diagnostics LLC website (https://www.cellsearchctc.com/).

[4] ScreenCell SA website (http://www.screencell.com/).

[5] Creatv Microtech Inc website (http://www.creatv-microtech.com/).

[6] Y. Kondo, J. -P. J. Issa, *Expert. Rev. Mol. Med.*, **12**, e23 (2010).

[7] D. Takeshita, D. Onoshima, H. Yukawa, T. Yasui, N. Kaji, Y. Baba, Proceeding of Micro Total Analysis Systems 2014, 2348 (2014).

[8] H. Yasaki, D. Onoshima, T. Yasui, H. Yukawa, N. Kaji, Y. Baba, *Lab Chip*, **15**, 135 (2015).

[9] A. Manz, N. Graber, H. Widmer, *Sens. Actuators B*, **1**, 244 (1990).

[10] M. Ikami, A. Kawakami, M. Kakuta, Y. Okamoto, N. Kaji, M. Tokeshi, Y. Baba, *Lab Chip*, **10**, 3335 (2010).

[11] T. Kasama, Y. Hasegawa, H. Kondo, T. Ozawa, N. Kaji, M. Tokeshi, Y. Baba, Proceedings of Micro Total Analysis Systems 2014, 935 (2014).

[12] T. Kasama, M. Ikami, W. Jin, K. Yamada, N. Kaji, Y. Atsumi, M. Mizutani, A. Murai, A. Okamoto, T. Namikawa, M. Ohta, M. Tokeshi, Y. Baba, *Anal. Methods*, **7**, 5092 (2015).

[13] P. M. Ridker, *Circulation*, **103**, 1813 (2001).

Current Review

Chap 6

# バイオインターフェースの医療応用

## Biomedical Applications of Biointerface

有馬 祐介　岩田 博夫
（京都大学再生医科学研究所）

## Overview

医療デバイスや再生医療技術を用いて治療を行うとき，細胞と材料間および細胞と細胞間の相互作用の制御が要求される．そのためには，材料の性質によって細胞応答がどう変わるかや，そのメカニズムに関する知見の蓄積も重要である．

本章では異なる官能基をもつアルカンチオールの自己組織化単分子膜をモデル表面として用いて，人工材料への細胞接着挙動について得た知見をまとめた．さらに近年，細胞の表面を人工的に改変することで，細胞へ新たな機能を付与する試みも行われている．細胞修飾の修飾法を用いて，細胞表面で起こる生体反応の制御，または細胞-材料間，細胞-細胞間の接着を制御した成果についても紹介する．

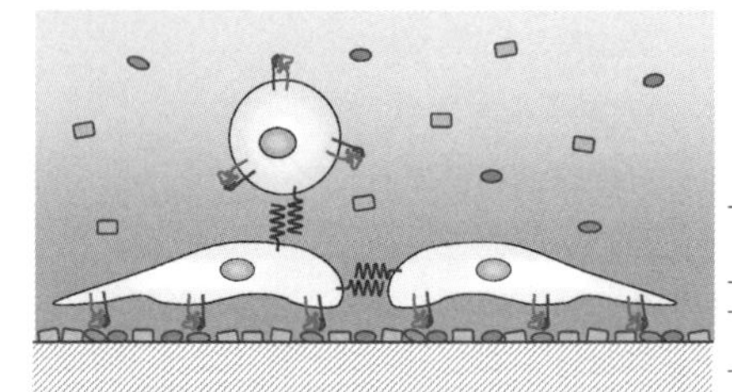


▲細胞─細胞間と材料─細胞間相互作用

■ **KEYWORD** 📖マークは用語解説参照

- ■自己組織化単分子膜（self-assembled monolayer）📖
- ■細胞接着（cell adhesion）
- ■タンパク吸着（protein adsorption）
- ■細胞表面工学（cell surface engineering）
- ■脂質二分子膜（lipid bilayer）📖
- ■疎水性相互作用（hydrophobic interaction）
- ■DNA 相補対形成（DNA hybridization）

## はじめに

医療用デバイスを使用するとき，時間の長短はあれども医療デバイスは必ずわれわれの体と接触する．その結果，材料と生体との界面で種々の生体反応が起こる．医療デバイスに用いる材料には，デバイス使用期間中は望まぬ生体反応を起こさないことが求められる．また，近年注目を集めているiPS(induced pluripotent stem)細胞などはプラスチック製の培養ディッシュ上で培養されている．細胞を増殖させたり，望みの細胞へ分化させたりするためには，細胞が接着するような材料を選ばなければならない．このように，人工材料と生体との間で起こるさまざまな生体反応を制御することが必要である．

人工材料への生体反応においては，生体内のタンパク質と細胞がおもな役割を担っている．したがって，材料-タンパク質-細胞の相互関係がどのような生体反応を起こすかを決定している．本章では紙面の都合上，人工材料上への細胞接着を中心に述べる．そのほかの生体反応，たとえば血栓形成も役割を担うタンパク質の種類は違えども，概念としては人工材料への細胞接着と共通しているものがある．

人工材料と生体との相互作用を制御するとき，従来の考え方では人工材料の表面を別の材料で修飾することが試みられてきた．近年では，細胞側の表面を人工的に改変することで，人工材料との相互作用を制御しようとする試みもなされている．本章の後半では，筆者らが細胞表面工学と名づけたアプローチによって生体反応を制御した例について述べる．

## 1 人工材料への細胞接着

人工材料を体内へ入れたあと，界面で起こることを直接観察することは困難である．このため，体内を模倣したモデル系を用いて研究することが多い．細胞を含む体液のモデルとしては，血清を含む培養液に懸濁された細胞が用いられる．材料表面のモデルとして，筆者らは金の表面に形成されたアルカンチオールの自己組織化単分子膜(self-assembled monolayer: SAM)[1]を用いてきた〔図6-1(a)〕．アルカンチオールは炭素数10程度のアルキル鎖を挟んで片末端にチオール基，もう一方の片端にいろいろな官能基Xをもつ．金薄膜がコートされたガラス基板をアルカンチオールの溶液に浸漬すれば，チオール基が金と反応してSAMを形成する．官能基Xが最表層にでてくるため，官能基Xの異なるアルカンチオールを準備するだけで幅広い性質の表面を容易に作製することができる．また，官能基の異

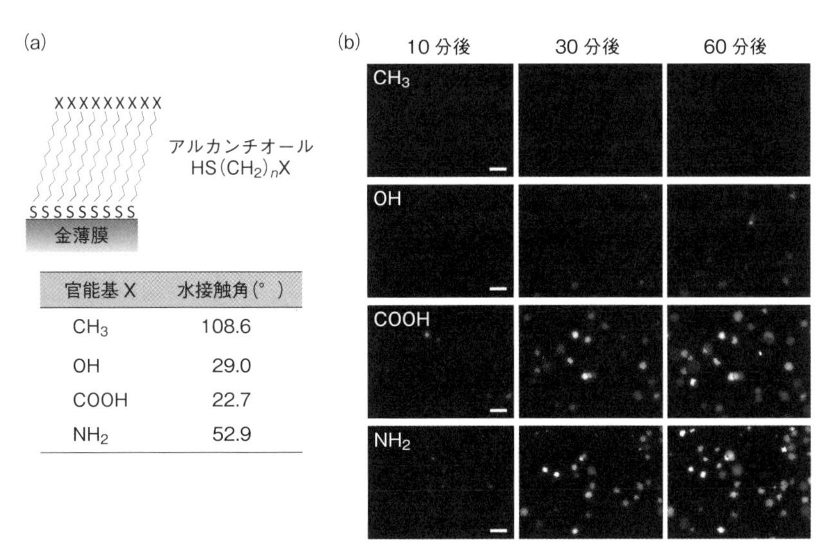


| 官能基X | 水接触角(°) |
|---|---|
| $CH_3$ | 108.6 |
| OH | 29.0 |
| COOH | 22.7 |
| $NH_2$ | 52.9 |

図6-1 金表面上に形成されるアルカンチオールのSAMおよびその末端官能基Xと水接触角の関係(a)，表面官能基の異なるSAM表面へのヒト臍帯静脈内皮細胞の接着(b)
(b)輝点一つが接着した細胞一つに対応する．スケールバー：100 μm

なるアルカンチオールの混合溶液を用いると，表面官能基の種類や組成などの異なる多種多様な表面を作製することができる．

### 1-1　表面の性質と細胞接着の関係

まず，SAMの表面官能基によって細胞の接着がどのように変化するか調べた．図6-1(b)には，表面にメチル，ヒドロキシ，カルボキシまたはアミノ基をもつSAMへの細胞接着挙動を経時的に観察した結果を示す[2]．細胞膜を蛍光色素で標識したヒト臍帯静脈内皮細胞を血清を含む培地に懸濁後SAM表面へ播種し，全反射蛍光顕微鏡で観察した．この方法では，細胞が材料表面に接着する面だけを見ることができる．輝点の数は表面に接着した細胞数，各輝点の面積は細胞の接着面積に対応する．

図6-1(b)を見ると，アニオン性のカルボキシ基またはカチオン性のアミノ基をもつ表面では，細胞を播種して10分後に細胞が接着し始めている．30分後では輝点の数も増えその面積も大きくなっており，細胞が接着し伸展することがわかる．一方，疎水性のメチル基の表面では180分経っても輝点は数個しか見られず，細胞は接着していない．非イオン性のヒドロキシ基の表面では，いくつかの細胞が接着している．また，2種類のアルカンチオールの混合SAMを用いて多種多様な表面を作製し，細胞接着を調べた[3]．その結果，官能基の組合せや細胞種にもよるが，水接触角40〜50°付近で接着細胞数は極大を示した．

### 1-2　タンパク質の吸着と細胞接着

なぜ表面の違いによって細胞接着挙動が異なるのであろうか．人工材料は細胞とタンパク質を含む溶液中に暴露される〔図6-2(a)〕．それぞれが表面につく時間関係を調べた結果を図6-2(b)に示す．表面へのタンパク質の吸着は数分で起こる一方，細胞の接着には数十分以上かかる．このことから，材料表面へまずタンパク質が吸着し，細胞はこのタンパク質吸着層を介して接着している．

血清にはさまざまなタンパク質が含まれている．そのなかで，ビトロネクチン(vitronectin：Vn)やフィブロネクチン(fibronectin：Fn)などの細胞接着性タンパク質が細胞接着を仲介すると考えられている．興味深いことに，図6-1で用いた4種類の表面をこれらでコーティングすると，細胞接着が悪かったメチル基，またヒドロキシ基表面にも細胞は接着する．このことと，図6-1の結果はどう説明すれば

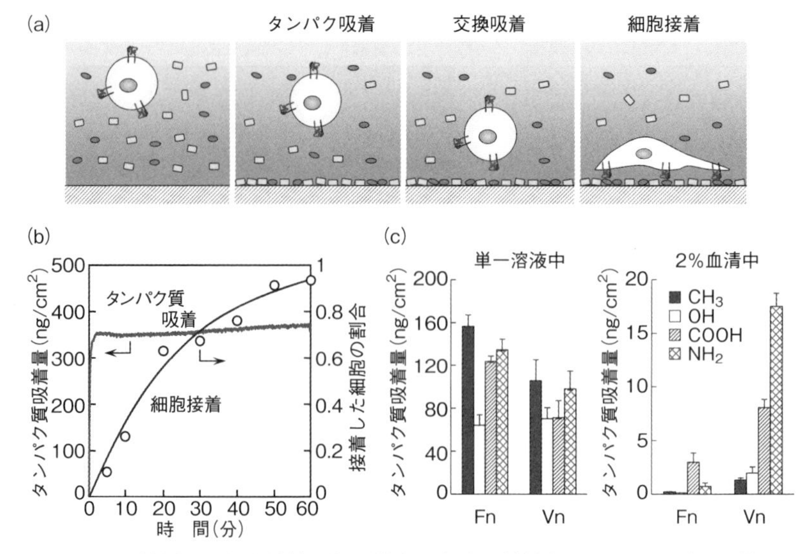


図6-2　人工材料への細胞接着過程の模式図(a)，材料表面へのタンパク吸着および細胞接着速度の比較(b)，表面官能基の異なるSAM表面へFn，Vnの単一溶液〔(c)左図〕，または2％血清〔(c)右図〕を暴露させた際のFn，Vnの吸着量

よいのであろうか．血清中のおもなタンパク質はアルブミンやIgGであり，接着性タンパク質の血清中濃度は非常に低い(アルブミン：35～55 mg/mL, IgG：8～18 mg/mL, Vn：200 μg/mL, Fn：30 μg/mL)．細胞接着性タンパク質の単一溶液，または血管内皮細胞の培養液と同じ2％血清溶液中に30分放置して，細胞接着性タンパク質の吸着を調べた〔図6-2(c)〕[4]．VnまたはFn単独では，いずれの表面にも吸着する．しかし，2%血清中ではメチルとヒドロキシ基の表面では吸着量が激減する一方，カルボキシ基とアミノ基の表面では多くの吸着が見られた．つまり，微量成分である細胞接着性タンパク質がどれだけ多く吸着するかが材料表面への細胞接着を決定することがわかった．血清中のアルブミンやIgGなどは細胞接着性タンパク質よりもかなり高濃度であるため，これらがまず材料表面に吸着すると考えられる．細胞接着性タンパク質の吸着には，初期に吸着するアルブミンなどといかに交換できるかが重要であることもわかった．

人工材料への細胞接着過程をまとめると，① 液中のタンパク質が吸着する．ごく初期では血清中濃度の高いアルブミンなどが多く吸着する．② 吸着しているタンパク質と液相中のタンパク質とが交換吸着し，細胞接着性タンパク質が表面に吸着するようになる．③ 材料表面上の吸着タンパク質層に細胞が接触する．④ 吸着タンパク質層中に細胞接着性タンパク質が十分量存在していれば，細胞膜タンパク質であるインテグリンが相互作用し，細胞接着が始まる．ここで大事なことは，(1) 細胞は表面に形成された吸着タンパク質層を介して接着している，(2) 吸着タンパク質層の組成が細胞接着を決定する，(3) 吸着タンパク質の交換が起きる表面と起きない表面が存在する，ということである．細胞接着性タンパク質の単一溶液を使って実験を行い，ある表面に吸着することがわかったとしても，その表面に生理的な条件で細胞が接着するかどうかはわからない．疎水性の表面では，①のタンパク質の吸着は起こるが，②の細胞接着性タンパク質との交換が起こりにくいために細胞が接着しない．一方，カルボキシ基やアミノ基をもつ表面では，①と②が効率よく起こるため，細胞が接着できる吸着タンパク質層が形成されると考えられる．ちなみに，非イオン性のオリゴエチレングリコール$(CH_2CH_2O)_{3\sim6}$をもつ表面では細胞が接着しない[5]．これは，①のアルブミンや細胞接着性タンパク質を含む多くのタンパク質が吸着できず，細胞が相互作用できる吸着タンパク質層が表面に存在しないためである．

このように，材料表面への細胞接着を制御するためには，介在する血清タンパク質の吸着を制御しなければならない．

### 1-3　今後の課題

近年，ES(embryonic stem)細胞やiPS細胞の増殖や分化に適した基材のスクリーニングも行われている[6]．それらの細胞の培養液には，組成の不明確な血清の代わりに増殖や分化に必要なタンパク質のみを混合したものが利用されている．培養液によってタンパク質の種類や濃度が異なるため，それぞれの培養液に応じて最適な基材や重要となるタンパク質が異なるかもしれない．また，ES細胞やiPS細胞では，細胞同士がかたまったコロニーを形成していることが多い．そのような場合，隣接する細胞同士の相互作用と細胞と基材間の相互作用を合わせて考える必要があるだろう．

細胞接着に影響する材料特性としては表面官能基のほか，物理的な凹凸や弾性率の影響などが報告されている．とくに，弾性率の影響については近年いろいろなグループから報告されており[7]，注目を集めている．生体内が三次元環境であることから，ヒドロゲル内での細胞培養に関する研究も増えている．この場合，弾性率を含め二次元培養時とは異なる性質が人工材料に要求されるかもしれない．ただし，通常測定されるバルク(マクロスケール)の弾性率なのか細胞レベル(ミクロスケール)の弾性率を意味するのか，弾性率に付随した影響(物質の透過性など)によるものかなど，より深い議論が必要であろう．

## 2　細胞表面の修飾

これまでの医工学に関連した多くの研究では，望ましい表面性質をもつ材料を選ぶ，もしくは材料の表面を別の材料や生理活性物質などで修飾するとい

COLUMN

★いま一番気になっている研究分野

## メカノバイオロジー

メカノバイオロジーは，物理的刺激が分子，細胞や組織にどのように感知され，その刺激に対して生体応答や制御機構がどのように働くかを解明する研究である．バイオマテリアル研究者がこの分野に注目するようになったのは，ペンシルバニア大学の Discher グループの論文による〔A. J. Engler, S. Sen, H. Lee Sweeney, D. E. Discher, *Cell*, 126, 677 (2006)〕．彼らは培養基材の柔らかさが間葉系幹細胞の分化へ及ぼす影響を調べた．弾性率の異なるポリアクリルアミドゲルを作製し，細胞が接着するようにコラーゲンを固定化した．この上で間葉系幹細胞を培養したところ，脳組織のように柔らかいゲル(1 kPa)上では神経系の細胞へ，より弾性が増したゲル(10 kPa)上では筋肉系の細胞へ，さらに硬いゲル(100 kPa)上では骨系の細胞へと分化していくと報告した．

この論文を契機に，培養基材(とくにヒドロゲル)を設計するうえで弾性率という力学的性質が考慮されるようになり，さまざまな細胞について基材の弾性率と細胞応答との関係性が調べられるようになった．今後，どのスケールの弾性率(マイクロ～ナノ)もしくはそれに付随する基材表面の何の違いを細胞は認識しているか，またその認識メカニズムなどを理解することができれば，細胞培養基材の設計指針として有用だと考えられる．

う方法が取られてきた．一方で近年，細胞の表面を人工物で修飾し，細胞自身に新たな機能を付与しようとする，筆者らが細胞表面工学と名づけているアプローチが検討されている[8]．以後，① 細胞表面の修飾法，② それを用いた生体反応の制御，③ 細胞-人工材料間および細胞-細胞間接着の制御について述べる．

### 2-1　細胞表面の修飾法

細胞表面を修飾する方法としては，生物学的手法と物理化学的手法に大きく分けられる．生物学的手法の一つは遺伝子導入であり，望む膜タンパク質の遺伝子を細胞へ導入すれば，細胞自身で膜タンパク質を合成し細胞膜へ提示させることができる．もう一つは，細胞の代謝能を利用した方法である．特定の官能基をもつ単糖誘導体を加えた培養液で細胞培養すると，単糖誘導体が細胞に取り込まれ膜タンパク質に結合している糖鎖に組み込まれる．その後，糖誘導体中の官能基を用いて細胞表面にさまざまな分子を固定化できる[9]．これらの方法では，タンパク質や糖が細胞膜にでてくるまで時間を要する．

物理化学的手法は，① 静電相互作用(負に帯電している細胞表面とカチオン性分子との相互作用)，② 共有結合(膜タンパク質のアミノ基との反応)，③ 疎水性相互作用(細胞膜の脂質二分子膜と長いアルキル鎖との相互作用)の三つに分けることができる[8]．①の方法では，カチオン性高分子が細胞毒性を示すことがある．②の方法では，膜タンパク質に分子を結合させるため，膜タンパク質本来の機能を阻害する可能性がある．一方，③の方法では，細胞膜の“海”を担う脂質二分子膜へ分子を導入するため，細胞膜にあるほかの膜タンパク質に干渉しないと考えられる．

### 2-2　細胞表面の修飾による生体反応のコントロール

以上の観点から，筆者らは疎水性相互作用を用いた細胞表面修飾を行ってきた．おもに，ポリエチレングリコール(polyethylene glycol：PEG)とリン脂質の複合体(PEG-脂質)を用いてきた[8]．リン脂質の疎水性アルキル鎖が細胞膜の脂質二分子膜に挿入され，PEG は細胞表面に残る．PEG の末端に官能基を導入しておけば，さらなる分子の修飾に用いることができる．たとえば，PEG の末端に単鎖 DNA を導入した PEG-脂質〔ssDNA-PEG-脂質，図 6-3 (a)〕を用いれば，細胞表面に ss(single-stranded) DNA を導入することができる．その相補配列をもつ ssDNA′ を細胞表面に固定したい分子に導入しておけば，ssDNA と ssDNA′ の相補対形成によって

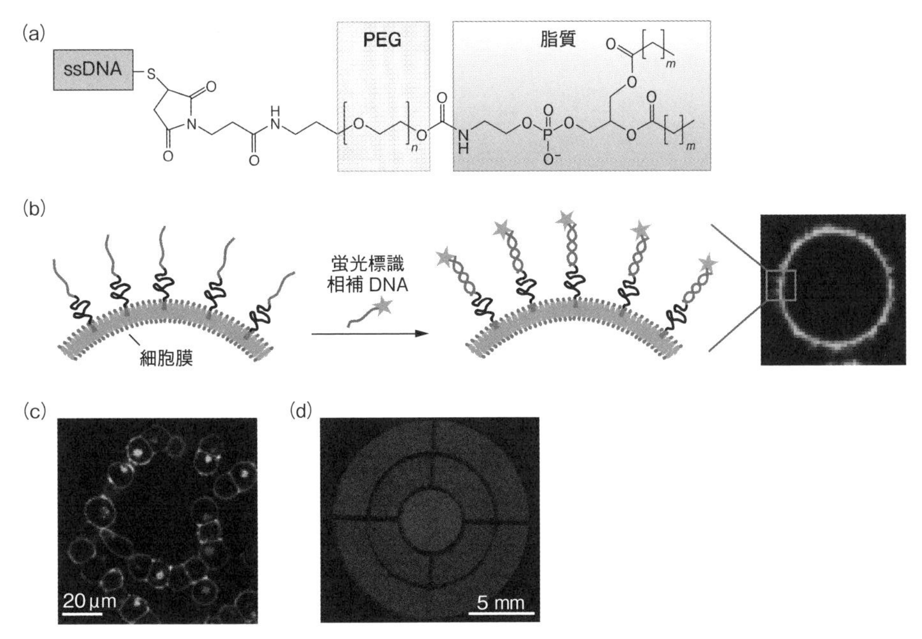


図 6-3　ssDNA-PEG-脂質の構造(a)，細胞表面に導入されたssDNA-PEG-脂質と蛍光標識相補DNAとの相補対形成およびその細胞の共焦点蛍光顕微鏡像(b)，DNA相補対形成によって誘導された細胞―細胞間接着(c)，基板上に接着する細胞の配置制御(細胞パターニング)(d)

特定の分子を細胞表面に固定化することができる．片末端は特異性の小さい疎水性相互作用，他末端はきわめて特異性の高いDNAの相補対形成を用いることで，ほとんどの細胞に適用でききわめて選択性と多様性をもって分子の固定や表面への接着を行わせることができる．

ヒトT細胞株をssDNA-PEG-脂質で処理し洗浄後，緑色蛍光色素FITC(fluorescein isothiocyanate)で標識した相補DNA(FITC-ssDNA′)を加え，共焦点顕微鏡で細胞断面を観察すると細胞膜に沿ってリング状に蛍光が見られる〔図6-3(b)〕．それぞれの反応は十数分程度で進行するため，迅速な表面修飾法である．

この方法を用いて，細胞表面で起こる生体反応を制御する例を紹介する．インスリン依存型糖尿病の治療のため，膵臓にあるインスリン分泌組織，膵ランゲルハンス氏島(膵島)を肝臓内の血管に点滴の要領で移植することが試みられている．このとき，移植された膵島が血液と接触することで，膵島の表面で血液凝固が起こり，続く炎症反応によって移植した膵島の多くが死んでしまう．移植前に，PEG-脂質を用いて膵島表面に抗凝固物質や補体制御因子の固定化をしておくと，移植後の炎症反応を防止し膵島の死滅を防ぐことができる[10,11]．

### 2-3　細胞-材料間および細胞-細胞間接着の制御

ssDNA-PEG-脂質は細胞表面と別の分子とをつなぎとめる接着分子(のり)として働くことができる．これを用いて，人工材料や別の細胞との接着を制御することができる．たとえば，片方の細胞をssDNA-PEG-脂質で，もう片方の細胞をssDNA′-PEG-脂質で修飾する．両者を混合すると，二種類の細胞を交互に接着させることができる〔図6-3(c)〕[12]．細胞の代わりに平面基板表面にssDNA′を固定化しておけば，基板上への細胞接着を誘導することができる．

DNAを接着分子として使う一つの利点は，DNA配列を自在に設計できることである．塩基一つはATGCのいずれかであるが，それを20塩基ほどつなげれば膨大な組合せのssDNAとその相補鎖ssDNA′を設計することができる．1-2項で触れた細胞接着性タンパク質とインテグリンとの相互作用の場合，インテグリンは約20種類ほどであり，いくつかのインテグリンは同じタンパク質と結合する．これと比較すると，DNAを接着分子として用いたときの多様性・選択性がいかに多いかわかっていただけるであろう．この配列多様性を利用することで，細胞の配置を自由に制御することができる．インクジェットプリンターなどを用いて，異なる配列のssDNAからなるパターンを作製する．その後，相補配列をもつssDNA′-PEG-脂質で修飾した細胞を播種すると，作製したssDNAのパターンどおりに複数種の細胞を接着させることができる〔図6-3(d)〕[13, 14]．これらの手法は，細胞間相互作用の基礎研究に利用できるであろう．

ただ，DNAを介した細胞接着は天然には存在しない様式である．そこで，DNAを介して接着した細胞を血清を含む培養液中で培養すると，DNA固定化表面に血清タンパク質が吸着し，1-2項で述べた細胞接着性タンパク質とインテグリンとの相互作用による本来の接着様式へと移行していく[14, 15]．このため，DNAを介して接着しても通常の細胞と同じように増殖する．これを生かし，三次元プリンターなどで作製した三次元足場材料に対しDNAを介した接着を利用して異なる細胞種の位置を決め，その後増殖させることで，複数種の細胞からなる三次元組織を人工的に構築できると期待できる．

## 3 まとめと今後の展望

本章では，人工材料の表面設計や細胞表面の修飾によって生体反応を制御しうることを示したが，ここで述べたのは数日間のことである．体内に埋め込む医療デバイスや細胞移植による治療などでは，より長期間にわたり材料は生体と接触する．このとき，材料が生体と接触後初期に起こる生体反応をどうコントロールすればよいのか，より長期に起こることを見越して表面を設計する必要があるのかはまだ明確にはなっていない．工業用材料について長期間の性能を知りたいとき，高温での結果（加速試験）から推定することも可能である．残念ながら，生体反応は体温付近のみで働くため工業用材料と同じような試験はできず，1年後の性能を知りたければそれと同じ期間を費やして調べなければならない．長期間にわたって材料と生体との界面で起こること，およびそれに対する材料の影響に関する知見を蓄積し，その知見に基づいて材料表面を設計していくことが，理想的な材料づくりを目指すうえで今後重要ではないかと考えられる．そのためには，材料と生体との界面で起こることを生体内で調べる実験法や観察方法，生体内環境を人工的に構築する技術など，さまざまな分野の研究者間の連携による発展が必要となるであろう．

## ◆ 文　献 ◆

[1] E. Ostuni, L. Yan, G. M. Whitesides, *Colloids Surf. B*, **15**, 3 (1999).
[2] Y. Arima, H. Iwata, *J. Mater. Chem.*, **17**, 4079 (2007).
[3] Y. Arima, H. Iwata, *Biomaterials*, **28**, 3074 (2007).
[4] Y. Arima, H. Iwata, *Acta Biomater.*, **26**, 72 (2015).
[5] R. Singhvi, A. Kumar, G. P. Lopez, G. N. Stephanopoulos, D. I. Wang, G. M. Whitesides, D. E. Ingber, *Science*, **29**, 696 (1994).
[6] Y. Mei, K. Saha, S. R. Bogatyrev, J. Yang, A. L. Hook, Z. I. Kalcioglu, S. W. Cho, M. Mitalipova, N. Pyzocha, F. Rojas, K. J. Van Vliet, M. C. Davies, M. R. Alexander, R. Langer, R. Jaenisch, D. G. Anderson, *Nat. Mater.*, **9**, 768 (2010).
[7] A. J. Engler, S. Sen, H. Lee Sweeney, D. E. Discher, *Cell*, **126**, 677 (2006).
[8] Y. Teramura, H. Iwata, *Soft Matter*, **6**, 1081 (2010).
[9] L. K. Mahal, K. J. Yarema, C. R. Bertozzi, *Science*, **276**, 1125 (1997).
[10] N. Takemoto, Y. Teramura, H. Iwata, *Bioconjugate Chem.*, **22**, 673 (2011).
[11] N. M. Luan, H. Iwata, *Biomaterials*, **34**, 5019 (2013).
[12] Y. Teramura, H. Chen, T. Kawamoto, H. Iwata, *Biomaterials*, **31**, 2229 (2010).
[13] K. Sakurai, Y. Teramura, H. Iwata, *Biomaterials*, **32**, 3596 (2011).
[14] T. Matsui, Y. Arima, N. Takemoto, H. Iwata, *Acta Biomater.*, **13**, 32 (2015).
[15] K. Sakurai, I. T. Hoffecker, H. Iwata, *Biomaterials*, **34**, 361 (2013).

Chap 7

# リン脂質ポリマーの人工臓器への展開

# Phospholipid Polymers for Development of Artificial Organs

石原 一彦
（東京大学大学院工学系研究科）

## Overview

人工臓器などの医療デバイスを開発する際に，まず医学的な安全性を担保し，さらに患者の身体的負担を最小限にするように設計することが不可欠である．これまで多くの人工臓器，医療デバイスが利用されて，診断，治療がなされ，生命の救済，維持および疾患の治癒が実現されてきた．一方，長期間にわたる医療デバイスの利用では，いまだに生体由来の異物認識反応が問題となる．すなわち，安全・安心な治療を行うために，人工臓器を生体組織になじませる新しいバイオマテリアルが重要となる．

本章では，生体の細胞膜構造に着目し，その構造を医療デバイスの表面に人工的に構築できるリン脂質ポリマーの創製と生体親和機能について紹介する．

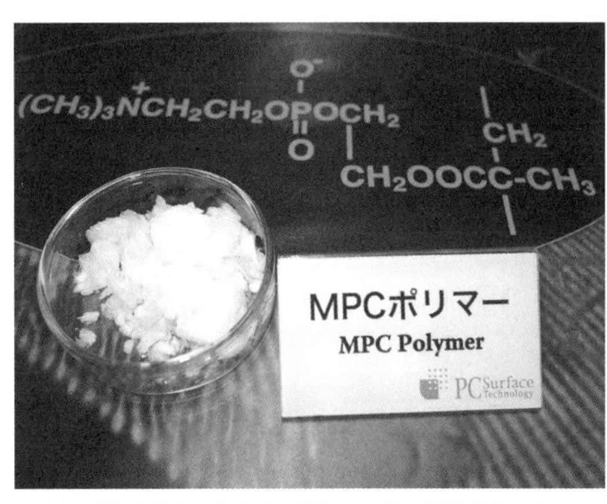


▲人工細胞膜構造を構築するリン脂質（MPC）ポリマー

■ **KEYWORD** 📖マークは用語解説参照

■人工臓器（artificial organ）📖
■生体親和性（biocompatibility）📖
■細胞膜構造（cell membrane structure）
■リン脂質ポリマー（phospholipid polymer）📖
■ホスホリルコリン（phosphorylcholine）
■表面修飾（surface modification）
■抗血栓性（antithrombogenicity）
■タンパク質吸着（protein adsorption）
■細胞接着（cell adhesion）
■潤滑性（lubrication）

## はじめに

現在，多くの医療デバイスが医療現場で用いられ，診断，診察，治療に利用されている．とくに超高齢社会となり医療費の高騰が大きな問題となっているわが国では，患者の身体的負担が少ない低侵襲で，また治療効率の高い新しい医療を提供し，治療期間を短縮することが強く求められている．たとえば，循環器系疾患を生じた場合に，血管内をとおして薬剤を患部近傍に送達するカテーテルや狭窄した血管を拡張させるバルーンカテーテルなどが，生体内イメージング技術と併用され，血管内治療も可能となってきている．これは従来の開胸手術に比べて，きわめて低侵襲である．さらに内視鏡技術の進歩に伴って，開腹せずに治療する手技も一般的になってきた．

一方，一部の心臓疾患のように重篤な場合には，人工弁や人工血管，あるいは人工心臓など臓器機能の一部を代替する人工臓器と称されるより高度な医療デバイスの埋め込みが避けられない．これらは長期間体内で機能し続けなければならないばかりか，生体に対して影響を起こしてはならない．しかしながら，実際にはこれらの医療デバイスを生体内で使用すると，秒〜分の時間オーダーでタンパク質吸着が起き，それを足場として血栓の形成反応が起きる．

実際に医療デバイスとして使われているポリマー材料としては，人工心臓その他の血管周りでポリウレタン，人工血管にポリエチレンテレフタレートやポリテトラフルオロエチレン，人工関節に超高分子量ポリエチレン(ultra high molecular weight polyethylene：UHMWPE)，ソフトコンタクトレンズのおもな材料にポリ(2-ヒドロキシエチルメタクリレート)〔poly(2-hydroxyethyl methacrylate)：PHEMA〕などがあげられる[1〜3]．また，iPS(induced puluripotent stem)細胞を操作する際に利用される細胞培養プレートにも，細胞に与える基材の影響を低減させるためにPHEMAを表面処理材として使用している[4]．

## 1 新しい分子設計による生体親和型リン脂質ポリマーの実現

筆者らは，医療デバイスに生体親和性を付与する目的で2-メタクリロイルオキシエチルホスホリルコリン(2-methacryloyloxyethyl phosphorylcholine：MPC)ポリマーの設計を行った(図7-1)．MPCポリマーは，側鎖に細胞膜表面に存在するリン脂質極性基とまったく同じ化学構造の官能基をもつ．細胞膜は厚み7〜10 nmのリン脂質二分子膜構造を基本としており，細胞外膜には電荷が中和されたホスホリルコリン(phosphorylcholine：PC)基が多く存在し，その割合は細胞外膜を構成するリン脂質の約80%である．この構造に着目し，安定性，加工性あるいは汎用性を併せもつMPCポリマーを創製した[5]．MPCポリマーの化学構造や分子量を調節することにより水に対する溶解性，基材表面での成膜性など

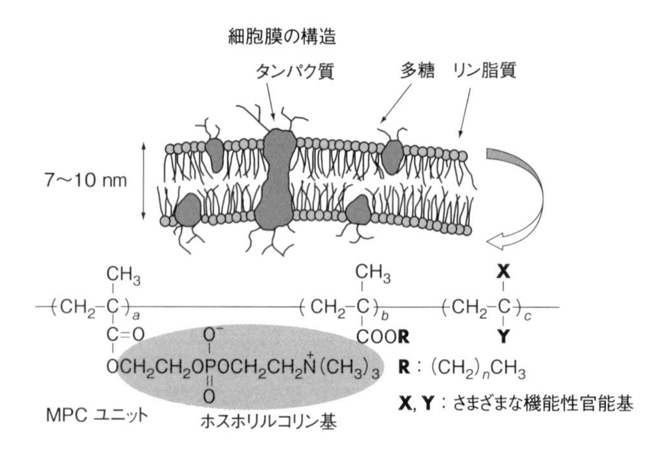


図7-1 MPCポリマーの分子設計

材料特性を幅広く変化させることができる．このMPCポリマーを利用すると，医療デバイスの表面を簡便に処理することができ，表面に“人工細胞膜構造”を構築することが可能である．

1987年に研究室において高純度のMPCを高収率で得る合成法を確立した後，これを国内企業に技術移転し，1994年からパイロットプラントでさらにモノマー合成および重合反応プロセスの改良を進め，最終的に1999年よりわが国の工業プラントで世界で初めてMPCおよびMPCポリマーの製造が開始された．MPCポリマーの特徴をまとめると，表7-1のとおりである．これらの特徴は，医療デバイスの表面処理材として求められる要求性能を満たしており，比較的容易に既存の医療デバイスに適用することができる．事実，1990年代後半からすでにイギリスのベンチャー企業によりMPCポリマーで表面処理したカテーテルやガイドワイヤーなどが上市されている．

MPCポリマーの最も重要な特徴は，生体環境で生じる材料表面へのタンパク質吸着を抑制することである．材料表面で生じる血液凝固やバクテリア感染などの異物反応は複雑な機序で生じるが，その過程は体液中のタンパク質吸着とその構造変化から始まる．タンパク質の吸着現象を界面の水の構造と自由エネルギー変化から考察した研究が報告されている[6]．水分子は互いに四つの水素結合により安定なクラスター構造となる．この媒体中でタンパク質と

**表7-1 MPCポリマーの特徴**

1）親水性(水溶性)である．表面の水の接触角＜20°
2）電気的に中性である．
表面電位(ζ-電位)（mV）：ガラス＝－60，汎用プラスチック＝－40，金属＝－40，MPCポリマー修飾表面＝0
3）多くの基材を簡単に表面修飾できる．
溶媒キャスト法，表面反応，表面グラフト反応，ポリマーブレンド
4）生体環境においてきわめて高い安定性を示す．（pH 7.4，37℃，高イオン強度）
5）長期間の生体内埋め込みにおいても加水分解や酵素分解を受けない．
6）滅菌環境においても安定である．
（γ-線滅菌，エチレンオキシドガス滅菌，乾熱滅菌，プラズマ滅菌）

材料界面が存在すると，タンパク質周囲と材料表面とに水和している水分子を共有化することで，系全体での水分子同士の水素結合に関与する分子数を増加させる，いわゆる疎水性相互作用の機構が重要な役割を果たしている．タンパク質が表面に接触して吸着へと移行することは系全体のエントロピーが増加して，結果として自由エネルギー的に有利になる．すなわち，ポリマー表面に結合水がないまたは少ない場合には，交換する水分子が存在しないことにより，表面に接触した場合にもただちに水相へと再拡散するために，安定な吸着となりにくくなる．この観点で，MPCポリマーの特徴を化学構造より考察してみる．

北野らは，さまざまなポリマーを溶解した水溶液中の水の構造についてRaman分光法を利用して解析した[7,8]．その結果，通常の高分子電解質や非イオン性水溶性ポリマーと比較して，MPCポリマーは水に溶解する際も，水分子のネットワーク構造を形成する水素結合をほとんど壊さないことが示された．ポリマーが水分子と水和構造を取る際に，疎水性基の周囲に形成される疎水性水和により水分子間の水素結合を促進する場合と，液体中に形成される水分子のネットワーク構造中にはまり込んで水の構造を維持する2種類のポリマーが比較的水の構造を保持するとされた．すなわち，ポリマー鎖の性質が媒体環境の影響を受けにくいことを示している．

MPCポリマーの場合，極性基のホスホリルコリン基ではリン酸基の解離した酸素原子とトリメチルアンモニウム基の窒素原子が分子内塩形成をするように最近接構造となる．この場合，アンモニウム基に結合している3個のメチル基が水相側に配向する．ここに疎水性水和が生成される．したがって，MPCユニット近傍の水分子は，水分子間での水素結合が優位になりクラスター構造をとると考えられる．これはバルク水中で水分子が形成する構造と同じであるため，ポリマーと近接しているにもかかわらず，比較的自由水に近い構造で存在している．これらのことより，タンパク質分子がMPCポリマーとの界面に接触しても，安定化するための結合水の共有化が生じないために，結果としてタンパク質吸

着を誘起しないこととなる[6].

さらなる特徴として，MPC ポリマーの特性が外部の塩濃度の変化にほとんど影響されないことがあげられる．たとえば，ζ-電位はほぼ 0 mV であり，また，一般的な高分子電解質水溶液で見られる希釈による粘性の増加や，塩添加による粘性の低下が認められない[9]．疎水性相互作用と同様にタンパク質吸着現象に寄与する分子間相互作用として，静電的相互作用が考えられる．生体環境のようなイオン強度が高い(150 mM 程度)の場合，静電的相互作用力は引力，斥力としては作用しない．タンパク質分子も高分子電解質であり，表面に拡散すると，反対電荷が存在する場合に塩形成反応を生じる可能性があり，これが電荷バランスを崩して構造変化を誘引する．MPC ポリマーの場合には，この効果も生じにくいために，タンパク質吸着が阻止される[10].

前述の Raman 分光による測定に加えて，MPC ポリマー表面の水の構造を推定するために，含水した MPC ポリマー膜の熱分析による水の融解熱測定[11]，NMR による MPC ポリマー水溶液の緩和時間測定[12]においても，MPC ポリマーでは自由水に近い水が存在することが示されている．さまざまな親水性ポリマー表面に対するタンパク質の吸着量とポリマーの自由水含率との関係を調べると，明確な相関関係が得られた．すなわち，自由水含率の増加に伴いタンパク質吸着量が低下する．とくに，70％以上が自由水で占められている MPC ポリマーの表面ではタンパク質吸着量が 100 ng/cm$^2$ 以下で，単分子吸着層形成(900〜1700 ng/cm$^2$ 程度)までも至っていない[13].

これらの結果をまとめると，ホスホリルコリン基を側鎖にもつ MPC ポリマーは，親水性で電気的に中和された表面をもち，一方において水分子との相互作用が弱く周囲が自由水様の水和層となるために，タンパク質吸着を誘引する分子間反応が生じないと考えられる[13]．これにより，タンパク質吸着層を起点とする細胞，組織の反応が起きないために，医療デバイスの表面修飾としてはきわめて効果的である．

## 2 生体親和型リン脂質ポリマーの人工臓器への実装

### 2-1 人工心臓

人工心臓の開発の歴史は長く，1950 年代から始まっている．初期は血液を一定量送りだすことができるポンプということで，架橋ポリジメチルシロキサン製や可塑化ポリ塩化ビニルのような一般的な弾性素材で作製されていた．しかしながら，連続的な運動のために材料の特性が適合せずに，多くの失敗を繰り返すことになった．人工心臓の材料が血液凝固反応を誘起することも確認され，材料開発の必要性が求められるようになり，1970 年代からアメリカにおいて大型の国家プロジェクトが開始された．そのなかで登場したのが，セグメント化ポリウレタン(segmented polyurethane：SPU)である．これはポリエーテルを主体とするソフトセグメントと芳香族のポリウレタンユニットを主体とするハードセグメントからなるマルチブロック型共重合体であり，力学的特性に優れるために，現在でも医療デバイスに利用されている[14]．最初に臨床で患者に埋入(まいにゅう)された人工心臓は拍動流型であった．SPU 製のダイアフラムを空気駆動し生体の心臓と同じように，脈動流を吐出するタイプである．

それ以後，さまざまなタイプの拍動流型人工心臓が製造されたが，材料特性の問題や流量制御の困難さなどより，その機構が遠心ポンプ型へと移行していった．これは回転する円盤状のプロペラで，血流を起こすもので，流量をモーターにより制御することが可能である．この過程で，使用される材料も金属製，とくに軽量のチタン基材となっている．チタン基材は鏡面研磨すると比較的血液凝固を起こしにくいとされている．また，人工心臓を埋め込んだ患者は抗血小板薬を服用し，血液凝固を抑制している．しかしながら，血流の状態や表面との反応で微小血栓が生じ，これが脳などの血管を閉塞する危険性をはらんでいる．

そこで，このリスクを回避するために，ポンプの内面，外面，およびポンプと生体心臓をつなぐ人工血管部分に MPC ポリマーの被覆が施された(図 7-2)[15]．MPC と $n$-ブチルメタクリレートのランダ

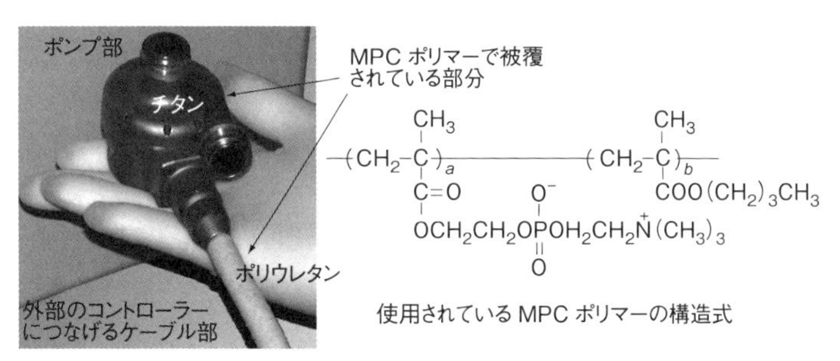


図 7-2　MPC ポリマーによる人工心臓の表面修飾

ム共重合体で，チタン基材との接着性を高めるためにポリマーの分子量を $5 \times 10^5$ 以上と大きくしている．*in vitro* での血液凝固抑制の試験やおよび動物実験を繰り返し，2005 年より臨床治験を行い，2011 年より日本初の埋め込み型人工心臓（EVAHEART®）として臨床使用が可能となった．すでに 130 例以上の症例があり，最長 10 年間にわたり良好に作動している．おもに拡張性心筋症の患者の血液循環を補助する目的であるが，EVAHEART® を使用することで，患者は病院生活から一般的な社会活動へと復帰することが可能となっている．

### 2-2　人工股関節

筆者らは，高齢社会に対応する医療を支える高機能医療デバイスを開発している．人工股関節の弛みは，人工股関節置換術で最も大きな問題である．これは人工関節摺動面で生じる摩耗の結果，周辺の細胞が活性化されて骨が溶解するために起こる．そこで，表面の潤滑特性と生体親和性を同時に改善する

+ COLUMN +

### ★いま一番気になっている研究者

## Todd Emrick

（アメリカ・マサチューセッツ州立大学教授）

医療材料として，多くの研究がなされてきた双性イオン型ポリマーの新しい応用に関する研究を開始している．半導体ポリマーは，溶液プロセスで有機太陽電池が作製でき，さらに化学修飾を適用することで構造的，光学的および電気的特性を調節できるために効果的な基盤材料となる．

一方，ポリマー製の光起電力デバイスの電力変換効率は増加してきているが，酸素および水分の存在下でのデバイスの動作安定性を改善しなければならない．活性層と導電性電極の間に配置された超薄型中間層は，有機光起電デバイスの性能を向上させるために必要である．このような中間層は，内部の電場を生成する電極の作動効率を高くするためのブロッキング層あるいは電荷選択層として作用する．現在，LiF，ZnO，$TiO_2$，$MoO_x$ のような無機材料が中間層として広く使用されている．しかし，有機化合物/ポリマー中間層は室温での温和で簡便な処理によってデバイスの製造が可能である．

有機化合物/ポリマー中間層を使用して 9%以上の電力変換効率値をもつデバイスも得られている．最近，双性イオン性の低分子化合物およびポリマーを中間層として試験してきている．このような双性イオンは，対イオンに固有の問題がなく，共役多価電解質への溶解性が利点である．一般にカソードの製造で利用される熱処理過程で生じる活性層への金属原子の浸透に関連する問題は，溶液処理されたポリマー中間層を実装することによって軽減される．彼らのグループでは，双性イオン性ポリマーの積層を行い，有機光起電デバイスの電力変換効率を向上させている〔F. Liu, Z. A. Page, T. P. Russell, T. Emrick, *Adv. Mater.*, 25, 6868 (2013)〕．

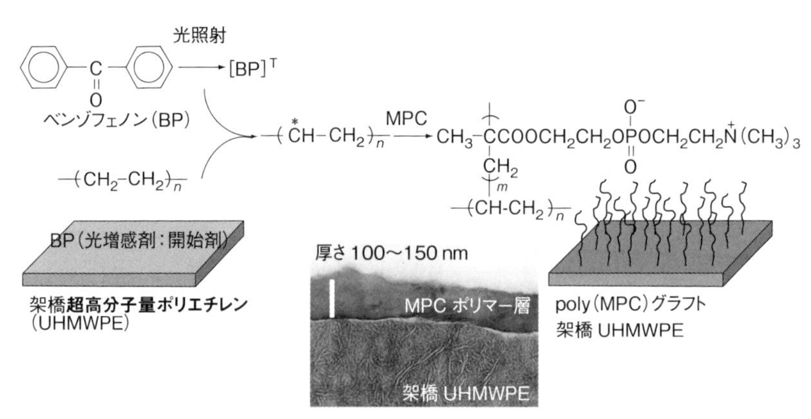


図 7-3 MPC ポリマーによる人工股関節ライナーの表面修飾

ことを目的として，UHMWPE ライナー表面へMPC ポリマーをグラフト重合させる手法を創案した[16]．具体的には，光増感剤であるベンゾフェノンをUHMWPE ライナー上に吸着させ，これをMPC 溶液中で 350 nm 程度の紫外光を照射することによりUHMWPE 表面にラジカルを発生させ，これを開始点としてMPC を重合し，ポリマーグラフト層を形成した．電界放射型透過電子顕微鏡(field-emission transmission electron microscopy：FT-TEM)による表面観察で，その処理厚みは約 100〜150 nm となっている(図 7-3)[17]．

生体の股関節は，その歩行周期のなかでさまざまな方向から体重の数倍の負荷を受ける．そこで，より生体内に近い環境下での耐摩耗効果を観察するため，連続 2,000 万サイクルの股関節シミュレーター試験(通常の生活にして約 20 年分)を，Co-Cr-Mo 合金骨頭を用いて行った．UHMWPE 表面は疎水性であるが，親水性のMPC ポリマーで表面処理することにより，関節摺動面での水潤滑機構が発生する．関節摺動面の摩擦トルクを測定すると，MPC ポリマー処理架橋 UHMWPE のトルクは未処理架橋 UHMWPE の約 1/10 と低減していた．経時的にライナーの重量変化を計測すると，MPC ポリマー処理の摩耗量に与える効果は明確で，未処理 UHMWPE の 1/40，架橋 UHMWPE の 1/4 であった．試験終了後の MPC ポリマー処理架橋 UHMWPE ライナー表面を X 線光電子分光計および FE-TEM で解析すると，表面に MPC ユニット特有のリンおよび窒素原子のシグナルが観察され，MPC ポリマー処理層は残存していることが確認された．

MPC ポリマー処理方法を最適化することで，連続 7000 万サイクル以上の歩行負荷をかけても著明な摩耗抑制効果が見られ，その処理効果も維持されていることが明らかとなってきている[18]．これは金属とポリマーを摺動すると，必ずポリマーが摩耗するというこれまでの固定概念を根本から覆す結果であり，界面に自由水含率の高い水和ポリマー層をナノスケールで形成させると高い潤滑効果が維持でき，ポリマー側の摩耗が抑制されるという材料科学的にも興味深い発見である．

これらの基盤研究より人工股関節の寿命を飛躍的に延長する長寿命型人工関節が実現し，手術の適応になりにくかった若年の症例でも人工股関節手術を選択肢に加えられるなど，治療方法の選択を変える画期的な新技術が確立できた．医工連携および産学連携で，臨床治験を経て 2011 年 4 月に製造承認認可を取得し，同年 10 月より臨床導入された．2016 年 10 月現在，31000 例以上の MPC ポリマー処理架橋 UHMWPE ライナーを実装した人工股関節の置換手術が施されている．

現在は，スーパーエンジニアリングプラスチックであるポリエーテルエーテルケトン表面における MPC の光誘起自己開始グラフト化反応を見いだし，オールプラスチック製の人工臓器の開発を実施している[19]．

## 3 まとめと今後の展望

生体親和型リン脂質ポリマーを新たに世にだすためには多くの障壁があった．まず製品とするうえで，安全性を重視した施設で工業的規模の合成をすることが不可欠である．工業所有権は科学技術振興機構(JST)に委託して権利化し，これを国内企業にライセンスした．工業プラントが稼働し，年間トンのオーダーでモノマーおよびポリマーが得られるようになったのは，研究室でMPCの白色結晶ができて12年目であった．その後，医療デバイスに実装する研究を開始し，わが国で臨床応用できるようになるまでさらに12年間の期間が経過した．

MPCポリマーは，化粧品原料，コンタクトレンズ保存液，臨床検査試薬などにも応用されている．とくに化粧品原料としては保湿性がヒアルロン酸やコラーゲンを凌駕し，加齢に伴う皮膚機能の低下を抑制するために国内外の多くの化粧品メーカーが利用している．これはヒトの皮膚に適合する人工細胞膜表面をつくりだしているといえよう．今後は，リン脂質ポリマーを利用してバイオテクノロジーの発展により貢献したいとの願望をもっている．

人工細胞膜構造の有効性と機能性を材料表面に実装できる，普遍的な表面処理技術として，“PCサーフェイステクノロジー”を提案した[20]．まず，細胞やバイオ分子の非特異的吸着抑制表面を創製し，これに選択的に細胞と反応するバイオ分子を導入することにより，細胞膜表面の機能を構築するというものである．バイオ分子や細胞との界面での反応を制御することだけでも，バイオチップ，バイオセンサー，バイオリアクターなどを微小化するためには不可欠な技術となっている．また，組織再生医療これを進めるための細胞・組織工学などでiPS細胞やES(embryonic stem)細胞を対象とする場合にも，細胞に影響を与えない生体親和材料は重要であることはいうまでもない[21]．

### ◆ 文 献 ◆


[1] “Advances in Polyurethane Biomaterials,” ed by S. L. Cooper, J. Guan, Woodhead Pub. (2016).

[2] H. Kawakami, *J. Artif. Organs*, **11**(4), 177 (2008).

[3] D. -C. Sin, H. -L. Kei, X. Miao, *Expert Rev. Med. Devices*, **6**(1), 51 (2009).

[4] K. Takahashi, K. Tanabe, M. Ohnuki, M. Narita, T. Ichisaka, K. Tomoda, S. Yamanaka, *Cell*, **131**, 861 (2007).

[5] K. Ishihara, T. Ueda, N. Nakabayashi, *Polym. J.*, **22**, 355 (1990).

[6] D. R. Liu, S. J. Lee, K. Park, *J. Biomater. Sci. Polym. Ed.*, **3**, 127 (1991).

[7] H. Kitano, K. Sudo, K. Ichikawa, M. Ide, K. Ishihara, *J. Phys. Chem.*, **104**(47), 11425 (2000).

[8] 北野博巳，源明 誠，高分子，**58**(2), 74 (2009).

[9] Y. Matsuda, M. Kobayashi, M. Annaka, K. Ishihara, A. Takahara, *Chem. Lett.*, **35**, 1310 (2006).

[10] S. Sakata, Y. Inoue, K. Ishihara, *Langmuir*, **31**(10), 3108 (2015).

[11] T. Morisaku, J. Watanabe, T. Konno, K. Ishihara, *Polymer*, **49**(21), 4652 (2008).

[12] T. Morisaku, T. Ikehara, J. Watanabe, M. Takai, K. Ishihara, *Trans. Mater. Res. Soc. Jpn.*, **30**, 835 (2005).

[13] K. Ishihara, H. Nomura, T. Mihara, K. Kurita, Y. Iwasaki, N. Nakabayashi, *J. Biomed. Mater. Res.*, **39**(2), 323 (1998).

[14] R. J. Zdrahala, *J. Biomater. Appl.*, **14**(1), 67 (1999).

[15] T. A. Snyder, H. Tsukui, S. Kihara, T. Akimoto, K. N. Litwak, M. V. Kameneva, K. Yamazaki, W. R. Wagner, *J. Biomed. Mater. Res.*, **81A**, 85 (2007).

[16] K. Ishihara, *Polym. J.*, **47**(9), 585 (2015).

[17] T. Moro, Y. Takatori, K. Ishihara, T. Konno, Y. Takigawa, T. Matsushita, U. -I. Chung, K. Nakamura, H. Kawaguchi, *Nat. Mater.*, **3**(11), 829 (2004).

[18] T. Moro, Y. Takatori, M. Kyomoto, K. Ishihara, M. Hashimoto, H. Ito, T. Tanaka, H. Oshima, S. Tanaka, H. Kawaguchi, *J. Orthop. Res.*, **32**, 369 (2014).

[19] K. Ishihara, Y. Inoue, M. Kyomoto, *Macromol. Symp.*, **354**(1), 230 (2015).

[20] K. Ishihara, K. Fukazawa, “Phosphorus-based polymers: From synthesis to applications,” ed by S. Monge, G. David, RSC Pub. (2014), p. 68.

[21] K. Ishihara, H. Oda, T. Aikawa, T. Konno, *Macromol. Symp.*, **351**(1), 69 (2015).

Chap 8

# 生分解性高分子の医療応用

# Medical Application of Biodegradable Polymers

大矢　裕一
(関西大学化学生命工学部)

## Overview

体内で一時的な役割を果たしたあとで「消えてなくなる」ことが望まれる医療用途には，生分解性の高分子が使用されている．その中心的な役割を果たしているのは脂肪族ポリエステルであり，吸収性の縫合糸や骨固定材，ドラッグデリバリー用のキャリアなどが代表的な利用例である．「消えてなくなる」ことは，不要となったあとに取りだす必要がなく，長期にわたって害を及ぼすことを回避するだけでなく，分解そのものが材料の機能の一部を担っている場合もある．まったく新しい生分解性高分子を発明(合成)することは容易ではないが，既存のポリマーとの共重合体としたり，成形方法を工夫したりして，新しい用途を開拓する試みは精力的に行われている．こうした試みにより，従来の治療方法を改善するだけでなく，これまでになかった新しい治療方法が開発されることが期待される．

本章では，生分解性高分子による新しい医療の方向について，ナノシート，分解性ステント，インジェクタブルポリマーなどについて紹介する．

▲細胞封入インジェクタブルポリマー溶液(血清入り培地)のゾル状態(20℃)およびゲル状態(37℃)

■ **KEYWORD** 📖マークは用語解説参照

- ■生分解性高分子(biodegradable polymer)
- ■ポリ乳酸〔polylactide または poly(lactic acid)〕
- ■ポリグリコール酸〔polyglycolide または poly(glycolic acid)〕
- ■ポリカプロラクトン(polycaprolactone)
- ■吸収性縫合糸(absorbable suture)
- ■骨固定材(bone fixation material)
- ■ドラッグデリバリーシステム(drug delivery system：DDS)
- ■微粒子(microsphere または microparticle)
- ■ナノシート(nano-sheet)
- ■吸収性ステント(absorbable stent)
- ■インジェクタブルポリマー(injectable polymer)📖
- ■癒着防止膜(anti-adhesive membrane)

## はじめに

体内で使用される医療用材料には，分解・劣化してはならないものと分解されることが望まれるものがある．前者の代表例は，補助人工心臓，人工関節，眼内レンズなどの埋め込み型人工臓器であり，体内に埋め込んだあとは，不具合が生じないかぎり半永久的に使用されることが前提である．これらは，使用中に分解・劣化・破損が発生すると，使用者(患者)の生命に危険を及ぼす可能性があり，長期間にわたる高い安定性が要求される．一方，後者の代表例は，吸収性縫合糸や吸収性骨固定材などであり，役割を果たしたあとは分解して体内から取りだす必要がないという利点を生かして一時的に使用される．また，分解そのものが機能の一部を担っているものとして，分解制御型の薬物徐放用担体などもこの範疇に入る．本章では，生分解性医用材料[1~3]について概説したあと，生分解性材料の医療用途の近年開発された例について紹介する．

## 1 医療用材料として使用される生分解性高分子

生分解性高分子は，天然高分子(生体高分子)(タンパク質・ポリペプチド，多糖，核酸)と合成(人工)高分子の２種類に大別できる．ほぼすべての天然高分子は酵素分解性を示すが，タンパク質中のペプチド(アミド)結合や多糖類中のグリコシド結合は，生理的条件ではきわめて安定で，自然加水分解はほとんど示さない．また，異種生物のタンパク質などは強い免疫原になりうる．利用する生体高分子に問題がなくても，高純度に精製することは容易ではなく，微量の不純物が重篤な抗原性や毒性を発現したり，ウイルスなどが混入したりする恐れもある．このため，生体高分子を医療用に使用するのはさほど容易ではなく，使用されるものの種類もかぎられている．

これに対し，合成高分子は工業的な管理下で合成されるため，不純物などの影響が少ない．しかし，生体適合性に優れ，生理的条件下で加水分解を受ける合成高分子はさほど多くはない．炭素-炭素結合からなる高分子は分解せず，ポリアミド，ポリエーテル，ポリウレタンなど主要な高分子はほとんど自然加水分解に対して安定である．ポリエステルは自然加水分解を受けるが，それも脂肪族ポリエステルに限定される．したがって，以下に紹介する生分解性高分子も多くが脂肪族ポリエステル類である．脂肪族ポリエステル類の医用材料の設計で問題になるのは，分解速度と物性・機能の制御の両立である．一般に，分解速度を速くしようとすると(結晶性を下げる，親水性を上げるなど)，力学的強度が低下する．このため，力学的強度やほかの物性と，分解速度を独立して制御することは容易ではない．

すでに実用化されている脂肪族ポリエステルの代表的用途としては，縫合糸，骨折時の骨固定材，薬物配送用の微粒子があげられる．生体吸収性縫合糸として使用されているのは，ポリグリコール酸，ポリ(ε-カプロラクトン)，ポリ乳酸，およびそれらの共重合体である．縫合したあとで徐々に自然加水分解により消失し，抜糸の必要がないため，体内での臓器縫合などに利用価値が高い．骨折時の骨固定材として利用されているのは，ほぼすべてポリ-L-乳酸〔poly(L-lactic acid)：PLLA〕である．PLLA は結晶化度を高くでき，力学的強度が高く，加水分解速度が遅いため，比較的長期間にわたって骨折か所を固定するのに適している．ドラッグデリバリーシステム(drug delivery system：DDS)に使用されている微粒子の素材はおもに，ポリ乳酸とポリグリコール酸の共重合体〔poly(lactic acid/glycolic acid)：PLGA〕である．微粒子は懸濁液として注射器での注入が可能なので，腹腔などに注射して使用される．リュープリン®とよばれる製剤では，PLGA 共重合体の微粒子に内包されたホルモン剤(ペプチド)が基剤の加水分解に伴って徐放される．薬物を徐放することによって，投与回数を減らすことができ，体内濃度を一定に保つことによって治療効果も増大する．

## 2 吸収性ステント

ステントとは，管状の臓器(血管，気道，食道，胆道など)を管腔内部から押し広げて症状を回避する医療機器である．形状は筒状の網目やコイルで，多くは金属製であり，通常は治療する部位に留置される．とくに，バルーンカテーテルとの併用により，

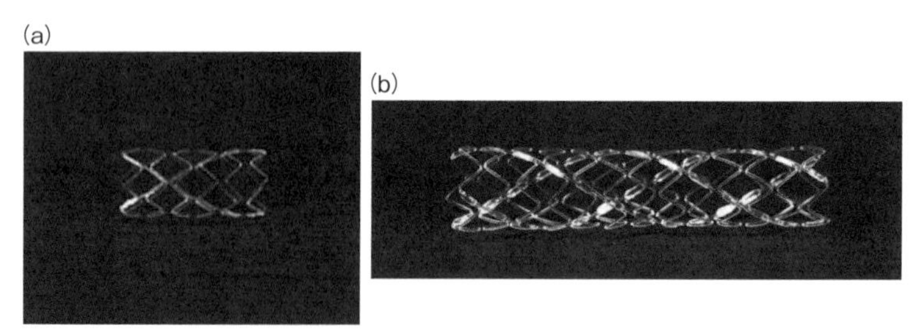


図 8-1　吸収性ステント
（a）冠動脈用 Igaki-Tamai Stent$^{TM}$，（b）下肢虚血用 REMEDY$^{TM}$ 京都医療設計(株)HP より．

冠動脈の狭窄・閉塞による狭心症の治療に絶大な効果を発揮している．金属製ステントでは，血管損傷や炎症などにより 20～40％の割合で再狭窄が発生するといわれている．近年では，再狭窄防止薬を徐放する層を金属ステント表面に設けた薬物放出ステント(drug eluent stent: DES)が主流となっており，再狭窄回避能は大きく改善した．しかし，金属アレルギーの人や小児には使用できない，再狭窄が起こった箇所に再留置ができないなどの問題点が残っている．これを克服するため，生分解性高分子を用いた全分解性(吸収性)ステントの開発が行われている．

吸収性ステント設計の最大の課題は，金属に比べて強度が劣る点をいかに克服するかである．強度を確保するためストラット肉厚(ステント柱部分の太さ)を高めると，分解速度の低下と開口部面積の減少から機能面に支障が生じる．これを成形方法やステントの形状設計でいかに回避し，金属なみに細いストラット径と高いラジアルフォースを達成するかが開発の肝となる．

わが国では，京都医療設計(株)による吸収性ステントの開発が行われている[4]．PLLA を素材とした吸収性冠動脈用ステント(Igaki-Tamai-Stent$^{TM}$)(図 9-1)は，すでに臨床試験が行われている[5]．糖尿病などによる閉塞性動脈硬化症，バージャー病(末梢動脈内膜の炎症により下肢動脈の閉塞を起こす病気)などによって発生する下肢虚血用ステント REMEDY$^{TM}$(図 8-1)は，吸収性ステントとしては世界初の CE マーク(EU 加盟国の基準に適合)を取得し，欧州で販売されている．世界でのステント使用量は 500 万本といわれ，その数は伸び続けている．将来的にはその半数が吸収性ステントになるという予測もある．

## 3 ナノシート

武岡(早稲田大学)らは，多糖(キトサン，アルギン酸)からなる LbL(layer-by-layer)シートや，ポリ乳酸などの脂肪族ポリエステルで作製したスピンコート膜などで，数十ナノメートルの膜厚をもつ高分子超薄膜(ナノシート)を作製し，その「ナノ絆創膏」としての医療応用を検討している[6~8]．このナノシートは自己支持性をもち，少量の水などの液体を介して接着剤なしに目的面に強固に密着する．また，抗生物質などの薬物を担持させることも容易である．このナノシートの創傷被覆材や止血材などとしての利用が検討されている．イヌ胸膜に作製した穿孔性組織欠損を，ナノシートで被覆したところ，正常呼気圧に耐えうる密着と膜強度が確認され，7 日後には組織形成による治癒が認められた(図 8-2)[9]．また，消化器(胃)の切開部を，ナノシートにて閉鎖したところ完全治癒し，縫合閉鎖で見られる創部の瘢痕収縮も認められなかった[10]．さらに，ウサギ大静脈裂傷モデルに対して，裂傷部をナノシートで被覆したところ，複数枚のナノシート被覆で完全止血が達成された[11]．

このナノシートによる医療材料は，既存の材料であっても形状により，まったく新しい機能が開拓される好例であるといえる．

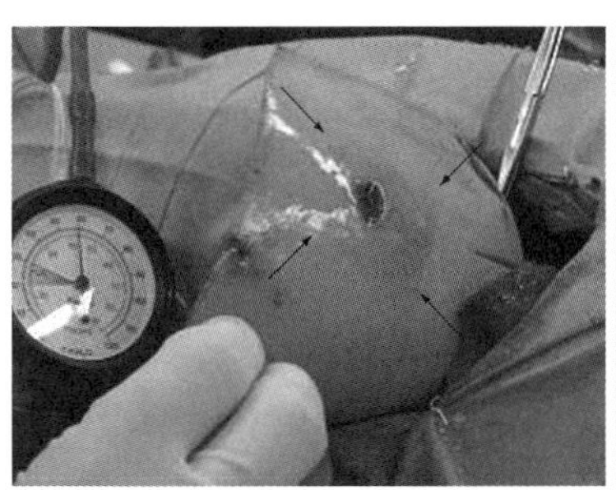

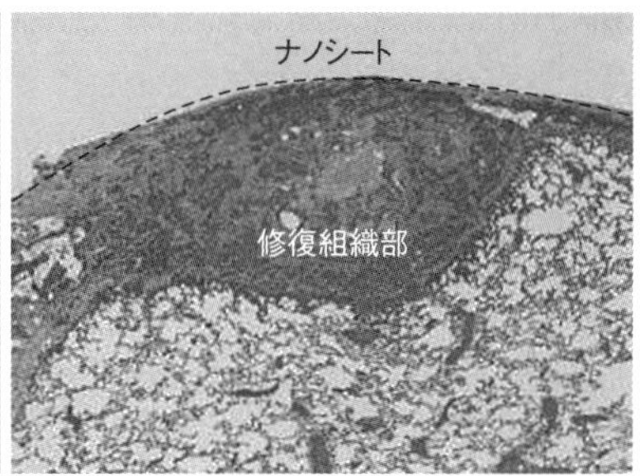


図 8-2　肺胸膜欠損部に貼付したナノシート(矢印の内側)と術後 7 日目の病理組織像
文献 9 より改変して引用.

### 4 インジェクタブルポリマー

温度上昇によりゾル状態からゲル状態へ転移するポリマー水溶液で，室温と体温の間に転移温度を示すものは，注射器などによって容易に体内へ注入でき，打ち込まれた部位で体温に感応してゲル化するため，インジェクタブルポリマー（injectable polymer：IP)とよばれている(オーバービュー図)[12]．とくに，生分解性 IP は，DDS や再生医療用足場など体内での使用が有望視されている．たとえば，この IP 水溶液に親水性薬物(タンパク質など)を溶かした製剤では，注射された部位にゲルを形成して留まり，分解・拡散によって内包薬物を徐放できるため，薬物徐放型 DDS 素材として期待されている．薬物投与回数を少なくでき，患者に与える侵襲度が低いため，患者の QOL(quality of life，生活の質)の改善が期待されるほか，体内薬物濃度を長時間一定に保つことによる治療効果の増大も期待できる．

また，各種の細胞(患者自身の細胞や幹細胞)あるいは細胞の分化・増殖因子を内包した IP は，欠損部に打ち込み組織再生用の足場(スキャホールド)として利用可能であると期待されている(図 8-3)．さらに IP は，外科的手術後の癒着防止材としての利用も考えられている．現在の癒着防止膜は，膜状であるために複雑な形状の臓器に合わせて配置することが難しいなどハンドリング上の問題がある．IP は液状のまま癒着が惹起されそうな箇所に塗布あるいは噴霧でき，ゲル化して膜状になるため，処置する場所の形状を選ばず，ハンドリングが容易になると期待されている．

温度応答型生分解性 IP としては，疎水性脂肪族ポリエステルとポリエチレングリコール(polyethylene glycol：PEG)とのブロック共重合体がよく知られている．典型例が PLGA を A セグメントとし，PEG を B セグメントとした ABA 型トリブ

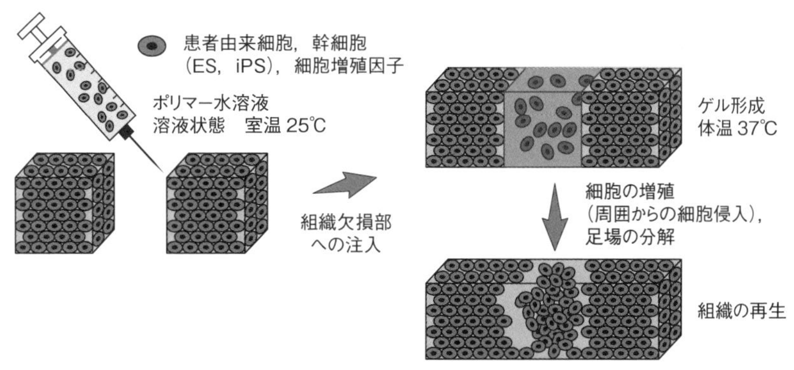


図 8-3　生分解性インジェクタブルポリマーを足場として用いた組織再生の概念図

ロック共重合体(PLGA-PEG-PLGA)である[13]．このポリマー溶液は室温と体温の間でゾルからゲルへと転移し，体内で代謝可能なヒドロキシ酸と排泄可能な分子量のPEGへと分解する．しかし，従来の温度応答型生分解性IPでは，以下のような問題点がある．

（1）ゲル状態における力学強度が低い(37 ℃における貯蔵弾性率が100 Pa程度)．

（2）ゲルからの水溶性低分子薬物の放出を行う場合，拡散が速く，望ましい薬物放出が達成できない．

（3）室温・乾燥状態で粘稠液体かロウ状であり，水に溶解するのに非常に時間がかかる(数時間～数日)．

IPの力学的強度を高めるには，分子量を高くすることが最も単純な解決方法であると思われるが，PEG-脂肪族ポリエステル・ブロック共重合体の親水-疎水セグメント比を維持したまま各セグメントを延長すると，ゾル-ゲル転移挙動が消失する．ゾル-ゲル転移のトリガーはPEG鎖の脱水和であり，PEG鎖が長くなるとその脱水和温度が上昇するが，その効果を疎水鎖の延長により相殺できる範囲には限界があるためである．解決手段としては，ポリマーをマルチブロック[14]・分岐[15]・グラフト[16]構造にして，親水性セグメント長が閾値を超えないようにセグメントを分断してポリマー全体に分散させることが有効である．

PLGA-PEG-PLGAのような温度応答型IPは，疎水性セグメントが凝集したコア(内核)と，親水性セグメントのコロナ(外殻)からなるフラワー型ミセルの状態で水に溶解している．温度上昇によりPEG鎖の部分的な脱水和が起こるとPEG鎖の占める空間が小さくなり，ミセル疎水部が露出して凝集する(このとき，一部の疎水性セグメントがミセルのコア間を移動してミセル間に物理的架橋が生起する)．このミセル凝集が異方性をもってファイバー状に成長すると系全体が物理架橋型ゲルを形成すると考えられている．

筆者らは，分岐構造化によるPEG鎖の分散，架橋効率向上と架橋点の物理的安定性の向上を意図して，8分岐した8-arms PEGとPLLAからなる星型ブロック共重合体8-arms PEG-*b*-PLLAの末端に疎水性で会合能力の高いコレステロール基を導入したポリマー（8-arms PEG-*b*-PLLA-cholesterol）(図9-4)を合成した．このポリマー水溶液は，室温と体温との間にゲル化点をもち，ゲル状態でPLGA-PEG-PLGAからなるゲルの50倍以上の高い力学的強度を示した(37℃での貯蔵弾性率約5000 Pa)[15]．また，血清や細胞の共存下でも同様な温度応答性ゾル-ゲル転移を示した．血清を含むポリマー溶液中に室温でマウス由来L929繊維芽細胞を懸濁して37℃に加熱すると細胞封入ゲルが得られ，

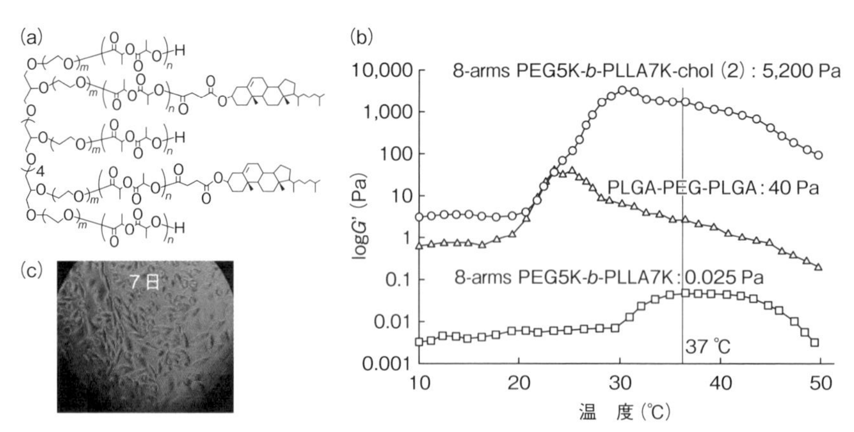


図8-4 （a）8-arms PEG-PLLA-cholesterolの構造，（b）8-arms PEG-PLLA-cholesterol, 8-arms PEG-PLLAおよびPLGA-PEG-PLGAの貯蔵弾性率(*G′*)の温度依存性，（c）ゲル中での細胞の位相差顕微鏡写真(7日目)
文献15より改変して引用．

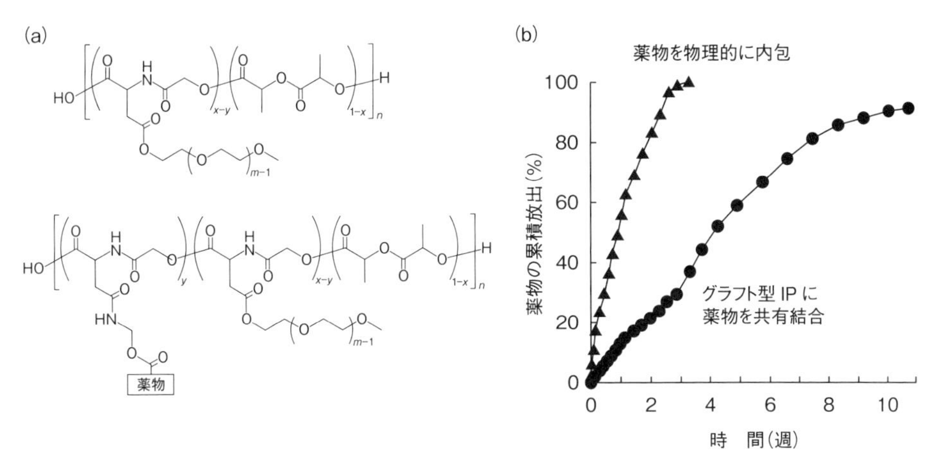


**図 8-5　(a) グラフト型 IP〔P(GD-DL-LA)-g-PEG〕の構造および薬物結合グラフト型 IP の構造,(b) 薬物結合 IP ゲルおよび薬物を物理的に内包した IP ゲルからの薬物放出**
文献 18 より改変して引用.

このゲル内部での細胞増殖が可能であった(図 8-4).さらに,このポリマーから作製したゲルは,生理的条件下で 2 〜 3 週間ゲル状態を維持し,約 1 か月程度で分解消失した.

グラフト型分子構造を採用することによっても,温度応答性と分子量のジレンマを解決可能である.筆者らは,アスパラギン酸を含むポリ(デプシペプチド-乳酸)ランダム共重合体〔poly[(Glc-Asp)-DL-LA],P(GD-DL-LA)〕を主鎖として,その側鎖の反応性官能基を利用して PEG を結合したグラフト共重合体 P(GD-DL-LA)-g-PEG(図 9-5)が,室温と体温の間でゾル-ゲル転移を示し,ゲル状態で比較的高い力学的強度を示すことを報告した[16].このグラフト共重合体では,PEG 鎖長,PEG の導入率,主鎖の分子量を独立に変化させることが可能であり[17],PEG セグメント鎖長を変えずに,親-疎水性のバランスを保ちながら全体を高分子量にすることが可能である.さらに,このグラフト共重合体の反応性官能基の一部を未反応のまま残しておけば,それらをさらなる機能化に使用できるというメリットがある.

水溶性低分子薬物を IP ゲルから放出する場合,ゲルの網目が薬物の大きさに比べて大きいため拡散が速く,望む期間の継続的な薬物徐放を達成することが困難である.筆者らは,これを解決するため,高分子プロドラッグの手法を取り入れた IP を設計した.高分子プロドラッグとは薬物をキャリヤーポリマーに結合させ,その体内動態を改善する DDS における手法の一つである.薬物は高分子に結合させた状態では不活性で,結合の開裂によって薬物がキャリヤーポリマーから放出されてはじめて活性を発現する.前述のグラフト型 IP の側鎖カルボキシ基の一部を使用してモデル薬物を加水分解可能なエステル結合で結合させた.このポリマーは薬物導入後も温度応答型ゾル-ゲル転移を示し,薬物を物理的に内包させた場合と比較して,著しく長期にわたる薬物放出を示した(図 8-5)[18].

IP の実用化に際しては注射液の作製過程に課題がある.従来の生分解性 IP の多くは,乾燥状態の性状は粘稠な液体もしくはロウ状であり,溶解して水溶液とするのに数時間から数日と非常に時間を要する.これが,医師などの医療従事者が臨床現場で調剤する際の障害になっている.溶解が困難であれば,あらかじめ溶解して水溶液の形で製品化・出荷すればよいと思われるが,ポリマーが分解するため,水溶液の状態での保存安定性の点で問題がある.

筆者らは,粉末化と添加剤添加により,これらの問題を解決した.ポリカプロラクトンとグリコール酸との共重合体〔poly(ε-caprolactone/glycolic acid):PCGA〕を疎水性セグメント,PEG を親水性セグ

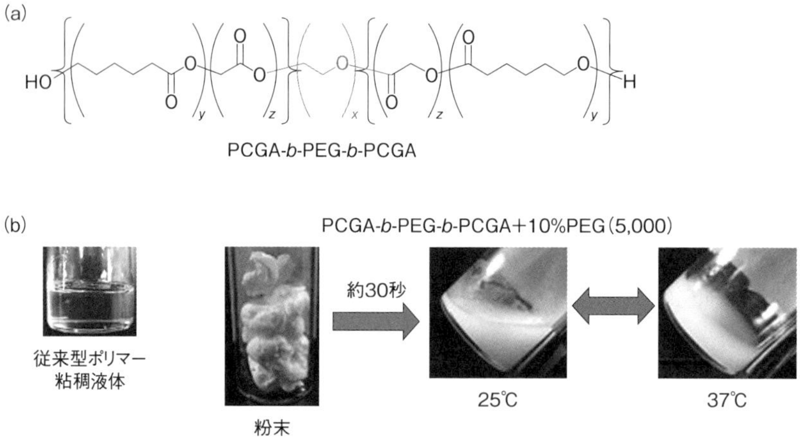

(a)

PCGA-*b*-PEG-*b*-PCGA

(b) PCGA-*b*-PEG-*b*-PCGA＋10%PEG(5,000)

従来型ポリマー
粘稠液体

粉末

約30秒

25℃

37℃

**図 8-6　(a) 粉末化が可能な PCGA-*b*-PEG-*b*-PCGA トリブロック共重合体の構造，(b) 従来型ポリマー(乾燥状態)，PCGA-*b*-PEG-*b*-PCGA と PEG との混合物の凍結乾燥後の写真，その懸濁液およびゲル状態**
文献 19 より改変して引用．

メントした共重合体(PCGA-PEG-PCGA)にすることで，乾燥時の粉末化が達成された．これにさらに種々の添加剤を加えて凍結乾燥し，水を加えて溶解するまでの時間の短縮と，体温でのゲル化の条件を満たす組合せを検討した．その結果，分子量 5,000 程度の PEG を，ポリマーに対して 10 wt %添加することで，粉末性状やゲル化挙動はそのままに，水や緩衝液を加えて 30 秒程度で巨視的に均一な懸濁液を調製することに成功した(図 8-6)[19]．この手法により，医療従事者が現場で粉末ポリマーと薬物溶液を混合するだけで，即座に注射製剤を調製することが可能となった．

## 5 まとめと今後の展望

近年では，まったく新しい生分解性高分子の発明(新規合成)例は少ないが，既存のポリマーとの共重合体化や成形方法の工夫により，機能を付与する試みが精力的に行われている．筆者は材料開発によってもたらされる新しい医療を「材料主導型医療」と捉えている．こうした試みにより，従来の医用高分子の欠点を凌駕し，治療方法やその効果を改善するだけでなく，新しい機能に基づいて，これまでになかった新しい治療方法が開発されることが期待される．

◆ 文　献 ◆

[ 1 ] Y. Ohya, A. Takahashi, K. Nagahama, *Adv. Polym. Sci.*, **247**, 65 (2012).
[ 2 ] 大矢裕一，〈遺伝子医学 Mook 別冊〉『ここまで広がるドラッグ徐放技術の最前線』，田端泰彦 編，メディカル ドゥ (2013)，p. 34.
[ 3 ] 大矢裕一，『生体適合性制御と要求特性掌握から実践する高分子バイオマテリアルの設計・開発戦略』，サイエンス＆テクノロジー (2014)，p. 51.
[ 4 ] 八木伸一，山田博一，伊垣敬二，『進化する医療用バイオベースマテリアル』，大矢裕一，相羽誠一 監修，シーエムシー出版 (2015)，p. 152.
[ 5 ] S. Nishio, K. Kosuga, K. Igaki, M. Okada, E. Kyo, T. Tsuji, E. Takeuchi, Y. Inuzuka, S. Takeda, T. Hata, Y. Takeuchi, Y. Kawada, T. Harita, J. Seki, S. Akamatsu, S. Hasegawa, N. Bruining, S. Brugaletta, S. de Winter, T. Muramatsu, Y. Onuma, P. W. Serruys, S. Ikeguchi., *Circulation*, **125**, 2343 (2012).
[ 6 ] T. Fujie, Y. Okamura, S. Takeoka, *Adv. Mater.*, **19**, 3549 (2008).
[ 7 ] T. Fujie, Y. Okamura, S. Takeoka, *Adv. Mater.*, **19**, 3549 (2008).
[ 8 ] 藤枝俊宣，武岡真司，『進化する医療用バイオベースマテリアル』，大矢裕一，相羽誠一 監修，シーエムシー出版 (2015)，p. 251.
[ 9 ] T. Fujie, N. Matsunami, M. Kinoshita, Y. Okamura, A.

Saito, S. Takeoka, *Adv. Funct. Mater.*, **19**, 2560 (2009).
[10] Y. Okamura, K. Kabata, M. Kinoshita, D. Saitoh, S. Takeoka, *Adv. Mater.*, **21**, 4338 (2009).
[11] T. Fujie, Y. Kawamoto, H. Haniuda, A. Saito, K. Kabata, Y. Honda, E. Ohmori, T. Asahi, S. Takeoka, *Macromolecules*, **46**, 395 (2013).
[12] K. Nagahama, A. Takahashi, Y. Ohya, *React. Funct. Polym.*, **73**, 979 (2013).
[13] D. S. Lee, M. S. Shin, S. W. Kim, H. Lee, I. Park, T. Chang, *Macromol. Rapid. Commun.*, **22**, 587 (2001).
[14] J. Lee, Y. H. Bae, Y. S. Sohn, B. Jeong, *Biomacromolecules*, **7**, 1729 (2006).
[15] K. Nagahama, T. Ouchi, Y. Ohya, *Adv. Funct. Mater.*, **18**, 1220 (2008).
[16] K. Nagahama, Y. Imai, T. Nakayama, J. Ohmura, T. Ouchi, Y. Ohya, *Polymer*, **50**, 3547 (2009).
[17] A. Takahashi, M. Umezaki, Y. Yosida, A. Kuzuya, Y. Ohya, *J. Biomat. Sci. Polym.*, **25**, 444 (2014).
[18] A. Takahashi, M. Umezaki, Y. Yosida, A. Kuzuya, Y. Ohya, *Polym. Adv. Technol.*, **25**, 1226 (2014).
[19] Y. Yoshida, A. Takahashi, A. Kuzuya, Y. Ohya, *Polym. J.*, **46**, 632 (2014).

Chap 9

# スマートマテリアル最前線

# Recent Advances in Smart Materials

青柳 隆夫
（日本大学理工学部）

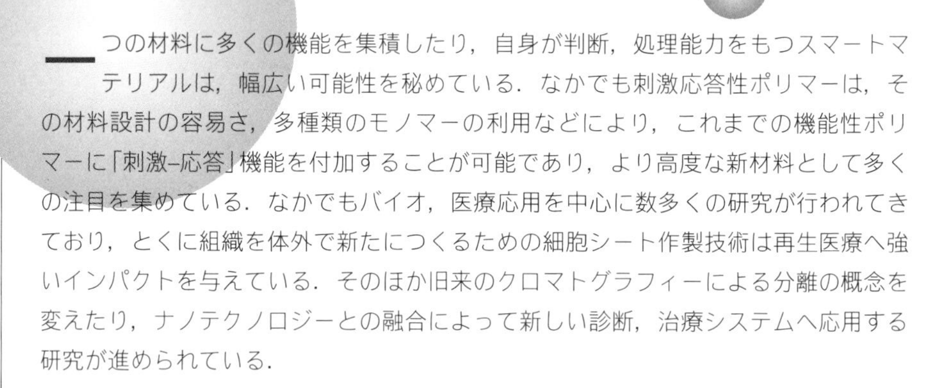

## Overview

一つの材料に多くの機能を集積したり，自身が判断，処理能力をもつスマートマテリアルは，幅広い可能性を秘めている．なかでも刺激応答性ポリマーは，その材料設計の容易さ，多種類のモノマーの利用などにより，これまでの機能性ポリマーに「刺激–応答」機能を付加することが可能であり，より高度な新材料として多くの注目を集めている．なかでもバイオ，医療応用を中心に数多くの研究が行われてきており，とくに組織を体外で新たにつくるための細胞シート作製技術は再生医療へ強いインパクトを与えている．そのほか旧来のクロマトグラフィーによる分離の概念を変えたり，ナノテクノロジーとの融合によって新しい診断，治療システムへ応用する研究が進められている．

■ **KEYWORD** 📖マークは用語解説参照

- ■刺激応答（stimuli-response）📖
- ■温度応答（temperature response）
- ■イソプロピルアクリルアミド（isopropyl acrylamide）
- ■相転移（phase transition）
- ■下限臨界溶解温度（lower critical solution temperature：LCST）📖
- ■再生医療（regenerative medicine）
- ■クロマトグラフィー（chromatography）
- ■がん治療（cancer therapy）
- ■ナノファイバー（nanofiber）
- ■形状記憶（shape memory）

## はじめに

スマートという言葉が接頭語に使われた，高度で進歩した技術や製品が盛んに開発されている．すでに欠かせない存在の多機能携帯電話であるスマートフォンや，エネルギーの効率的利用の一躍を担う，次世代の自律型制御式電力網のスマートグリッド，高速道路の渋滞解消と利便性に貢献するスマートICなどが例示できる．すなわち，さまざまな技術が集積したり，自身で判断，解決できる高度なシステムを実現したものがスマートという名を冠せると解釈できる．

本章のタイトルであるスマートマテリアルという言葉に関しては，周りの環境変化に応答してその性質を大きく変化させる材料と定義される．以前は，知能をもっているような材料ということでインテリジェント材料ともよばれていた．この材料は，とくにバイオ応用例が多く，実用化しているものあり，スマートバイオマテリアルとよばれている．本章では温度変化に応答するポリマー材料を中心にバイオ応用を紹介したい．

## 1　水和-脱水和型温度応答性高分子

スマートマテリアルのなかで最も報告例が多いのがポリ(*N*-イソプロピルアクリルアミド)〔poly(*N*-isopropylacrylamide)：PNIPAAm〕やその共重合である．このポリマーは，温度変化に応答して水中での溶解度が大きく変化する(図9-1)．すなわち，ある温度以下ではその溶液は透明であり，それ以上に加熱されるとポリマー鎖の凝集が生成し，水溶液は白濁したり，沈殿が生成する．この現象は完全に可逆的であり，相転移温度はとくに下限臨界溶解温度(lower critical solution temperature：LCST)と定義される．そのことからPIPAAmのような性質を示すポリマーはしばしばLCSTポリマーとよばれることもある．高分子の連鎖が水に溶けるということは，連鎖が十分に水和していることを意味している．温度を上昇させると，分子運動が激しくなり，水和していた水分子が連鎖から離脱しだす．それが盛んに起きてくると，連鎖自身が水中で安定に存在できなくなり，凝集，不溶化する．この境界の温度がLCSTである．この現象を利用した応用研究の特許が，すでに1950年代に見られ，1968年にM. HeskinsとJ. E. Guilletによってその相転移挙動をまとめた論文が発表されている[1]．歴史が大変古い．

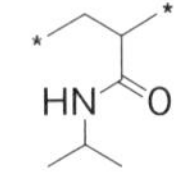


ポリ(N-イソプロピルアクリルアミド)
の構造式(繰返し単位)

図9-1　ポリ(*N*-イソプロピルアクリルアミド)の温度応答挙動

通常，ある応答システムを構築しようとすると，センシング(検知)やプロセッシング(解析処理)，アクチュエーティング(駆動)など素過程を組み合わせる必要である．しかしスマートマテリアルを用いれば，これらを一つの材料で実現できるため，そのシステムやデバイスは大変シンプルなものになる．

PIPAAmで構成されるヒドロゲルは大変興味深い現象を示す．このヒドロゲルをお湯につけると一瞬で白濁する．しばらく観察を続けてもその体積はほとんど変化しない．これは，ヒドロゲル表面に存在する比較的自由に運動できるいわば宙ぶらりんの連鎖がいち早く脱水和し，水の拡散も抑制する緻密な薄層がヒドロゲル表面に形成されることによる．

## 2　人口臓器作製への試み

この現象を巧みに利用して完全人工型の膵臓が考案された．血糖値のコントロールがうまくできない糖尿病を克服するのに，治療薬となるインスリンの制御放出を行うために，この現象が使われた．ある濃度以上の血糖値をセンシングすると，その人工膵臓システム自身がその血糖値に応じた量のインスリンを自律的に放出するものであり，膵臓の$\beta$細胞が担う複雑な機能を自身が集積している[2]．片岡(東京大学)，松元(東京医科歯科大)らが精力的に研究を遂行させており，温度やpHが健常の生理条件で

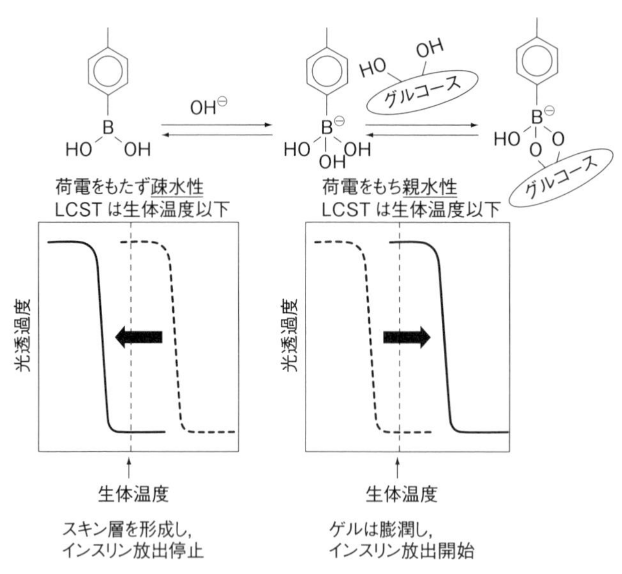


図 9-2　フェニルボロン酸を用いた完全人工型人工膵臓の原理

駆動させるために材料の化学構造の緻密な設計が行われている．血糖値が上がるとシステムを構成する高分子連鎖の LCST が生体温度以上になり水和できるようになる．また，血糖値が低くなると逆に LCST が生体温度以下になり，疎水化する（図 9-2）．高分子鎖が水和してそれを構成するゲル層が膨潤し，インスリンの拡散が容易になり放出される．疎水化すればスキン層を形成してインスリンの放出が停止する．

最近では実用化に向けてデバイス設計に研究の重点が置かれており，安価で正確に血糖値コントロールできる治療装置の実現する日も近い．糖尿病に関しては，末梢血管障害に基づく腎不全，失明，壊疽など重篤な副作用が問題である．血糖値をうまくコントロールできれば，患者自身の QOL（quality of life，生活の質）の向上や医療費の削減に貢献できることから，実現が大いに期待されている．

### 3　再生医療への応用

PIPAAm を固体表面に極々薄く固定化すると，どのような現象が引きだせるか考えてみてほしい．温度が LCST 以下では，連鎖が水和して，表面全体としては親水性になる．LCST 以上では脱水和が疎水的な性質に導く．さきのヒドロゲルと基本的には同じである．これを巧み利用した再生医療へ貢献している例を次に紹介したい．詳細は 13 章で詳しく解説されるので，参照されたい．

再生医療は，医薬では治療できない重篤な疾病を治療するものであり，細胞を初期化し，望みの細胞へ分化させる山中伸哉教授の発明はノーベル賞を受賞した．細胞を培養すると徐々に分裂，増殖する．正常細胞はコンフルエント（敷石状）になり，緻密に連結しあいシートを形成する．PIPAAm を固定化した温度応答性細胞培養皿を用いて培養を行うと，LCST 以上の疎水性表面では細胞が接着し増殖できる．コンフルエントになったところで LCST 以下に冷却すると，細胞が産出して形成された細胞外マトリックスと PIPAAm 層の間に水が浸入し，シートが自らの張力で剥離してくる．このシートを積層させて組織を再形成させて治療に用いるものである．これは細胞シート工学[3]として確立し，たとえばがんの手術後の組織形成などへも応用されている．

### 4　クロマトグラフィーへの応用展開

上述のように，PPAAm の温度変化のみで親水性・疎水性を制御できるメリットは大変大きい．IPAAm を固定相に用いると温度変化のみで極性変化するクロマトグラフィーへ応用可能である．移動

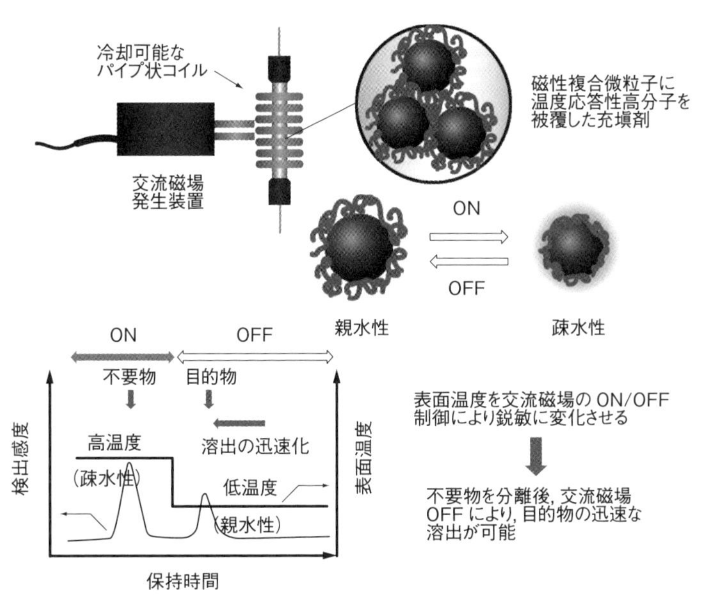


図 9-3　交流磁場応答型カラムクロマトグラフィーの原理

相の極性と固定相の極性の違いによってどちらに分配されやすいかで物質の分離を行うのが分配クロマトグラフィーであるが，固定相自身の極性を温度で変化させられるので，移動相を水にして，温度変化のみで分離が達成できる．イオン基を導入してイオン性の物質分離に使われたり，タンパク質などの生体分子へ応用可能である．分離速度を上げるためにシリカモノリスを使ったシステムも検討されている[4]．

筆者らは，カラム全体の温度コントロールに，IH (induction heating)ヒーターの原理である誘導加熱現象を用いた新しい交流磁場応答型のクロマトグラフィーを提案した[5,6]．これは固定相にシリカゲルと磁性微粒子の複合粒子を用い，表面に設計された(後述する)PIPAAm の薄いゲル層を形成させた．これをガラスと樹脂でできたカラムに充塡し，交流磁場を発生させるコイル内に設置，クロマトグラフィーの回路を作製した(図 9-3)．交流電流をコイルに流すことによって発生する交流磁場内で，固定相の磁性微粒子が効率よく発熱し，その熱が温度応答性の表面に伝わり，脱水和と疎水化する．すなわち，移動相には，室温の水を流しておき，必要なときに電流のスイッチを入れ，特定の物質の分離が達成したあとはスイッチを切る．カラムの表面はただちに冷却されて，それ以降の保持時間をもつ物質が流出してくるというわけである．

## 5　反応性温度応答性高分子の設計と合成

水溶液中で駆動する温度応答性高分子は，上述のように温度変化に応じて高分子連鎖の水和と脱水和に伴うポリマー鎖のコンホメーション変化(たとえば，コイル-グロビュール転移など)を可逆的に生起し，溶解性を大きく変化させる．分子構造的には，一つの分子内に水素結合が可能なアミド基やエーテル基，アミノ基，ヒドロキシ基などと，水とはなじみにくいアルキル基などを併せもつような構造をしている．アルキルアクリルアミド(メタクリルアミド)や側鎖にエチレンオキシドをもつビニルエーテル，メチルセルロースなどはその典型例である[7]．

*N*-イソプロピルアクリルアミドは官能基をもっておらず，固体表面への固定化，バイオ分子とのコンジュゲートの作製などの化学修飾を考慮すると，高分子連鎖への官能基導入がきわめて重要な課題である．アクリル酸(acrylic acid：AAc)などの汎用のモノマーとの共重合化を行って解決を図ろうとすると，共重合反応性比が大きく異なる[8]ことからモノマーのランダム配列が実現できず，結果として不自然な相転移挙動を起こすことがわかった．そこで，共重合反応性比を同じにするという観点から，カル

HN O　HN O

HO O

*N*-イソプロピル 2-カルボキシイソプロピル
アクリルアミド　アクリルアミド

（重合部分の行動が同一であるために
共同合体では高いランダム性を示す）

図 9-4　カルボキシ基を有する *N*-イソプロピルアクリルアミドの化学構造

ボキシ基をもつ IPAAm 誘導体（CIPAAm）を合成した[9]（図 9-4）．IPAAm と CIPAAm との共重合体では高収率で得ても，実験に供した 3 mol％以上の組成で，pH 12 の条件ではまったく曇点が観察されなかった．実際に共重合反応性比を検討したところ，ほぼ近い値が得られており，理想的な共重合反応が進行し，コモノマーがランダムに配置されていることを意味している．類似構造をもつアミノ基やヒドロキシ基をもつモノマーについても共重合体を調製し，その応用展開を図った[10, 11]．

## 6 反応性 IPAAm ポリマーを利用した DDS 用スマートバイオマテリアル

上述のように，IPAAm をベースとした温度応答性高分子に反応性官能基を自由にかつ均一に導入できる意義は大変大きい．診断や治療にバイオマテリアルを導入するためには，上述のようにバイオコンジュゲートや表面修飾など，化学反応が欠かせず，またその性能も一定している必要があるからである．たとえば，交互吸着法など静電相互作用を利用する場合でもイオン性の官能基の存在は大変有力である．側鎖にカルボキシ基をもつ IPAAm をベースとしたポリマーの例をいくつか紹介したい．

筆者らは，アニオン性の IPAAm-CIPAAm コポリマーとカチオン性のポリビニルアミンとを用いて交互吸着法により，ナノ磁性微粒子への表面修飾を行った[12]．得られたナノ磁性微粒子を TEM（transmission electron microscope，透過型電子顕微鏡）により観察すると，積層回数に従った均一な厚みをもつポリマー修飾層が観察された．これは，カルボキシ基が均一にコポリマー中に均一に分布していたために，均一に静電的な相互作用を生起し，積層を繰り返しても厚みの偏りがなかったためであると考えられた．また，アミノ基を導入したナノ磁性微粒子にこのカルボキシ基をもつコポリマーを反応させると，表面に均一な膜厚のポリマーゲル層の導入が可能であった．交流磁場を用いた誘導加熱法は，金属や金属酸化物を遠隔で加熱するのに大変有効である．そこで，この温度応答性ナノ磁性微粒子の分散水溶液を交流磁場内に置くと，外部交流磁場の ON/OFF に応答した誘導加熱により，表面の親水性・疎水性変化を制御することができた[13]．がん治療における温熱療法および外部からの磁場のコントロールによる薬物のターゲティングに応用可能である．

筆者らはこの複合材料をさらに発展させた，ナノファイバーの研究へ発展させてきている．エレクトロスピニング法は，ナノファイバー作製には大変有効である．筆者らは，ナノ磁性微粒子を PIPAAm をベースとしたファイバー内に分散させた，複合ナノファイバーの調製に成功した（図 9-5）[14]．この材料は CIPAAm-IPAAm コポリマーにアミノベンゾフェノンを導入しており，紫外線照射により，架橋反応が可能な構造をもっている[15]．それに先んじて，ナノ磁性微粒子を含まないナノファイバーシート（不織布）の温度応答性を追究しており，架橋によって低温でも不溶化させることにより，可逆的に膨潤-

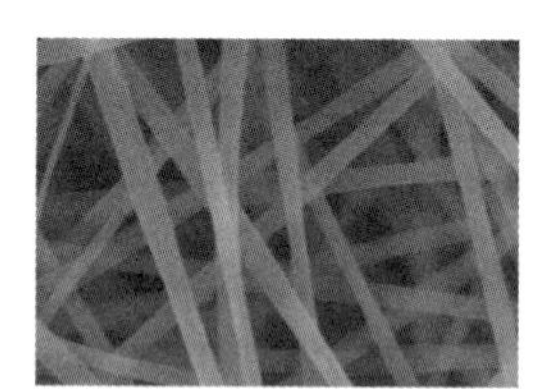

ナノ磁性粒子を含まない
ナノファイバー

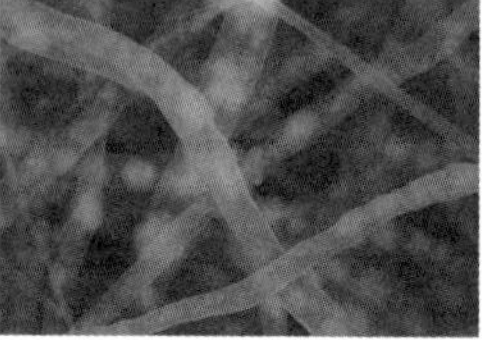

ナノ磁性粒子を含んだナノファイバー

図 9-5　ナノ磁性微粒子を含んだナノファイバーの走査型電顕微鏡像

**+ COLUMN +**

### ★いま一番気になっている研究者

## Brent S. Sumerlin
（アメリカ・フロリダ大学教授）

機能性高分子材料で有名な Southern Mississippi 大学の Charles L. McCormick 教授の下で学位を取得後，精密重合の権威である Krzysztof Matyjaszewski 教授の下で Assistant Professor の経歴がある．

現在，Florida 大学の教授であり，スマートマテリアルにおける，新進気鋭の若手の研究者である．毎年，International Symposium on Stimuli-Responsive Materials を Clemson 大学の Marek Urban 教授と主催し，研究コミュニティへの貢献度も高い．

1．Functional polymer synthesis and efficient polymer modification via specific and orthogonal methodologies
2．Stimuli-responsive water-soluble block copolymers.
3．Dynamic-covalent macromolecular materials
4．Smart polymer-protein bioconjugates

これらのテーマを中心に活躍しており，今後の展開が大いに期待されている．

収縮し，シート面積の拡大-縮小が起こることを確認している．さらに，このナノファイバーシートを用いて培養細胞（モデルとして繊維芽細胞）のキャッチアンドリリースが可能であり，細胞へのダメージもなく，細胞コンテナとしての応用が可能であることが示された[16]．すなわち，膨潤したナノファイバーに細胞を包み込んでおき，温度を上昇させるとファイバーの網目隙間から細胞がはじき出されてくるというわけである．いわば細胞コンテナとしての応用が期待された．

磁性微粒子を分散させたナノファイバーシートではシート全体が永久磁石に引きつけられ，また交流磁場による誘導加熱によって，シート全体が発熱することを確認している．温度上昇の程度はナノ磁性微粒子含有量に依存しており，この温度上昇によってファイバーの収縮，それに基づくファイバーに含ませた薬物の放出が可能になると期待された（図9-6）．すなわち，このシステムは，交流磁場の印加によって，ファイバーシートそれ自体が発熱するとともに抗がん剤を放出させることができることから，先のナノ磁性微粒子分酸液よりもさらに有効に温熱療法と化学療法を同時に実現できると考えられた．そこで，抗がん剤のドキソルビシンを共存させた温度応答性ナノファイバーを用いて，モデルのがん細胞に対する効果を評価した[17]．皮膚がんの細胞をシャーレ上で培養したのち，交流磁場を印加して，アポトーシスの様子を観察した．その結果，抗がん剤とナノ磁性微粒子を両方含むナノファイバーシー

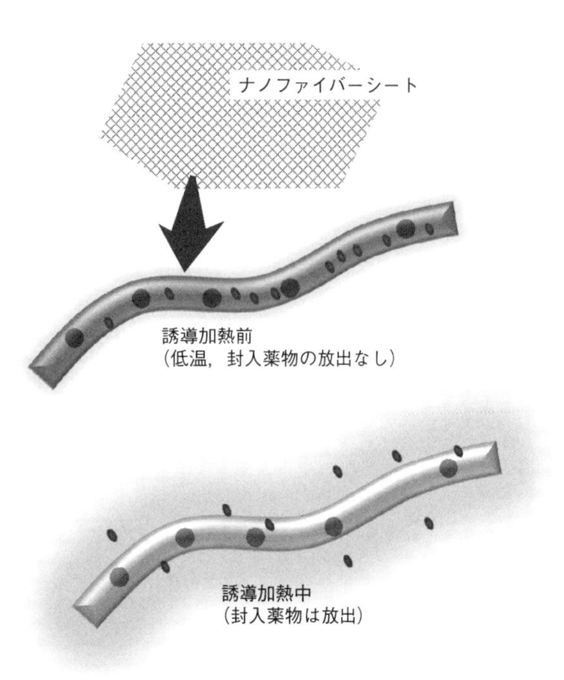


図 9-6　温度応答性ナノファイバーシートからの薬物放出制御

トが最もアポトーシスが誘導されており，相乗効果が確認された．現在，担がん動物を用いた *in vivo* 実験を進めており，新しいがん治療法として大いに期待されている．

## 7 "空気中で駆動する"温度応答性高分子

結晶性ポリマーの結晶-融解挙動を利用した新しい温度応答性材料の研究も進めているのでその例を紹介したい．連鎖間の高い相互作用をもつ高分子においては，結晶構造をとることが知られており，結晶融解に伴う融点をもつ．融点以上では高分子連鎖の運動性がより活発になるために，分子の溶解性や拡散性が融点前後で大きく変化すると期待される．そこで，半結晶性高分子のポリ(ε-カプロラクトン)(以下，PLCと略す)に注目した．PCLのホモポリマーは，60℃付近に大変明確な融点をもっている．しかし，この温度ではバイオマテリアルへの応用展開が困難である．結晶性が高ければ融点は上昇し，低ければ低下することから，結晶性をコントロールできれば，駆動温度が制御できると考えた．一般的に直鎖上の高分子は高い結晶性を発現できるが，分岐構造をもつ高分子では結晶性は低下する．そこで，結晶性を制御するために，結晶性を発現させる直鎖の2分岐構造のPCLマクロモノマーと，結晶性を低下させるが効果的な架橋が期待できる4分岐の構造をもつPCLマクロモノマーとを混合して架橋させた，新しい材料の設計合成を行った(図9-7)[18]．この材料の融点(架橋後では軟化点とよんだほうが正しい)をDSC(differential scanning calorimetry，示差走査熱量計)測定により行うと，融点は両マクロモノマーの組成に直線的な依存性が見いだされた．この材料を用いて，モデル薬物の透過実験を行ったところ，あらかじめ測定された軟化点以下ではまったく透過が観察されない．ところが軟化点付近で急激に薬物透過が観察された[18]．上述したIPAAm系のヒドロゲルの温度変化に応答した薬物の水中放出制御はヒドロゲル応用研究の一つの出口として数多く報告されている．本研究のような「水中以外で駆動する」材料は数が少ない．

筆者らは，この材料を用いて表面形状記憶材料への展開に関する研究を進めている[19]．上述のように2分岐と4分岐のマクロモノマーの割合を変化させると室温では大変硬い材料が体温付近で急激にゴム様の柔軟性の高い材料が得られる．軟化している状態で「パターン」を押しつけると，膜上に型(モールド)どおりのパターンをつくることが可能である(図9-8)．これを軟化点以下まで冷やすとそのパターンが正確に保持される．この材料をさらに軟化点以上に昇温するとそのパターンは一瞬で消失させることが可能である．細胞接着状態をわずかな温度変化で変化させることにも成功しており，パターン変化による細胞機能制御の観点から研究を進めてい

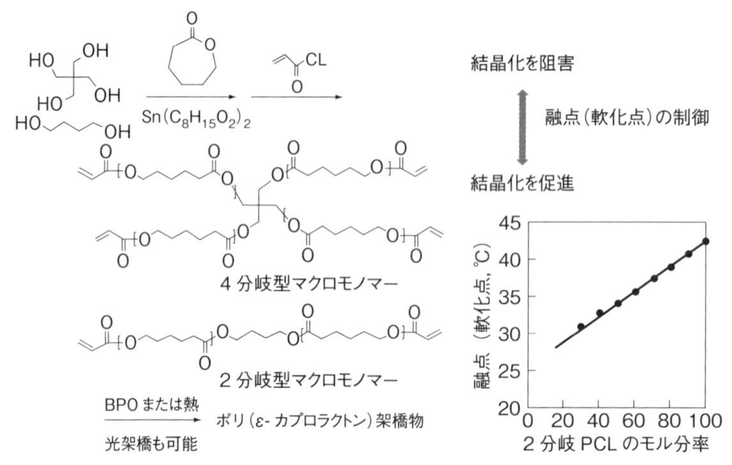


図9-7　融点制御されたポリカプロラクトン架橋物の調製

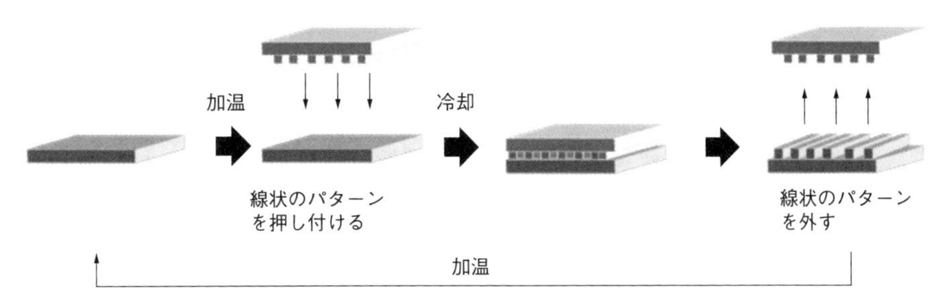


図 9-8 温度応答性材料を用いた平面形状記憶の仕組み

る段階である[20].

## まとめと今後の展望

バイオマテリアル応用を中心にスマートマテリアルを紹介してきた．近年のポリマー研究における精密重合技術の進歩は，ポリマー材料の分子設計と実際の合成を容易なものにしている．生体の複雑な機能を代替したり，診断・治療の進展のために新概念や新技術の創出は今後も大変重要な課題である．医学における問題解決のための材料側からのブレークスルーとしてのスマートマテリアルのますますの進展を期待したい．

## ◆ 文 献 ◆


[1] M. Heskins, J. E. Guillet, *J. Macromol. Sci. Pure Appl. Chem.*, **2**, 1441 (1968).

[2] A. Matsumoto, K. Yamamoto, R. Yoshida, K. Kataoka, T. Aoyagi, Y. Miyahara, *Chem. Commun.*, **46** (13), 2203 (2010).

[3] 岡野光夫，熊代善一，化学と工業，**67**，683 (2014).

[4] K. Nagase, J. Kobayashi, A. Kikuchi, Y. Akiyama, H. Kanazawa, T. Okano, *Biomacromolecules*, **15** (4), 1204 (2014).

[5] H. Yagi, K. Yamamoto, T. Aoyagi, *J. Chromato. B*, **876**, 97 (2008).

[6] P. Techawanitchai, K. Yamamoto, M. Ebara, T. Aoyagi, *Sci. Tech. Adv. Mater.*, **12**, 044609 (2011).

[7] 青島貞人，金岡鐘局，杉原伸治，"温度応答性ゲルの合成，"柴山充弘，梶原莞爾 監修，『高分子ゲルの最新動向』，シーエムシー出版 (2004)，p. 3.

[8] M. Yue, S. Champ, M. B. Huglin, *Polymer*, **41**, 7575 (2000).

[9] T. Aoyagi, M. Ebara, K. Sakai, Y. Sakurai, T. Okano, *J. Biomater. Sci. Polym. Ed.*, **11**, 101 (2000).

[10] T. Yoshida, T. Aoyagi, E. Kokufuta, T. Okano, *J. Polym. Sci., Polym. Chem.*, **41** (6) 779 (2003).

[11] T. Maeda, T. Kanda, Y. Yonekura, K. Yamamoto, T. Aoyagi, *Biomacromolecules*, **7**, 545 (2006).

[12] K. Yamamoto, D. Matsukuma, K. Nanasetani, T. Aoyagi, *Appl. Surface Sci.*, **255**, 384 (2008).

[13] H. Wakamatsu, K. Yamamoto, A. Nakao, T. Aoyagi, *J. Magnet. Magn. Mater.*, **302**, 327 (2006).

[14] Y. J. Kim, M. Ebara, T. Aoyagi, *Sci. Tech. Adv. Mater.*, **13**, 064203 (2012).

[15] D. Matsukuma, K. Yamamoto, T. Aoaygi, *Langmuir*, **22**, 5911 (2006).

[16] Y. J. Kim, M. Ebara, T. Aoyagi, *Angew. Chem., Int. Ed.*, **51**, 10537 (2012).

[17] Y. J. Kim, M. Ebara, T. Aoyagi, *Adv. Func. Mater.*, **23**, 5753 (2013).

[18] K. Uto, K. Yamamoto, S. Hirase, T. Aoyagi, *J. Contr. Rel.*, **110**, 408 (2006).

[19] M. Ebara, K. Uto, N. Idota, J. M. Hoffman, T. Aoyagi, *Adv. Mater.*, **24**, 273 (2012).

[20] M. Ebara, M. Akimoto, K. Uto, K. Shiba, G. Yoshikawa, T. Aoyagi, *Polymer*, **55**, 5961 (2014).

Chap 10

# バイオ医薬品(抗体医薬・核酸医薬)の最前線

# The Recent Advances in Therapeutic Antibodies and Nucleic Acids

佐々木 茂貴
(九州大学大学院薬学研究院)

## Overview

がんやアルツハイマー，あるいは遺伝性の筋ジストロフィーなどの疾患など治療困難な病気に対する創薬では，抗体医薬や核酸医薬などのバイオ医薬開発が活発に行われている．抗体医薬の実用化にはヒト型配列のモノクローナル抗体の大量生産技術の開発が一つのブレークスルーとなった．さらに，強力な薬効成分を抗体に結合し(ADC)，薬剤を治療標的に選択的に送達することによって効果的な抗体医薬が開発されている．短いオリゴヌクレオチドを主成分とする核酸医薬は，細胞膜を透過し，RNA など遺伝子発現系の標的に作用する必要がある．そのため，医薬としての実用化には体内で安定な化学修飾核酸医薬の開発がブレークスルーとなった．さらに新たな核酸医薬の開発は遺伝子発現系の解明とともに進められており，最新の核酸医薬の実用化は遺伝病の発症メカニズムの緻密な分析に基づいて達成された．

■ **KEYWORD** 📖マークは用語解説参照

- ■抗体医薬(antibody drug)
- ■抗体医薬複合体〔antibody drug conjugate(ADC)〕
- ■モノクローナル抗体(monoclonal antibody)📖
- ■バイオシミラー(biosimilar)📖
- ■核酸医薬(nucleic acid therapeutics)
- ■アンチセンス(antisense oligonucleotide)
- ■アプタマー(aptamer)
- ■RISC(RNA-induced silencing complex)📖
- ■siRNA(small interfering RNA)
- ■miRNA(micro RNA)

## はじめに

創薬の対象が治療困難な疾患に移ってきたこととも関連し，低分子医薬品の開発はますます困難になっている．その一方では，インスリンなどの生物製剤や抗体医薬などのバイオ医薬品の新薬開発は急速に活発化し，2012年以降には医薬品売上ランキング上位10品目の70%以上を占めるようになった．バイオ医薬の全医薬品売上に占める割合も2006年の21%から，2013年に45%になり，2020年には52%まで拡大すると予想されている[1]．抗体医薬品は関節リュウマチ，悪性リンパ腫や乳がんなど低分子医薬品では治療困難だった疾患に対する顕著な薬効が特徴で，近年，多くの新薬候補が開発されている．現在の新薬開発状況を見ると，低分子あるいはバイオ医薬品にかかわらず，大企業の役割が小さくなり，アカデミアやベンチャー企業の貢献が増大している．バイオ医薬品の非臨床試験数は米国では，大学・中小企業・ベンチャー発新薬が9割程度にまで高まっている．わが国でもアメリカより比率は少ないものの，非臨床試験数は大学・中小企業・ベンチャー発新薬が約5～6割となっている．このように，大学やバイオベンチャーで創薬のシーズを開発し，大手製薬企業による臨床試験を経て医薬品として臨床実用化されるという流れが確立しており，バイオ医薬品創薬におけるアカデミアの役割はますます重要になっている[2,3]．

抗体医薬の現在の興隆にもかかわらず，将来展開についてはいくつかの課題が指摘されている．また，次世代医薬としての期待度の高い核酸医薬は長年の研究にもかかわらず，成功例はきわめてかぎられている．これらのバイオ医薬の発展に化学は重要な貢献を果たしてきたが，今後も化学によるブレークスルーが期待されている．抗体医薬および核酸医薬の一般的な解説はほかの総説・成書に譲り[4~6]，本章では，化学が果たしてきたこれまでの貢献と今後期待される方向性について解説する．

## 1 抗体医薬

抗体は免疫系で重要な役割を担う糖タンパク質(免疫グロブリン，IgG)で，多様な異物(抗原)に特異的に結合する．抗体医薬はおもに中和作用(結合阻害作用)とADCC(抗体依存性細胞傷害：Antibody-Dependent-Cellular Cytotoxicity)ならびにCDCC(補体依存性細胞傷害：Complement-Dependent Cytotoxicity)で薬効を発揮する．単一の抗体(モノクローナル抗体)の作製技術が基盤となり，ヒト型配列のモノクローナル抗体の大量生産技術が開発され抗体医薬の実用化につながった．乳がんに対する抗がん剤として使用されるトラスツズマブ〔trastuzumab, Herceptin®)〕はHer2受容体に結合し，受容体のもつ増殖作用を抑制する．関節リュウマチに処方され，売上高一位のアダリムマブ(adalimumab, Humira®)は腫瘍壊死因子(tumor necrosis factor-α: TNF-α)に対する抗体で，TNF-αに結合することでその生理活性を抑制する．

抗体は最も成功したバイオ医薬品であり現在も多数の創薬研究が行われている．しかし，基本的に細胞外の受容体や増殖因子が標的であることから，標的候補の枯渇が危惧されている．また，抗TNF-α抗体医薬品である後続品インフリキシマブ(infliximab, Remicade®)が2013年にEUで，2014年にわが国で承認されたことも重要なできごとである．低分子医薬品の後発薬がジェネリック薬とよばれるのに対してバイオ医薬品の後発薬はバイオシミラーとよばれるが，抗体医薬品が安価になることは患者にとっては朗報であるものの，新薬開発を担う製薬企業にとっては新たな課題を抱えることになった．

## 2 抗体医薬の展開

このような状況下，新しい技術による抗体医薬品が開発されている．抗体に抗がん剤を化学結合し，抗体薬物複合体(antibody-drug conjugate: ADC)を作製し，薬剤の選択的デリバリー技術として利用する技術である．原理は抗体が細胞表面の受容体に結合し，細胞内に取り込まれた後，細胞内で低分子薬が放出されるメカニズムで薬効を発揮する．現在，多くのADC抗体医薬品が臨床開発中で，注目を集めている(図10-1)[7]．原理的には，以前から提唱されているミサイル療法と同じ，モノクローナル抗体を用いて薬物を目的の組織や細胞に送達させる．作

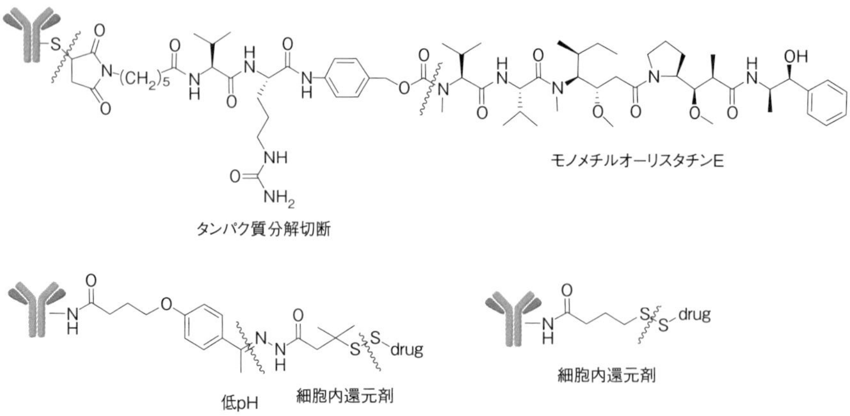

図 10-1　抗体薬物複合体(ADC)作製に使われるリンカー構造と切断か所

用薬にきわめて効力の強い薬物を使用したことと，抗体と作用薬を結合するリンカーを血中では安定で，細胞内で分解される構造に変更したことで，医薬品として実用化されるようになった．

ブレンツキシマブベドチン〔brentuximab vedotin, Adcetris(アドセトリス)®〕は最近，認可されたADC抗体医薬品で，抗CD30抗体にリンカーを介してチューブリン重合阻害薬であるモノメチルオーリスタチンE(monomethylauristatin E：MMAE)を結合している．アドセトリス®はCD30を発現しているホジキンリンパ種(Hodgkin's lymphoma：HL)と全身性未分化リンパ腫(anaplastic large cell lymphoma：ALCL)に対する治療薬として使用される．アドセトリス®に結合しているMMAEはヒトがん細胞に対して$IC_{50}$が0.3 nM以下というきわめて強い抗がん活性を示す[8]．親水性のジペプチドリンカー構造は抗体医薬の自己会合を抑制し，細胞内ペプチド分解酵素で容易に分解され，抗がん剤の放出を容易にしている．細胞内還元環境下によって切断されるジスルフィド結合や酸性条件で切断されるヒドラゾン構造など細胞内環境への応答性の異なるリンカーが開発されている．今後のADC抗体医薬品の展開には，非常に強い薬効を示す低分子化合物の開発に加えて，細胞質への遊離や集積に影響をもつリンカー構造の最適化に関して，緻密なメディシナルケミストリー研究が重要な鍵になると考えられる．また，抗体は核酸医薬の標的細胞選択的な細胞内移行のためのデリバリー技術としての展開も期待されている．

### 3 核酸医薬

DNAの塩基配列にコードされた遺伝情報はRNAに転写され，タンパク質に翻訳されて機能が発揮される．最初の核酸医薬の原理は，短い合成オリゴデオキシヌクレオチドを用いて相補的な配列のmRNAと複合体を形成させ，タンパク質合成を阻害するアンチセンス核酸である[9]．現在では，二本鎖DNAに作用するアンチジーンをはじめ，偽DNAとして転写因子と結合するデコイ核酸やRNA切断活性をもつリボザイム，タンパク質因子とRISC(RNA-induced silencing complex)複合体を形成し，mRNAを切断あるいは結合する小さな短鎖のsi(small interfering)RNAやmi(micro)RNAなど，さまざまな原理の核酸医薬の開発が進められている．miRNAは同時に複数の遺伝子発現を制御できることから，現在最も多くの核酸医薬が臨床研究の対象となっている．これまで検討されてきた核酸医薬の種類を図10-2にまとめた．核酸医薬の実用化のためには次のような課題を克服する必要がある．

(1) 酵素耐性：核酸医薬のリン酸ジエステル結合は酵素により容易に加水分解されるため，酵素に対して分解耐性をもつ構造が必要となる．

(2) デリバリー：核酸医薬はリン酸ポリアニオンを含む高分子であるため，細胞膜を通過することができない．これを克服するためには効果

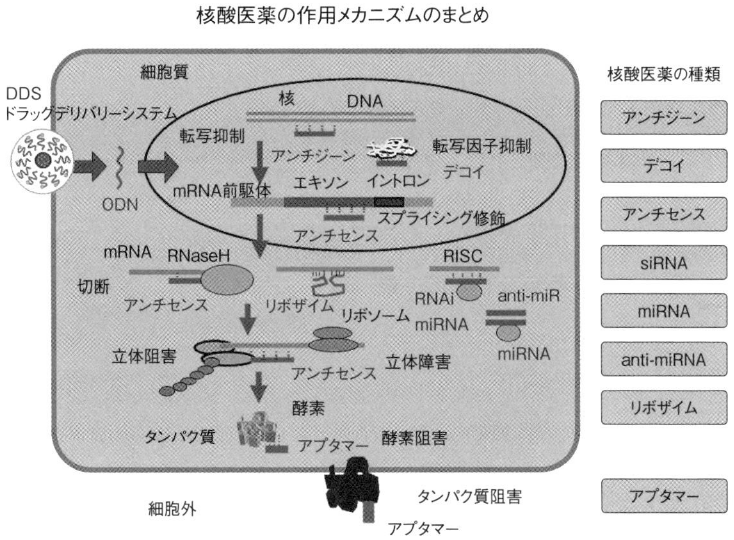

核酸医薬の作用メカニズムのまとめ

図 10-2　種々の核酸医薬の作用機構

的なデリバリー技術が不可欠である．とくに，がん組織への特異的なデリバリー技術の開発は重要課題である．

（3）自然免疫：CpG 配列は細胞内自然免疫系を活性化する．これは副作用の原因になるため，この応答を避けるための核酸医薬配列の設計が重要になる．

（4）標的・作用機序：遺伝子発現系で核酸医薬を適用する作用機構の設計が有効な治療効果を実現するための鍵となる．近年，さまざまな機能が解明されている nc(non-protein-coding) RNA を含めて，核酸医薬の活用法の設計が重要になっている．

現在まで臨床使用が認可された核酸医薬は 3 種類である．リン酸ジエステル結合がホスホロチオエートに変換され，糖部修飾ヌクレオシドが使用され，酵素耐性を獲得している点が共通している．現在では使用されていないが，最初に臨床応用されたホミビルセン(fomivirsen, Vitravene®)はエイズ患者のサイトメガロウイルス性網膜炎治療用のアンチセンス医薬品であり，眼内への局所投与で使用された．ペガプタニブ(pegaptanib, Macugen®)は，加齢黄斑変性疾患治療のためのアプタマー医薬品で，眼内局所投与により血管新生因子(vascular endothelial cell growth factor: VEGF)を阻害作用する．ペガプタニブは 3′ 末端がチミジンを 3′-3′ ホスホロチオエート結合で結合し，酵素安定性を向上させ，5′ 末端にポリエチレングリコール鎖を結合し，クリアランスを遅くしている[10]．2013 年に FDA(アメリカ食品医薬品局)承認を得たミポメルセン(mipomersen, Kynamro®)は肝臓組織における apoB mRNA を標的にするアンチセンス医薬品で，家族性高コレステロール血症の治療薬である．ミポメルセンは皮下投与で薬効を発揮する点で革新的な核酸医薬である．両端各 5 個のヌクレオシドのリボース部位は 2′ ヒドロキシ基がメトキシエチル化されており，ヌクレオシド間はホスホロチオエート結合により連結し，酵素分解を回避している．自然免疫を回避するためシトシンの代わりに 5-メチルシトシンが使用されている．天然型 2′-デオキシリボースで構成される中心部分が，mRNA の RNase H 切断を誘起する(図 10-3)．

ミポメルセンはアルブミンを含む血漿タンパク質への結合性が高く 85% 以上が結合しており，血中から臓器への移行性もよく，デリバリー製剤化の必要なく，脳以外の臓器に高い集積性を示している[11]．核酸医薬にコレステロールや脂質を結合すると，リポタンパク質〔LDL(low-density lipoprotein), HDL

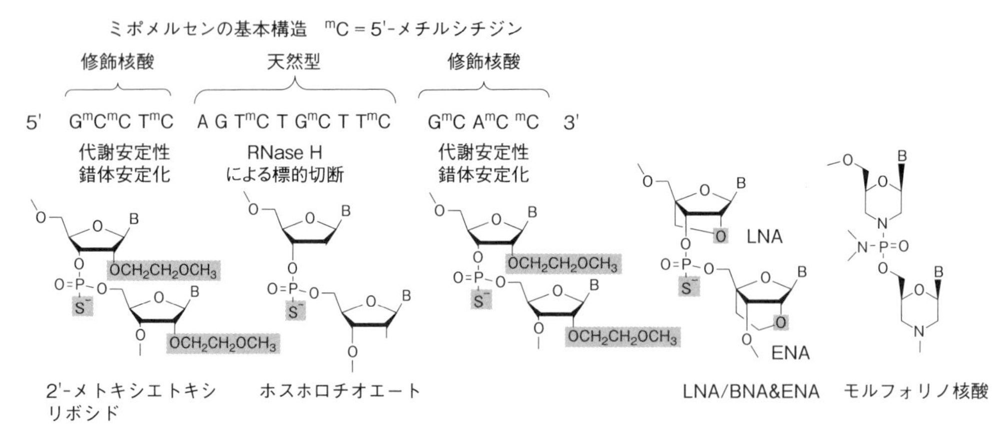


図 10-3 ミポメルセンの基本構造および LNA，ENA ならびにモルフォリノ核酸の構造式

(high-density lipoprotein)〕と複合体が形成され，リポタンパク質受容体を介して肝臓に取り込まれる[12]．疾患に関連する細胞に特異的に発現している細胞表面タンパク質(受容体)のリガンド分子を核酸医薬に共有結合し，受容体を介して細胞移行させ，標的指向性を高める戦略はデリバリー技術としてきわめて有効なアプローチであり[13]，コレステロール以外に，ペプチドや糖質[14]，トコフェロール(ビタミン E)[15,16]などの有効性が示されてきている．抗体薬物複合体医薬品は抗がん剤をがん細胞表面に特異的に発現する抗原を認識し，薬物を特異的に送達する．同様に siRNA 医薬の細胞特異的なデリバリーのために抗体との共有結合体(antibody-siRNA conjugates：ARC)が検討されている[17]．ADC による低分子薬の輸送と異なり，エンドソーム細胞内移行後の動態が核酸医薬の薬効に影響を与えるため，抗体と核酸医薬を連結するリンカーの設計が有効な ARC 薬開発の鍵になると考えられる．

## 4 核酸医薬の展開

これまで行われてきた臨床研究はアンチセンス医薬品が最も多いが，その後，siRNA 医薬が増加し，2010 年以降は，miRNA に関する臨床研究が急増している．miRNA は発現が多くても少なくても疾患につながる．過剰発現の場合には阻害剤としての核酸医薬の開発が可能であり，不足する場合には miRNA 補塡療法の可能性がある[18]．ミラビルセン(Miravirsen)は miRNA 機能を阻害する anti-miR 医薬の興味深い例であり，肝臓特異的な miR-122 に対する阻害作用によって慢性 C 型肝炎治療効果を示す[19]．miR-122 は数多くの mRNA の翻訳を制御するが，ヒト C 型肝炎ウイルス(HCV)の 5′-非翻訳領域と結合することによってウイルスゲノムの翻訳を亢進する．ミラビルセン®は miR-122 に結合することによってウイルスの増殖を阻害する．ミラビルセン®は 15 塩基長のオリゴヌクレオチドでホスホロチオエート結合によって 8 個の LNA(locked nucleic acid)と 7 個の DNA を連結し，免疫応答を避けるため 5-メチルシトシンが用いられている．LNA と DNA の組合せは最適な複合体安定化に必要である．肝臓を標的としているため，デリバリー製剤化の必要なく血中投与によって薬効を発揮する．miR-122 の生理的機能の阻害による副作用も考えられるが，臨床フェーズ IIa では副作用も見られず HCV 治療効果が認められ，長期投与試験が現在進行中である．

本稿の脱稿後，2016 年 9 月および 12 月に二つの新しいアンチセンス核酸医薬が FDA から承認を得た．エテプリルセン(eteplirsen, Exondys 51®)は 30 塩基長のモルフォリノ核酸(図 10-3)で，筋繊維の変性により次第に筋肉が萎縮していく難病であるデュシェンヌ型筋ジストロフィー〔Duchenne muscular dystrophy(DMD)〕の治療薬である[20]．この病気は DMD 遺伝子から転写される pre-mRNA から mRNA が熟成(スプライシング)されるとき，点変異部分が原因となり mRNA 中に異常な停止コドンが発生し，筋肉を支える機能性のジストロフィンタンパク質が合成されなくなることで発症する．エテプリルセンはスプライシングによって切り取られる pre-mRNA の部分(エクソン)の 51 番目に作用し，mRNA 中への異常な停止コドン発生を抑制し，正常なタンパク質よりは短く，機能も弱いものの，機能性のジストロフィンタンパク質の合成を促すことで治療効果を発揮する[21]．わが国でも他のエクソンを標的にした核酸医薬の臨床実用化が進められている．

ヌシネルセンナトリウム(Nusinersen sodium, Spinraza®)は脊髄性筋萎縮症(spinal muscular atrophy, SMA)の最初の治療薬としてわが国でも 2017 年 7 月に認可された[22]．脊髄性筋萎縮症は筋ジストロフィーと同様に筋肉が萎縮する疾患であるが，原因が筋肉組織ではなく運動ニューロンである点が異なる．運動ニューロンの正常な機能を維持する survival of motor neuron 1(SMN1)遺伝子の点変異により SMN タンパク質の産生が減少し，ニューロンが徐々に消失し筋肉への脳からの信号が遮断され発症する．ゲノムには SMN1 と同等の SMN2 遺伝子が含まれているが，SMN2 遺伝子からの正常な SMN タンパク質の生産量は低いため，SMN1 遺伝子機能を補完することはできない．ヌシネルセンは SMN2 遺伝子の pre-mRNA に作用し，スプライシング過程を変化させ，機能的に正常な mRNA の産生を促し，その結果，中枢神経系における機能性 SMN タンパク質産生量を増加させる[23]．ヌシネルセンはこれまでまったく治療薬のなかった脊髄性筋萎縮症に治療効果を発揮し，患者とその家族に希望を与えている．

現在，遺伝病やがんなどの難病に対して多数の核酸医薬の臨床試験が行われており，さらなる画期的な新薬の誕生が期待される．

## 5　機能性人工核酸の展開

DNA から mRNA そしてタンパク質につながる遺伝子情報の流れを制御する ncRNA 機能の発見に加えて，DNA や RNA に対するメチル化のような小さな化学修飾による精緻なコントロール機構が解明されてきている．塩基のわずかな違いでも遺伝子機能に大きな影響を与え，疾患の原因になる場合がある．筆者らの研究室では，一塩基の正確な認識を目指して機能性人工核酸を開発している．ここでは，化学官能基転移人工核酸と三本鎖形成人工核酸について最近の進展を紹介する．

### 5-1　官能基転移核酸

生体内では，塩基のアルキル化は遺伝子制御の鍵反応となっており，DNA シトシンの 5′-メチル化は代表的なエピジェネティック修飾である．最近では，RNA アデニンの 6-アミノ-メチル化[24]あるいは RNA リボースの 2′-*O*-メチル化[25]など，RNA に対するエピジェネティック修飾が注目されている．アルキル化抗がん剤は DNA をアルキル化するが，RNA に対する反応も含まれていると考えられている[26]．このように DNA や RNA 塩基の選択的な化学修飾を配列特異的にコントロールできれば，遺伝子発現を一塩基レベルで制御できる技術に展開可能と考えられた．この目的のためにわれわれは標的 RNA との錯体内で官能基を転移させる機能性人工核酸の開発に取り組んだ(図 10-4)[27]．

最初の実施例は，*S*-ニトロシル-6-チオグアノシンを含む人工核酸による標的シトシンへのニトロシル基転移反応である(図 10-5)．5-メチルシトシンアミノ基への転移反応は選択的に進行し，生成した *N*-ニトロシル体は脱アミノ化して最終的にチミンを生成することが確認された．この反応は配列選択的に 5-メチルシトシンをチミンに変換したことから，人工的な編集反応とよぶことができる．*S*-ニトロシル-6-チオグアノシンを含む人工核酸は安定性に課題があったため，安定な分子の転移反応として，ジケトビニル転移基の転移反応を開発した．ジケトビニル修飾チオグアノシンはシトシンアミノ基と Michael 反応を起こし，引き続き $\beta$-脱離によりチオグアノシンからシトシンに転移する．この反応は，グアニン-2-アミノ基のアルキル化，遷移金属イオンによる活性化，RNA 分子への種々の官能基の導入，$O^6$ メチルグアニンの検出法などに展開された．

官能基転移核酸を細胞内で利用するため，転移基の安定性を高め，転移反応性が金属イオンとの錯体

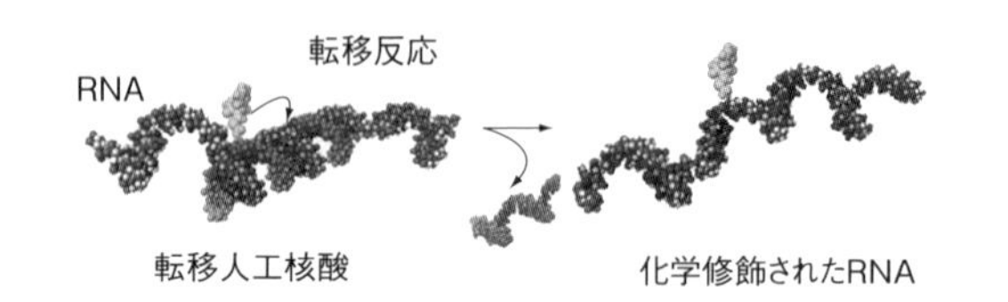


図 10-4　官能基転移人工核酸による RNA の特異的化学修飾反応の概念図

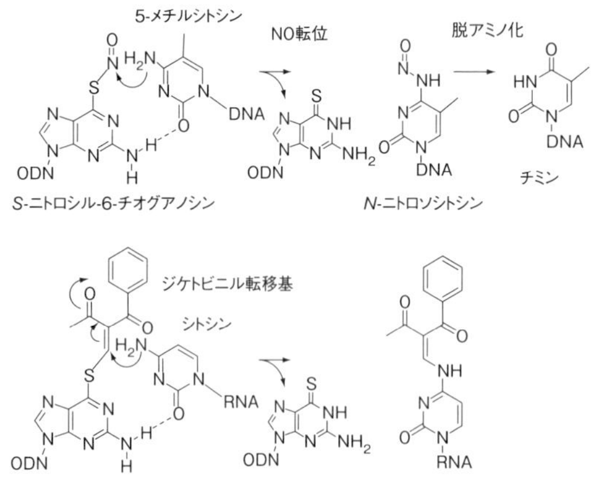

図 10-5　シトシンアミノ基へのニトロシル基およびジケトビニル基の転移反応

形成によって活性化する新しいピリジンケトビニル転移基を設計した[28]．ピリジニルケトビニル転移基は後の詳細な検討で，(*E*)-ヨウ化ビニル体を人工核酸に搭載した場合だけ，効果的な転移反応が起こることがわかった．(*E*)-ピリジニルケトビニル転移基を導入した人工核酸の RNA 基質への官能基移反応は $NiCl_2$ 添加により著しく加速され，シトシンに対して選択的に進行し 15 分以内に 90％以上の修飾収率を与えた．興味深いことに，$NiCl_2$ の有無にかかわらず転移人工核酸の安定性に変化はなかったことから，$NiCl_2$ は化学反応性を高めていないことが示された．詳細な速度論的解析を行った結果，$NiCl_2$ による転移反応の活性化はピリジニルケト部とプリン塩基の 7 位窒素を橋かけするように錯体形成し，人工核酸と標的 RNA を強制的に接近させることによって，シトシン 4-アミノ基の Michael 付加反応を促進していることが示唆された(図 10-6)．

この反応機構によって転移基は緩衝液中では $NiCl_2$ による活性化を受けず，安定性は変化しないものの，標的 RNA との錯体内でのみ活性化を受ける現象もよく説明できる．標的塩基をアデニンに拡

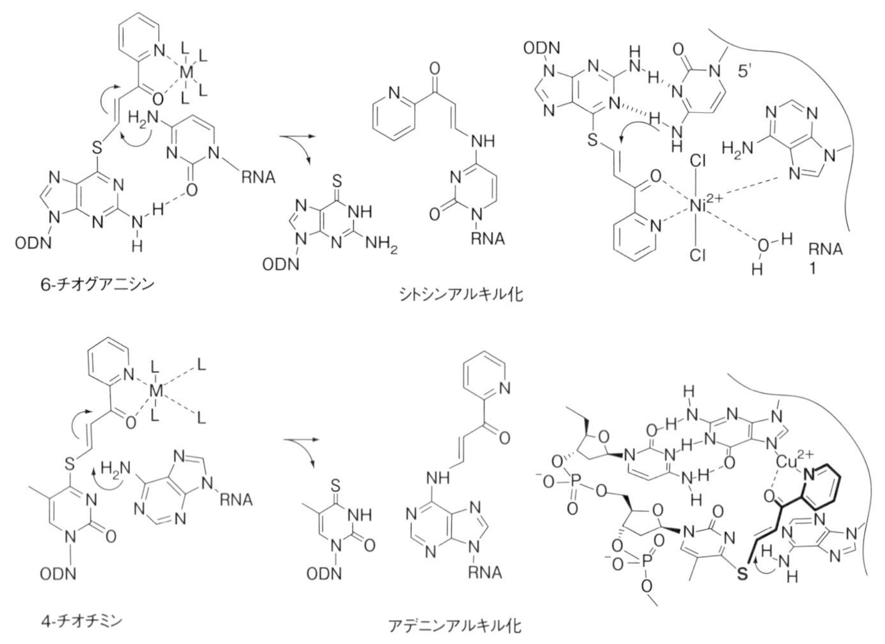


図 10-6　ピリジニルケトビニル基の選択的転移反応に及ぼす金属イオンによる近接効果

張するため，4-チオチミンにピリジニルケトビニル転移基を導入したところ，期待通りにアデニンに対して高い選択性と高い効率で転移反応が誘起された[29]．この反応では $CuCl_2$ が最も高い加速効果を示したが，この場合もピリジニルケト部分とRNA標的の隣接グアニンとの橋かけ錯体による近接効果によるものと考えられる．

## 6 三本鎖形成人工核酸

二本鎖DNAはさらにもう1本のDNAを結合させて三本鎖DNAを形成させて認識することができる．しかし，三本鎖DNAの安定化にはWatson-Crick塩基対に対する特異的なHoogsten型水素結合の形成が重要であるため，ホモプリン-ホモピリミジン領域では安定に形成するものの，プリン塩基ピリミジン塩基が混在するような一般的な配列では三本鎖DNAは形成しにくい．三本鎖DNAはアンチジーン法として効率的な転写阻害法としての発展が期待されているが，このような認識配列制限のため，核酸医薬としては展開されていない．mRNAやmiRNAに加えて長鎖ncRNAなど核酸医薬の標的が増大しているので，RNA合成の起点となる転写は核酸医薬の重要な標的であると考えられる．筆者らは三本鎖DNA形成によって認識できる遺伝子配列を拡張するための人工核酸の開発を行っている．

最初にビシクロ型人工核酸(W-shaped nucleic acid: WNA)を開発し，4種の認識コードを完成させることに成功した(図10-7)．核酸医薬への展開の予備検討としてがん遺伝子 *survivin* のTA塩基対を含むプロモーター部位を標的にWNA-βTを組み込んだ三本鎖形成核酸を合成したところ，A549細胞に対して天然型よりも強い抗腫瘍活性を示した[30]．最近，WNAでは難しかったCG塩基対を認識できるpseudo-dC(ΨdC)の2-アミノピリジン誘導体(AP-ΨdC)を開発した[31]．ヒトテロメラーゼ逆転写酵素のCG塩基対を含むプロモーター部位を標的にmethyl AP-ΨdCを組み込んだ三本鎖形成人工核酸は，Hela細胞に対して有効な転写阻害効果を示した．三本鎖形成人工核酸は，これまで核酸医薬として十分に検討されてこなかったが，筆者らの開発した人工ヌクレオチドを鍵として新たな展開が開けるものと考えている．

## 7 まとめと今後の展望

クロスリンク，RNAアルキル化能および三本鎖DNA形成能をもつインテリジェント人工核酸は，一塩基の違いを厳密に区別できることが特徴である．反応性人工核酸は，試験管内の予備試験ではあるが，クロスリンクによってアンチセンス阻害効果の増強，miRNA機能制御に加えて，シトシンアミノ基の脱アミノ化や，クロスリンクか所で停止した短いタンパク質の産生など，非共有結合的なハイブリッド錯体形成では実現困難な機能を発揮することが示されてきた．三本鎖形成人工核酸はアンチジーン法に基づく抗腫瘍活性を示した．このような人工核酸の機能は，斬新なバイオツールして細胞レベルの応用として，治療用細胞の作製技術に展開できる可能性を秘めている．インテリジェント人工核酸は，生物学

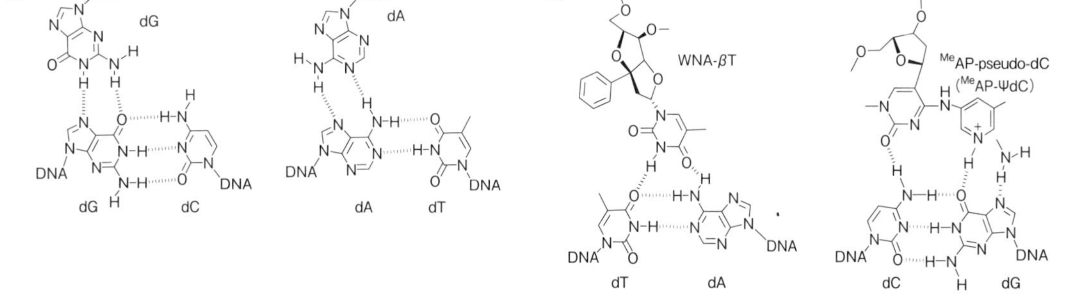

図10-7　三本鎖DNAを安定化する天然型三塩基対(a)と，人工ヌクレオシド誘導体による非天然型三塩基対(b)

的利用率の向上，副作用や毒性など数多くの克服すべき課題があるが，臨床試験が幅広く展開されている核酸医薬に加えて，さらなる可能性を拓くものと期待している．

## ◆ 文 献 ◆


[1] World Overview 2014, Outlook to 2020, Evaluate-Pharma, June 2014.

[2] 独立行政法人科学技術振興機構 研究開発戦略センター ライフサイエンス・臨床医学ユニット，革新的バイオ医薬品，調査検討報告書 CRDS-FY2013-RR-03，2014 年 3 月発行．

[3] 長部喜幸，治部眞里，情報管理，**56**，685（2014）．

[4] 関根　進，科学技術動向，**103**，13（2009）．

[5] 山口照英，*Bull. Natl. Inst. Health Sci.*, **132**, 36（2014）．

[6]『核酸医薬の最前線』，和田　猛 監修，シーエムシー出版（2009）．

[7] J. M. Lambert, *Br. J. Clin. Pharmacol.*, **76**, 248（2012）．

[8] S. O. Doronina, B. E. Toki, M. Y. Torgov, B. a. Mendelsohn, C. G. Cerveny, D. F. Chace, R. L. DeBlanc, R. P. Gearing, T. D. Bovee, C. B. Siegall, J. a. Francisco, A. F. Wahl, D. L. Meyer, P. D. Senter, *Nat. Biotechnol.*, **21**, 778（2003）．

[9] P. C. Zamecnik, M. L. Stephenson, *Proc. Natl. Acad. Sci. USA.*, **75**, 280（1978）．

[10] E. W. M. Ng, D. T. Shima, P. Calias, E. T. Cunningham, D. R. Guyer, A. P. Adamis, *Nat. Rev. Drug Discov.*, **5**, 123（2006）．

[11] S. T. Crooke, R. S. Geary, *Br. J. Clin. Pharmacol.*, **76**, 269（2013）．

[12] C. Wolfrum, S. Shi, K. N. Jayaprakash, M. Jayaraman, G. Wang, R. K. Pandey, K. G. Rajeev, T. Nakayama, K. Charrise, E. M. Ndungo, T. Zimmermann, V. Koteliansky, M. Manoharan, M. Stoffel, *Nat. Biotechnol.*, **25**, 1149（2007）．

[13] N. K. Mehra, V. Mishra, N. K. Jain, *Ther. Deliv.*, **4**, 369（2013）．

[14] J. K. Nair, J. L. S. Willoughby, A. Chan, K. Charisse, M. R. Alam, Q. Wang, M. Hoekstra, P. Kandasamy, A. V. Kel'in, S. Milstein, N. Taneja, J. O'Shea, S. Shaikh, L. Zhang, R. J. van der Sluis, M. E. Jung, A. Akinc, R. Hutabarat, S. Kuchimanchi, K. Fitzgerald, T. Zimmermann, T. J. C. van Berkel, M. A. Maier, K. G. Rajeev, M. Manoharan, *J. Am. Chem. Soc.*, **136**, 16958（2014）．

[15] K. Nishina, T. Unno, Y. Uno, T. Kubodera, T. Kanouchi, H. Mizusawa, T. Yokota, *Mol. Ther.*, **16**, 734（2008）．

[16] K. Nishina, W. Piao, K. Yoshida-Tanaka, Y. Sujino, T. Nishina, T. Yamamoto, K. Nitta, K. Yoshioka, H. Kuwahara, H. Yasuhara, T. Baba, F. Ono, K. Miyata, K. Miyake, P. P. Seth, A. Low, M. Yoshida, C. F. Bennett, K. Kataoka, H. Mizusawa, S. Obika, T. Yokota, *Nat. Commun.*, **6**, 7969（2015）．

[17] T. L. Cuellar, D. Barnes, C. Nelson, J. Tanguay, S.-F. Yu, X. Wen, S. J. Scales, J. Gesch, D. Davis, A. van Brabant Smith, D. Leake, R. Vandlen, C. W. Siebel, *Nucleic Acids Res.*, **43**, 1189（2015）．

[18] A. G. Bader, D. Brown, M. Winkler, *Cancer Res.*, **70**, 7027（2010）．

[19] S. Ottosen, T. B. Parsley, L. Yang, K. Zeh, L.-J. van Doorn, E. van der Veer, A. K. Raney, M. R. Hodges, A. K. Patick, *Antimicrob. Agents Chemother.*, **59**, 599（2015）．

[20] "FDA grants accelerated approval to first drug for Duchenne muscular dystrophy". Press Announcements. U. S. Food & Drug Administration. September 19, 2016.

[21] S. Cirak, V. Arechavala-Gomeza, M. Guglieri, L. Feng, S. Torelli, K. Anthony, S. Abbs, M. E. Garralda, J. Bourke, D. J. Wells, G. Dickson, M. J. Wood, S. D. Wilton, V. Straub, R. Kole, S. B. Shrewsbury, C. Sewry, J. E. Morgan, K. Bushby, F. Muntoni, *The Lancet.*, **378**（9791）, 595（2011）．

[22] E. W. Ottesen, *Translational Neuroscience*, **8**（1）, 1（2017）．

[23] C. Zanetta, M. Nizzardo, C. Simone, E. Monguzzi, N. Bresolin, GP Comi, S. Corti, *Clinical Therapeutics*, **36**（1）, 128（2014）．

[24] Y. Niu, X. Zhao, Y. S. Wu, M. M. Li, X. J. Wang, Y. G. Yang, *Genomics, Proteomics Bioinforma.*, **11**, 8（2013）．

[25] J. Ge, H. Liu, Y.-T. Yu, *RNA*, **16**, 1078（2010）．

[26] E. Feyzi, O. Sundheim, M. P. Westbye, P. A. Aas, C. B. Vågbø, M. Otterlei, G. Slupphaug, H. E. Krokan, *Curr. Pharm. Biotechnol.*, **8**, 326（2007）．

[27] S. Sasaki, K. Onizuka, Y. Taniguchi, *Chem. Soc. Rev.*, **40**, 5698（2011）．

[28] D. Jitsuzaki, K. Onizuka, A. Nishimoto, I. Oshiro, Y. Taniguchi, S. Sasaki, *Nucleic Acids Res.*, **42**, 8808（2014）．

[29] I. Oshiro, D. Jitsuzaki, K. Onizuka, A. Nishimoto, Y. Taniguchi, S. Sasaki, *ChemBioChem*, **16**, 1199（2015）．

[30] Y. Taniguchi, S. Sasaki, *Org. Biomol. Chem.*, **10**, 8336（2012）．

[31] H. Okamura, Y. Taniguchi, S. Sasaki, *ChemBioChem*, **15**, 2374（2014）．

Chap 11

# DNAの折り畳みを操る：高分子ミセル型遺伝子デリバリーシステムの創出

## Control of DNA Packaging: Development of Polyplex Micelles as Gene Delivery System

長田　健介
（東京大学大学院工学系研究科）

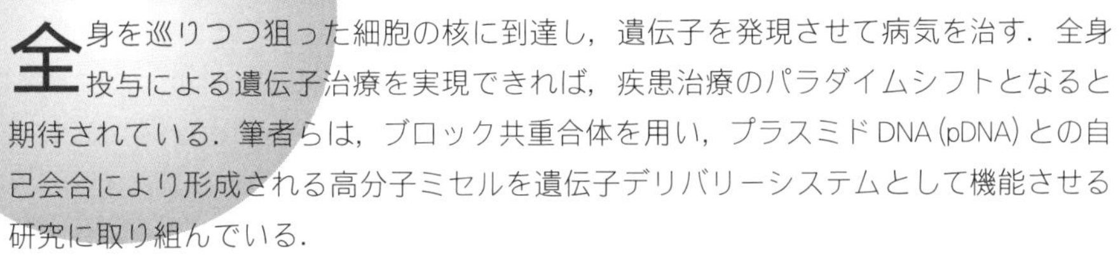

## Overview

全身を巡りつつ狙った細胞の核に到達し，遺伝子を発現させて病気を治す．全身投与による遺伝子治療を実現できれば，疾患治療のパラダイムシフトとなると期待されている．筆者らは，ブロック共重合体を用い，プラスミドDNA（pDNA）との自己会合により形成される高分子ミセルを遺伝子デリバリーシステムとして機能させる研究に取り組んでいる．

本章では，pDNAを高分子ミセル中にうまくしまい込むパッケージング論と高分子ミセルの構造組織化を中心に，全身投与用遺伝子デリバリーシステムを創出するこれまでの取り組みを紹介する．鍵は“長いひもをまとめ上げる”である．

■ **KEYWORD** 📖マークは用語解説参照

- 遺伝子治療（gene therapy）
- 非ウイルス性遺伝子キャリア（non-viral gene carriers）📖
- プラスミドDNA（plasmid DNA）
- DNA凝縮（DNA condensation）
- DNAパッケージング（DNA packaging）📖
- ブロック共重合体（block copolymers）
- 高分子ミセル（polymeric micelles）
- ポリプレックスミセル（polyplex micelles）📖
- デンドリマー（dendrimers）
- エンドソーム脱出（endosome escape）
- トロイド（toroid）

## はじめに

長いひもをまとめる．やり方は三通りある．丸める，畳む，巻くである．ここで扱うひもは，環状・超らせんのトポロジーをもち，長さ数マイクロメートル(数千塩基対)のプラスミドDNA(pDNA)である．これをうまく操ることで遺伝子治療のためのデリバリーシステムが出来上がる．多くの疾患は，タンパク質発現レベルの不安定化に起因することがわかってきた．したがって，そのタンパク質を補正してあげれば病気が治せる．単純には，タンパク質を直接投与すればよいが，投与したタンパク質を局所に長時間とどめておくことは難しく，またタンパク質を大量に調製，精製するにはコストの面からも難しい．そこで，セントラルドグマの最上流であるDNAを標的細胞の核へ送り込み，転写，翻訳を経て治療用タンパク質を発現させるという遺伝子治療が提案された．この場合，送り届けたDNAが存在するかぎりそれをもとにタンパク質が生産されることから，持続性が望める．また，治療用タンパク質として分泌性タンパク質を選択すれば，標的細胞周囲のみならず全身に効果を及ぼすことができる．標的とする細胞すべてに薬剤を送り届けることは実質的に困難であることから，これは強力である．

## 1 遺伝子治療と高分子ミセル型遺伝子キャリア

遺伝子治療の実現には，遺伝子を送り届けるキャリアが必須となる．患部が体表に近く直接投与が可能な場合，遺伝子キャリアに求められる機能は，(i)細胞に効果的に侵入すること，(ii)ライソソームで分解される前にすみやかに細胞質へ脱出すること(エンドソーム脱出)，(iii)核へ移行すること，そして(iv)効率よく転写されることである．一方，患部へのアプローチに手術が必要な場合，投与ごとに手術を受けることになり頻回投与は困難である．対して，体中をくまなく巡る血管系から患部にアプローチする全身投与であれば，静脈注射のみでよい．しかしながら，生体にとって自身のゲノム以外のDNAは敵であることから，血中には核酸分解酵素が待ち受けている．また，細網内皮系といった防御機構が幾重にもはりめぐらされている．全身投与を達成するには，上述した細胞到達後の(i)～(iv)のプロセスに加え，これらの障壁をすり抜けつつ，標的細胞に達する機能が必要となる．これらのステップを確実かつ安全にクリアしていく全身投与用遺伝子キャリアの完成は容易くはない．しかし，一度完成すれば，キャリア(ハード)は遺伝子(ソフト)を選ばないことから，疾患機序を踏まえ遺伝子を選択することで，多種多様な治療戦略が可能となる万能性がある．

遺伝子を発現させるという目的において，天然の遺伝子キャリアといえるウイルスは優れた特性を有する．実際，現在行われている遺伝子治療の臨床治験の多くはウイルスをベースに進められている．しかしながら，発がん性や免疫原性があることから安全面の問題が指摘されており，また担持できる遺伝子のサイズに限界がある．加えて，元来全身投与に適さないことから，ウイルスに代わる合成の遺伝子キャリアの開発に期待が寄せられている．合成のキャリアは，治療用遺伝子を組み込んだpDNAをカチオン性の脂質や高分子と静電相互作用を介して会合(ポリイオンコンプレックス形成)させることで作製するのが基本である．いわゆるDNA凝縮により，体積がおよそ1/1000に縮まるとともに細胞に取り込まれるようになる．これまでの開発の結果，培養細胞への遺伝子導入は十分可能になっており，いくつかは遺伝子導入試薬として市販されている．これらを用いることで，体外で遺伝子導入した細胞を体内に戻すという *ex vivo* による治療や，局所投与による *in vivo* 治療も可能になってきている．一方，全身投与については，血中を介して目的とする細胞に到達するというプロセスの壁が大きく，実用化の目処は立っていない．

血中投与された遺伝子キャリアは，ただちに血中のタンパク質や細胞と会合し，凝集塊をつくってしまう．こうなると細網内皮系に補足されるだけでなく，毛細血管を塞栓してしまい，致死的な毒性の原因となってしまう．これを防ぐには，ポリエチレングリコール(polyethylene glycol：PEG)に代表される非イオン性の水溶性高分子で覆うことが有効とされる．PEG化の有効性は，薬剤やイメージング剤のデリバリーシステムにおいて確認されており，たとえば制がん剤内包高分子ミセルは数日間にわたり血中に滞留する．遺伝子キャリアのPEG化は，脂質にPEGを結合させたPEG化脂質や，ポリカチオンへPEGをグラフトあるいはブロックとして結合させた高分子を用いることで作製される．これまでに全身投与を指向したさまざまなタイプのPEG化遺伝子キャリアが開発されてきたが，制がん剤デリバリーシステムと比べるといずれも血中安定性はきわめて低い．同程度の粒径をもち，かつPEG化されていてもである．このことは，DNAの全身投与は，既存の薬剤デリバリーシステム開発戦略の延長では困難であることを示している．

大きな違いは，運ぶべきpDNAが，分子量にして数百万，長さにして数マイクロメートル，環状・超らせん型のトポロジーと持続長50 nmの剛直性をもつ巨大高分子であること，そして役目を果たすためにはほんの数か所の切断も許されないことである．制がん剤やイメージング剤の大きさが1〜2 nm程度であること，核酸医薬として注目されるsi(small interfering)RNAの長軸長がおよそ7 nmであることとから，pDNAは，大きさが根本的に違う．これを確実に遺伝子キャリア中に内包するとともに確実に表面をPEGで覆い，全身投与で機能させるには，DNAとポリカチオンとを単純に混合させればいいというものではなく，pDNAの物質としての違いを認識し，熱力学と動力学という構造形成の本質的な法則に立脚して遺伝子キャリアをつくりあげるというプロセスが必要となる．ウイルスを見てみると，自身のゲノムを秩序構造を以てパッケージングし，その周囲をタンパク質(キャプシド)や脂質膜からなるエンベロープで覆った構造組織体となっている．人工の遺伝子キャリアをつくるには，DNAパッケージングの秩序化と構造組織化という考えは必然である．

遺伝子キャリアの内部にpDNAをパッケージングし，周囲をPEGで覆う構造を考えたとき，内核と外殻の界面を揃えることは会合体としての熱力学的な安定性を高めることになる．界面を並べるための分子鎖の配列を考えれば，PEG脂質系，PEGグラフト系，PEGブロック系のなかで，ブロック系がより適していそうである．このことから，片岡らは，PEG-ポリカチオンブロック共重合体を選択し，それとpDNAとが会合することで形成されるポリプレックスミセル(polyplex micelles: PMs)を遺伝子キャリアとして用いることを創始した[1]．そのうえで筆者らは，次のような開発の道筋を立てた．第一にPMsがどのような構造をしているのかを知ること．すなわち，pDNAという長大な鎖がPMs内核にどのようにパッケージングされているのか，その外殻をなすPEGはどの程度の密度で覆っているのかを理解することである．第二に内核と外殻の構造を制御する支配因子は何かを明らかにし，構造を自在に操ること．第三にPMs構造と遺伝子キャリアとして機能特性との相関を明らかにし，最適構造を見いだすこと．そして第四にデリバリーの各プロセスを効率的に突破するための機能性分子を，その性能を最大限に発揮する空間に配置した構造組織体に仕上げることである．

## 2 pDNAのパッケージングとその制御

PMsを動的光散乱測定で観察すると粒径およそ100 nmの粒子として観察される．AFM(atomic force microscope，原子間力顕微鏡)やTEM(transmission electron microscope，透過型電子顕微鏡)を用いてその形態を詳細に観察すると，PMsはロッド状やドーナツ状(トロイド)，不定形に丸まったようなグロビュール状の形態が共存する構造多形であることがわかる(図11-1)．これらの構造は，長いひものまとめ方，畳む，巻く，つぶす(図11-2)と同じである．

### 2-1 pDNAのロッド構造への折り畳み

構造多形のなかでロッド状構造が最も多く観察される．ひもを畳むことから推察されるように，ロッド構造はpDNAが複数回折り畳まれた束である．PEG-ポリリシン(PLys)ブロック共重合体〔図11-3(a)〕を用いてpDNAのロッド状構造へのパッケージングを検討した．その結果，興味深い折り畳み則が見いだされた．pDNAが$n$回折り畳まれ，pDNA全長の$2(n+1)$の逆数の倍数のロッド長となるという量子化折り畳み則である(図11-1)[2]．一方で二

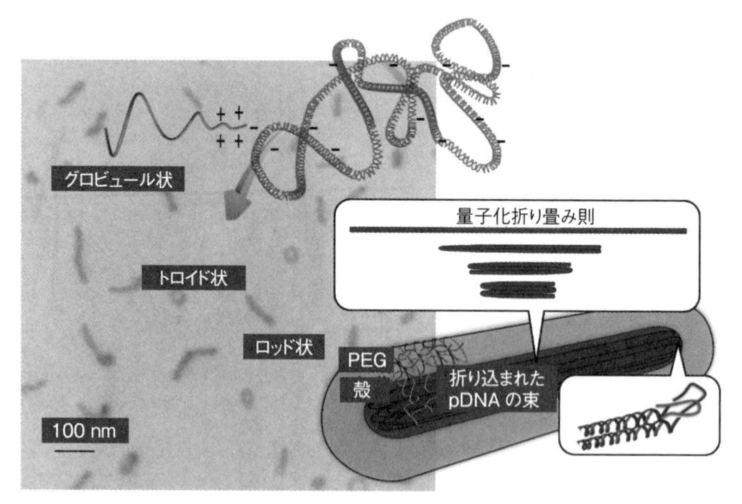


図 11-1　pDNA とブロック共重合体とが形成する遺伝子内包高分子ミセルの TEM 像とロッド型へのパッケージングの模式図

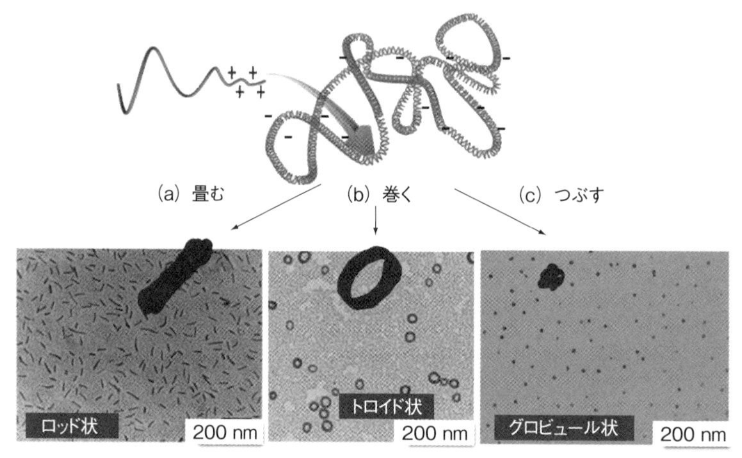


図 11-2　ブロック共重合体で操る pDNA のパッケージング
ひもを，(a) 畳む，(b) 巻く，(c) つぶす，ことでそれぞれロッド状，トロイド状，グロビュール状パッケージングが選択的に得られる．

重らせん DNA の剛直性を考えるとロッド末端での 180 度の屈曲は不合理である．ここには興味深いトリックがあった．剛直性の起源である二重らせん構造が局所的に解離し，柔軟な一本鎖となることで屈曲するというものである(図 11-1)[2,3]．

では，折り畳み数 $n$，すなわちロッド長は何によって規定されるのだろうか．このことは PLys 重合度の異なる一連の PEG-PLys ブロック共重合体を用いて検討された．ロッド長は，PLys 重合度に大きく依存し，PLys 重合度が大きくなるにつれ，平均のロッド長は短くなる[4]．このロッド長の PLys 重合度依存性は，次の三つの因子を考えると理解できる．電荷の中和により脱水和した DNA/PLys ポリイオンコンプレックス表面は，水との接触を避けたい．これが長軸方向に収縮力を生じさせる．この DNA 凝縮の起源に対し，折り畳まれた DNA の剛直性と，局所空間に濃縮されることを嫌う PEG の立体反発とのバランスでロッド長が決まるという図式である[5]．したがって，結合する PEG 本数が少なくなれば(PLys 重合度を上げる)立体反

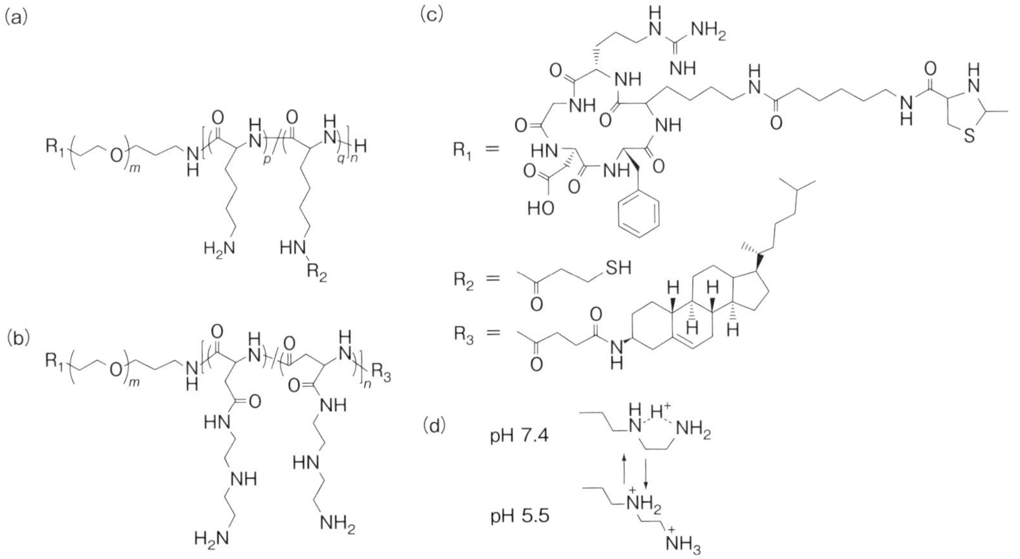

**図 11-3　ブロック共重合体の構造**

（a）PEG-PLys,（b）PEG-PAsp(DET),（c）種々置換基：$R_1$ = リガンドとしての cyclic RGD(cRGD) ペプチド，$R_2$ = ジスルフィド架橋のためのチオール基，$R_3$ = コレステリル基，（d）pH 変化に対する PAsp(DET)側鎖アミンのプロトン化度の変化.

発効果が減少し，より短いロッド構造が形成される．反対に，結合する PEG 本数が増えれば(PLys 重合度を下げる)，PEG の立体反発効果が増加し，より内核界面が押し広げられるためロッド長は長くなる．ロッド長が長くなるほど内核表面積が大きくなるため，収縮力はより大きくなる．すなわち，対抗する PEG 密度はより高まる．言い換えれば，PEG 密度を高めようと結合ポリマー数を増やせば，ロッド長は長い側にシフトすることになる．実際，Lys 重合度 70(PLys70)の PEG-PLys からなる PMs は，長さがおよそ 100 nm であり，PEG 層の厚みはランダムコイル状態であるとわかるマッシュルームコンホメーションと同等であるのに対し，Lys 重合度 20 (PLys20)からなる PMs は，長さ 200～300 nm と長く，PEG 層厚はマッシュルームのそれよりも高く，上方に伸び上がっている．

このロッド状構造にかかるエネルギー因子の妥当性は，PEG と PLys の間を酸で開裂するアセタールで結合させた PEG-(acetal)-PLys を用いた検討を通じて再確認されている[6]．ここでは，ロッド型の PMs を調製しておき，その後 PEG のみを PMs から切り取ることを行っている．その結果，ロッド構造からグロビュール状への転移が見られ，PEG がグロビュール状への収縮を支えていることが実験的に示された．ここで，PEG は連続的に抜けているため PEG の立体反発効果も連続的に減少しているはずである．にもかかわらず，グロビュール状への転移はあるところで一気に起こった．この不連続性は，ロッド状構造を支える因子としてまさに DNA の剛直性が表出した結果と考えられる．同時にロッド状構造とグロビュール状構造とが異なる相状態にあることを示している．

以上の検討から，ロッド状 PMs の長さと PEG 密度を操るための基本原理が提示された．これは，あとに述べるロッド型遺伝子キャリアを全身投与へ進化させるのに的確な分子設計指針を与えた．

### 2-2　pDNA のトロイド構造への巻き

ひものしまい方として「巻く」もある．とくに，堅いひもであればこのやり方は必然となる．ワイヤーをまとめるには「巻く」であって，「畳む」はない．この「巻き」は pDNA パッケージングの構造多形のなかでつねに共存して観察される．もし，1 本の

pDNA を単一の構造体として選択的にロッド構造に畳ませる，トロイド構造に巻かせることができれば，DNA 鎖を操れたことになる．

pDNA のパッケージングプロセスは，ブロック共重合体との会合 → 脱水和による界面エネルギーの上昇 → 収縮から構成される．このプロセスをうまく調節すればpDNA の高次構造形成を操れるかもしれない．この考えのもと，プロセス初期の会合に注目し，ブロック共重合体と pDNA との相互作用を塩(NaCl)によって調節することを行った．ここでは，生体環境下で分解する低毒性ポリカチオン PAsp(DET)[N′-〔N-(2-aminoethyl)-2-aminoethyl〕aspartamid] をもつブロック共重合体 PEG-PAsp(DET)〔図 12-3(b)〕を用いた．結果，DNA と PEG-PAsp(DET)の静電相互作用が最も強い塩なしの溶液中で混合させると，95%の高収率でロッド構造〔図 11-2(a)〕が，NaCl 600 mM で両者を混合させると 90%の高収率でトロイド構造〔図 11-2(b)〕が得られた[7]．

出来上がったロッド構造，トロイド構造は，透析で塩濃度を変えることで広範囲の塩濃度にわたり維持された．このことは，生体塩濃度である 150 mM NaCl を含む好みの塩濃度でロッド構造とトロイド構造がそれぞれ得られることを示すもので，これらの構造体を広い条件で“使う”ことを可能にしている．興味深い点として，トロイドが選択的に形成される塩濃度は，海水の塩濃度と一致している．

## 3 遺伝子キャリアとしての PMs

pDNA のパッケージングが操れたことで，構造の明確な遺伝子キャリアをつくることが可能となった．ロッド長，PEG 密度の自在な制御が可能となったロッド状構造をもとに全身投与による疾患治療へ展開した．

### 3-1 ロッド型遺伝子キャリアの全身投与への展開

PMs 構造特性が明確となったことで，転写，細胞取り込み，遺伝子発現効率，血中滞留性といった各プロセスとの関係を個々に検証することが可能になった．構造特性はカチオン性連鎖重合度で制御した(主として Lys 重合度 20~70 で検証した)．構造特性と機能特性を端的にまとめると次のようになる．転写活性[4]，無細胞系および細胞質へ到達後(マイクロインジェクションによる直接導入)の遺伝子発現[4]，血中滞留性[5]はカチオン性連鎖重合度が低いほうが優れる．反対に，細胞取り込み[8]，細胞系での遺伝子発現(トランスフェクション)[8]はカチオン性連鎖重合度が高い方が優れる．特記すべきことは効果的な細胞取り込みにはロッド長 200 nm が臨界長となっていることである[8]．200 nm 以上に主成分のある PLys20 の取り込みは，架橋導入，リガンド導入といった機能付加を行ってもなお限定的である一方，200 nm 以下に主成分をもつ PLys70 は効果的に取り込まれ，高い遺伝子発現を示す．この事実は，架橋やリガンドといった機能付加戦略は，適切な基本構造をもつ PMs に導入することによってその効果を得ることができる一方，そうでない系に導入してもその効果は限定的であることを示している．

全身投与へ展開するには，先に示した背反要件を克服しなければならない．血中滞留性を優先し，PEG 密度を高めればロッド長は 200 nm を超え，細胞に取り込まれなくなる．反対に細胞取り込みを優先し，ロッド長 200 nm 以下とするには PEG 密度を低下させればよいが，血中滞留性は低下してしまう．そこで，細胞に取り込まれなければ到達しても機能しないことから血中滞留性は目をつぶり，少ないチャンスをものにする試みを行った．ここでは，標的細胞への取り込み効率と遺伝子発現効率を強化させるべく，ロッド長が 200 nm 以下となる PLys72 の PMs に対し，ジスルフィド架橋，リガンドとして cRGD ペプチド〔図 11-3(c)〕を導入した cRGD-PEG-PLys72(SH)を作製した．この PMs の培養細胞に対する遺伝子発現効率は，市販の遺伝子導入試薬であるポリエチレンイミン(PEI)や Lipofectamine LTX with PLUS® に匹敵するほどに高まっている．PEG で覆われているにもかかわらずである．

この PMs を用い，難治性がんとして知られる膵臓がんのモデルマウスに対してその効果を検証した．腫瘍組織の細胞および新生血管の内皮細胞に強発現している $\alpha_V\beta_3$, $\alpha_V\beta_5$ 受容体を cRGD で標的化し，血管増殖因子(vascular endothelial growth factor:

VEGF)と結合することでその働きを阻害するタンパク質(sFlt-1)を発現させ，血管新生の阻害を通じてがんの増殖を抑制する戦略を試みた．これにより，全身投与で有意な治療効果を得ることに成功した[8]．一方，PLys20からなるcRGD-PEG-PLys20(SH)はcRGD-PEG-PLys72(SH)よりも高い血中滞留性を示すものの，がん組織での*sFlt-1*発現は限定的であり，治療効果は得られていない．

このように，遺伝子発現効率を強化する戦略によって治療効果を得るという目的は達成したものの，血中滞留性という点で妥協している．理想的には，PEG密度を高めつつロッド長を200 nm以下のPMsをつくりたい．このロッド状構造の規定因子に相反する事象の解決策は，規定因子を読み解くことで見えてきた．疎水性相互作用を静電相互作用に加えて利用することで，pDNAの電荷を中和する以上のポリマーをpDNAに結合させるとともに，その疎水性によって内核の収縮力を増加させ，PEGの立体反発に打ち勝つという策である．

この指針をもとに，エンドソーム脱出を促進するポリカチオンであるPAsp(DET)からなるPEG-PAsp(DET)ブロック共重合体の$\omega$末端に疎水性であるコレステリル基を導入したPEG-PAsp(DET)-Choleが設計された[9]．これにより，会合ポリマー数は電荷中和のそれを大きく上回り，かつロッド長もコレステリル基導入前よりもさらに短いおよそ70 nmのPMsが得られた．より小さく折り畳まれたpDNA表面をより多くのPEGが覆うことにより，PEG密度はブラシ型(scalable brush)に相当するほどに高まっていると解析された．血中滞留性は，コレステリル基を導入する前に比べ大幅に向上し，また血中滞留プロファイルの時間0への外挿は100%を示したことから，少なくとも血中投与直後の早期消失は免れていることが確認された[10]．PEG密度が高まっていることは，細胞取り込みが大きく減少したことからも支持された．反対にこの結果は，これまでのPMsは非特異的な細胞取り込みを抑制しきれていないことを示すものでもある．低下した細胞取り込みはcRGDリガンドを導入することで補完された．すなわち，非特異取り込みを抑制しつつ，リガンドによって狙った細胞に取り込ませるという標的選択性を強化したPMsが得られたことになる．

このcRGD-PEG-PAsp(DET)-Choleは，細胞内環境の変化を感知し，自ら応答するスマートな設計となっている．すなわち，PEGの高密度化とcRGDによる標的細胞選択的取り込みの後，エンドソーム内のpH低下(pH 7.4から5.5へ)に伴い，Asp(DET)側鎖の二つのアミノ基がシングルプロトン化状態からダブルプロトン化状態へ変化する〔図11-3(d)〕．これにより，PMsの総電荷バランスが崩れ，一部のポリマーがPMsより遊離する．遊離したポリマーは，末端のコレステリル基の疎水性によって，エンドソーム膜に積極的に作用する．ダブルプロトン化したPAsp(DET)連鎖の強力な膜障害活性により，エンドソーム膜を脆弱化する(エンドソーム脱出促進)．(c)細胞質移行後は，中性pH環境によりPAsp(DET)側鎖アミンが再び膜障害活性の低いシングルプロトン化状態へ戻る．このとき，PMsはpDNAの電荷を中和するにたりるポリマー数をもっていないため，パッケージングが緩み，効果的な転写を促す．このような一連の動きがプログラム化されている．

このように，血中滞留性と細胞内動態に優れるPMsが得られたが，膵臓がん治療へ展開するに当たり新たな問題が明らかとなった．膵臓がんは，がん巣と血管との間が厚い間質によって隔てられており，粒径50 nm以下の粒子でないとがん巣深部に到達できないことが，制がん剤内包ミセルの研究から明らかとなったのである[11]．本PMsは，疎水性基によってロッド長を長くさせないことに成功しているものの，依然としてその平均ロッド長は70 nm程度であり，がん巣への到達は期待しにくい．これは，EPR(enhanced permeability retention)効果に基づく集積が可能な血管が豊富ながんと大きく異なる点である．これを受け，cRGDでがん組織の血管内皮細胞を標的化し，血管新生阻害遺伝子(*sFlt-1*)を発現させることを試みた．実際，*sFlt-1*の発現ががん組織の間質に広く認められるとともに，血管新生が阻害されており，治療効果として結実するに至った[10]．本治療戦略の特筆すべきことは，がん巣へ遺

+ COLUMN +

★いま一番気になっている研究者

**Ernst Wagner**

（ドイツ・薬剤バイオテクノロジー　ドラッグ研究センター教授）

高分子をベースとした非ウイルス性遺伝子キャリア開発におけるパイオニアの一人である．黎明期に，ポリリシン(PLys)やポリエチレンイミン(PEI)をベースに，ウイルスのペプチドやトランスフェリンなど各種ペプチドをリガンドとして用いた遺伝子キャリアを開発し，いくつかを臨床治験に進めるに至っている．

近年は，多様に配列制御したペプチドをキャリア形成の材料として用い，siRNAを含む核酸治療へ展開しており，今後の発展が楽しみである．

伝子を直接送達していないことである．これには，治療戦略の多様性という遺伝子治療の強みが生かされている．

このような戦略的分子設計によって，ウイルスのように自発的に生体内の障壁を突破していくことが可能になってきた．ここに外部刺激を利用すれば，ウイルスを越えた機能特性を付与することができる．ここでは，光増感剤を用いてエンドソーム脱出を促進させることによって遺伝子発現効率を高める試み(photochemical internalization：PCI)を行った．

光増感剤であるフタロシアニンをデンドリマーの核に入れたデンドリマーフタロシアニン(DPc)[12]を用いることで，濃度消光を抑え，これをDNA内核とPEG外殻との間に新たに設けた区画に独立に組み込んだ．これを達成するポリマーは，PEG-PAsp(DET)-PLysトリブロック共重合体である．PLysが選択的にpDNAと結合する性質を利用し，PLys/pDNA内核を形成させるとともに，DPc表層をカルボン酸で修飾し，PAsp(DET)と会合させたPAsp(DET)/DPc中間層を形成させ，最外殻をPEGが覆うという三層構造PMsを構築した[13]．このPMsは全身投与後，EPR効果に基づき腫瘍へ集積する→エンドサイトーシスにより細胞に取り込まれる→エンドソーム内のpH低下によってDPc表層のカルボン酸がプロトン化する．疎水化したDPcはPMsから遊離し，エンドソーム膜へ移行する→光照射によりエンドソーム膜に特異的に障害を与え，エンドソームから脱出する細胞内の局所環境に応答した一連の動きとそれに呼応した光照射により，エンドソーム脱出を誘導するスマートな設計となっている．このPMsは，全身投与後，がん組織に光照射することよって部位特異的に遺伝子導入する一方，光照射しなければ遺伝子導入しないという安全性にも優れたシステムとなっている．このように，PMsをうまく構造組織化させることによって，ウイルスにない高度な機能の発現を可能にしている．

### 3-2　トロイド型遺伝子キャリアとしての展開

無限ループといえるトロイドはロッド型にない面白い特性がある．遺伝子発現の最終ステップとなる転写を考えたとき，末端のあるロッド型よりもトロイド型は効率よく進行しそうである．実際，両構造を生理塩濃度150 mMにて揃え，無細胞系を用いて転写活性を評価したところ，ロッド型PMsよりもトロイド型PMsの転写活性が高いことが見いだされた．残念ながらトロイド型PMsの細胞取り込みは限定的であることからそのままでは*in vivo*へ適用できない．そこで，マウスに対し，血流を一時的に止めたうえで足の静脈に注射し，ヒドロダイナミック的に足の骨格筋へ遺伝子導入するという方法を適用した．これにより転写活性が高いというトロイド型PMsの特性を*in vivo*遺伝子発現として実現した[7]．

遺伝子に分泌性タンパク質を選択すれば，骨格筋をタンパク質生産工場として使い，全身へ分配するという治療戦略が可能となる．この戦略に基づき，ロッド型PMsを用いて皮下移植したすい臓がんを治療することに成功している[14]．今回，ロッド型PMsよりもさらに高い遺伝子発現能をもつトロイド型PMsを得たことで，治療効果の増強が期待される．DNAを巻くことで形成されるトロイドは，ウイルスのゲノムパッケージングの基本様式である，トロイド型PMsは，ウイルス様パッケージング遺伝子デリバリーシステムとして今後の展開が楽しみな構造体である．

## 4 まとめと今後の展望

pDNAのパッケージング制御とPMsの構造組織化を掲げ，ロッド型PMs，トロイド型PMsを創出した．PMsの構造-機能相関を知り，背反要件をPMsの構造形成原理をもとに解決する分子設計と機能付加によって，マウスに対して全身投与で治療効果を導くロッド型遺伝子キャリアを得た[15]．さらに，外部エネルギーを用いることで，ウイルスにない機能を組み込むことにも成功している．ウイルス様パッケージングともいえるトロイド型PMsにおいては，転写活性が高いという特性を見いだすとともに，*in vivo*でその効果を実現させることに成功している．最近では，pDNAを戦略的につぶしたグロビュール状パッケージング(図11-2c)により，膵臓がん巣深部まで到着するPMsを得ている．天然の遺伝子デリバリーシステムであるウイルスは，ゲノムの変異による試行錯誤を繰り返し，40億年の長い年月を経てその驚異的な機能を獲得してきている．筆者らの高分子ミセル型遺伝子デリバリーシステムは研究開始からおよそ20年である．構造形成の学理に基づいた明確な分子設計指針は，淘汰によるスクリーニングではない積極的進化をもたらすものと筆者らは信じている．

この研究は，力強い学生，研究員，スタッフ達，それらを最適な環境にパッケージングし，まとめあげる片岡一則教授(東大)によってもたらされるもので，これは積極的進化を加速する素晴らしい組織体である．ここに感謝を表させていただく．

### ◆ 文　献 ◆


[1] S. Katayose, K. Kataoka, *Bioconjugate Chem.*, **8**, 702 (1997).

[2] K. Osada, H. Oshima, D. Kobayashi, M. Doi, M. Enoki, Y. Yamasaki, K. Kataoka, *J. Am. Chem. Soc.*, **132** (35), 12343 (2010).

[3] K. Osada, Y. Yamasaki, S. Katayose, K. Kataoka, *Angew. Chem,. Int. Ed.*, **44** (23), 3544 (2005).

[4] K. Osada, T. Shiotani, T. A. Tockary, D. Kobayashi, H. Oshima, S. Ikeda, R. J. Christie, K. Itaka, K. Kataoka, *Biomaterials*, **33**, 325 (2012).

[5] T. A. Tockary, K. Osada, Q. Chen, K. Machitani, A. Dirisala, S. Uchida, T. Nomoto, K. Toh, Y. Matsumoto, K. Itaka, K. Nitta, K. Nagayama, K. Kataoka, *Macromolecules*, **46** (16), 6585 (2013).

[6] T. A. Tockary, K. Osada, Y. Motoda, S. Hiki, Q. Chen, K. M. Takeda, A. Dirisala, S. Osawa, K. Kataoka, *Small*, **12** (9), 1193 (2016).

[7] Y. Li, K. Osada, Q. Chen, T. A. Tockary, A. Dirisala, K. M. Takeda, S. Uchida, K. Nagata, K. Itaka, K. Kataoka, *Biomacromolecules*, **16** (9), 2664 (2015).

[8] A. Dirisala, K. Osada, Q. Chen, T. A. Tockary, K. Machitani, S. Osawa, X. Liu, T. Ishii, K. Miyata, M. Oba, S. Uchida, K. Itaka, K. Kataoka, *Biomaterials*, **35** (20), 5359 (2014).

[9] M. Oba, K. Miyata, K. Osada, R. J. Christie, M. Sanjoh, W. Li, S. Fukushima, T. Ishii, M. R. Kano, N. Nishiyama, H. Koyama, K. Kataoka, *Biomaterials*, **32** (2), 652 (2011).

[10] Z. Ge, Q. Chen, K. Osada, X. Liu, T. A. Tockary, S. Uchida, A. Dirisala, T. Ishii, T. Nomoto, K. Toh, Y. Matsumoto, M. Oba, M. R. Kano, K. Itaka, K. Kataoka, *Biomaterials*, **35** (10), 3416 (2014).

[11] H. Cabral, Y. Matsumoto, K. Mizuno, Q. Chen, M. Murakami, M. Kimura, Y. Terada, M. R. Kano, K. Miyazono, M. Uesaka, N. Nishiyama, K. Kataoka, *Nat. Nanotechnol.*, **6**, 815 (2011).

[12] N. Nishiyama, A. Iriyama, W. -D. Jang, K. Miyata, K. Itaka, Y. Inoue, H. Takahashi, Y. Yanagi, Y. Tamaki, H. Koyama, K. Kataoka, *Nat. Mater.*, **4** (12), 934 (2005).

[13] T. Nomoto, S. Fukushima, M. Kumagai, K. Machitani, Arnida, Y. Matsumoto, M. Oba, K. Miyata, K. Osada, N. Nishiyama, K. Kataoka, *Nat. Commun.*, **5**, 3545 (2014).

[14] K. Itaka, K. Osada, K. Morii, P. Kim, S. -H. Yun, K. Kataoka, *J. Control. Release.*, **143** (1), 112 (2010).

[15] K. Osada, *Polym. J.*, **46**, 469 (2014).

Chap 12

# 新しい遺伝子キャリア：多機能性エンベロープ型ナノ構造体の創製

# A Novel Gene Delivery System: Multifunctional Envelope-type Nano Device

原島 秀吉
（北海道大学大学院薬学研究院）

## Overview

ナノ医薬品は，21 世紀の新しい医療のための基盤技術として期待されている．核酸やタンパク質などを用いた治療法は，従来の治療法である対症療法を根本治療へと変革する薬物療法におけるパラダイムシフトであり，その実現においてナノ医療の果たす役割は大きい．本章では，ナノ医療の領域で生じている技術革新について，細胞内動態制御と体内動態制御の観点から，これまでの筆者らの研究成果を中心に概説したい．

■ **KEYWORD** 📖マークは用語解説参照

- ナノ医薬品（nano-drug）
- 核酸医薬（nucleic acid medicine）
- 細胞内動態制御（intracellular kinetic controll）
- EPR-効果（enhanced permeability and retention-effect）
- active targeting 📖
- 多機能性エンベロープ型ナノ構造体（multifunctional envelope-type nano device：MEND）
- MITO-Porter
- ssPalm（ss-cleavale proton-activated lipid-like material）
- PTNP（prohibitin targeted nano particles）

## はじめに

2014年6月24日に日本再興戦略の改訂版が発表され，1．日本産業再興プラン，2．戦略市場創造プラン，3．国際展開戦略という三つのアクションプランのなかで，2-1．国民の「健康寿命」の延伸が策定され，医療分野における研究開発の司令塔として日本医療研究開発機構(Japan Agency for Medical Research and Development：AMED)が5月に設立された．これは基礎研究を実用化へ展開するときに直面する「死の谷」を克服して，革新的な医療技術の実用化を加速することをうたっている(図12-1)．同時に，11月25日には医薬品医療機器等法(改正薬事法)と再生医療安全性確保法が施行され，体制も整備された．これらと平行して，科学技術イノベーション総合戦略2014が6月24日に閣議決定され，第2節：産業競争力を強化し政策課題を解決するための分野横断技術の一つとしてナノテクノロジーが選出された．このなかで，コア技術としてドラッグデリバリーシステム(drug delivery system：DDS)が注目されており，2030年を成果目標としてさまざまな病気に対して普及・拡大し，健康長寿への貢献が期待されている(図12-2)．創薬の領域においては，低分子医薬が飽和しているのに対して，抗体医薬が爆発的に市場を席巻している．なかでもPD-1抗体のように，がん免疫療法の治療戦略を変えるような革新的医薬品が日本から登場したことは，上記の国策とも合致し，創薬の新しい潮流が感じられる．

このような状況のなかで，DDSの領域においてもパラダイムシフトが起きている．第一の要因は，20世紀までは，ナノ医薬品の標的組織は肝臓やがん組織など，ナノ粒子が血管を透過できる組織に限定されていた．ドキシル(Doxil)®で知られる抗がん剤を封入したリポソームは，enhanced permeability and retention effect (EPR-効果)というメカニズムに基づいて腫瘍の血管を透過する，いわゆるpassive targetingを主要な送達戦略としていた．がん組織や肝臓以外の組織は，一般に，ナノ粒子にとっては血管が大きなバリアーとなり，組織標的化が難しかった．active targetingという戦略はコンセプトとしてはすでに知られており，細胞レベルでは多くの研究が行われてきたが，*in vivo*での成功例はほとんどない状況であった．しかしながら，21世紀に入り，active targetingによる組織選択的な

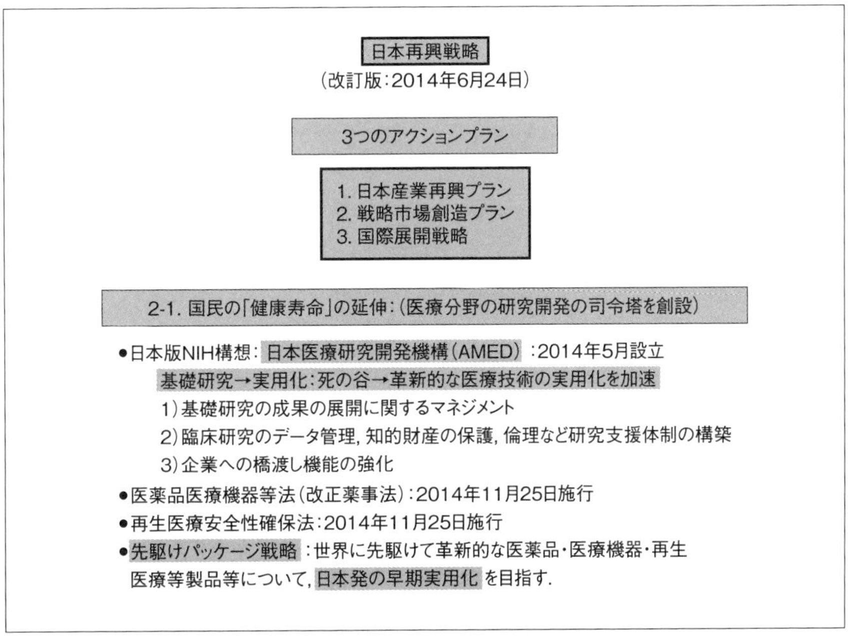

日本再興戦略
(改訂版：2014年6月24日)

3つのアクションプラン

1. 日本産業再興プラン
2. 戦略市場創造プラン
3. 国際展開戦略

2-1. 国民の「健康寿命」の延伸：(医療分野の研究開発の司令塔を創設)

- 日本版NIH構想：日本医療研究開発機構(AMED)：2014年5月設立
  基礎研究→実用化：死の谷→革新的な医療技術の実用化を加速
  1)基礎研究の成果の展開に関するマネジメント
  2)臨床研究のデータ管理，知的財産の保護，倫理など研究支援体制の構築
  3)企業への橋渡し機能の強化
- 医薬品医療機器等法(改正薬事法)：2014年11月25日施行
- 再生医療安全性確保法：2014年11月25日施行
- 先駆けパッケージ戦略：世界に先駆けて革新的な医薬品・医療機器・再生医療等製品等について，日本発の早期実用化を目指す．

図12-1　日本再興戦略

科学技術イノベーション総合戦略2014

〜未来創造に向けたイノベーションの架け橋〜(平成26年6月24日閣議決定)

第2節産業競争力を強化し政策課題を解決するための分野横断技術

分野横断技術 <ICT, ナノテクノロジー, 環境技術>

取り組むべきコア技術: ナノテクノロジー

新たな社会ニーズに応える次世代デバイス・システムの開発

コア技術

- パワーエレクトロニクス
- 高機能センシングデバイス
- ドラッグデリバリーシステム(DDS)
  さまざまな病気に対してDDSが普及・拡大(2030年成果目標)

図 12-2　科学技術イノベーション総合戦略 2014

送達の可能性が実証され始め，DDS の射程範囲は大きく広がりつつあり，新たな治療法の基盤技術となることが期待される．

第二の要因は，細胞内動態制御法の確立である．ドキソルビシンのような抗がん剤は，細胞内へ侵入し，標的部位である核内へ分布して抗腫瘍効果を誘導することができる．一方で，次世代医薬としている核酸や遺伝子となると，分子量も大きく，負電荷をもっているために，細胞内の標的部位まで到達することができない．標的細胞内への侵入は，active targeting を行うリガンドにより受容体介在性のエンドサイトーシスで細胞内へ侵入することができるが，細胞質や核のなかまでどのようにして送達すればよいのか，すなわち，細胞内動態を制御する方法が不可欠となる．ウイルスは，自らのゲノムを細胞質あるいは核内で転写・翻訳することで進化してきた天然の遺伝子 DDS ともいうことができ，進化の過程を経て最適化されたシステムは，人工遺伝子 DDS の効率をはるかに凌駕していることを解明してきた．筆者らは，これらの基礎的研究成果に基づいて，独自の遺伝子送達システムである多機能性エンベロープ型ナノ構造体(multifunctional envelope-type nano device: MEND)の開発を行ってきた．本章では，細胞内動態制御法，active targeting による組織選択的な送達法に関するこれまでの研究成果を紹介したい．

## 1　MEND による細胞内動態制御

### 1-1　細胞内動態制御法

MEND は内部コアとして機能性核酸(送達すべき医薬分子)がナノ粒子化され，脂質二重膜により表面が覆われているコア-シェル型のナノ構造体である(図 12-3)．脂質膜は種々の脂質組成からなり，ポリエチレングリコール(polyethylene glycol: PEG)や標的リガンド，膜融合性素子など，種々の機能が付与されており，これらが送達戦略のプログラムに従って周囲の環境の変化に対応して機能を発現することで，投与部位(静脈内投与であれば循環血流中)から標的部位〔si(small interfering)RNA は細胞質，p(plasmid)DNA は核など〕までの送達を可能とする[1]．このような送達戦略は，人工遺伝子 DDS の効率をはるかに超える性能をもつウイルスベクターを手本として，ウイルスの遺伝子送達戦略に学び，分子細胞生物学的知見や高分子化学の基礎に基づい

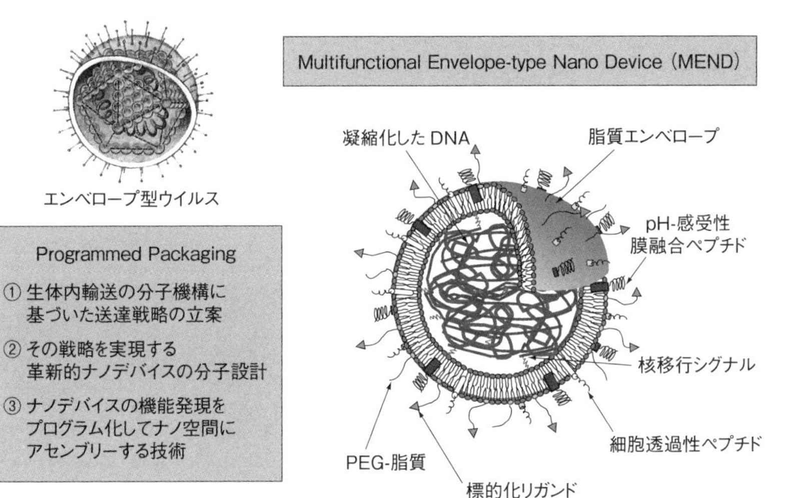


図 12-3　多機能性エンベロープ型ナノ構造体の概念図：KALA-MEND による樹状細胞への遺伝子送達と抗腫瘍効果

て試行錯誤を重ねながら構築してきた．将来，ウイルスの送達効率を超えるようなDDSが創製されるときがくると信じているが，そのときは，ウイルスを真似るだけではなく，独自の発想に基づいて構造と機能が進化しているかもしれない．

### 1-2　エンドソーム脱出

エイズウイルスのように細胞膜と直接膜融合して細胞質中へ進入するウイルスも存在するが，多くのウイルスはエンドサイトーシスを利用して細胞内へ侵入する．通常のエンドサイトーシスでは，エンドソーム内が酸性になり，ライソゾームと融合し分解される運命にある．ウイルスはエンドソーム内の酸性化に反応して，インフルエンザウイルスのような膜をもつものは膜融合により，アデノウイルスのように膜をもたないウイルスはエンドソーム膜を破壊することによってエンドソームを脱出する．この環境適応能力は，遺伝子DDSの性能を大きく支配する大変重要な要因である．

人工遺伝子DDSの開発においては，カチオニック脂質やカチオニックポリマーの開発により，細胞への取り込みとエンドソーム脱出能の向上が図られてきた．ポリエチレンイミンは，代表的なカチオニックポリマーとして知られ，プロトンスポンジ効果というエンドソーム脱出機構が提案された．この機構は，ポリエチレンイミンがエンドソーム内のプロトンを結合することで，エンドソーム内に過剰のプロトン，塩化物イオン，水分子が取り込まれ，浸透圧が高くなりエンドソームが破裂する，という仮説である．リポソームのように膜構造をもつ場合は，膜融合によりエンドソーム脱出を促進することが可能である．筆者らは，GALAというpH-応答性の膜融合ペプチドにコレステロールやステアリル基を結合してリポソーム膜へ導入することで，エンドソーム脱出効率を促進することに成功した．GALAの効果は，細胞系でも *in vivo* 系でも検証され，siRNAのノックダウン効果や遺伝子発現を著しく向上させることに成功した[2]．

### 1-3　ミトコンドリア

エンドソーム脱出が可能になると，オルガネラの標的化が次の目標となる．ミトコンドリア（mitochondrion：MT）はエネルギー産生工場として生命を支えているだけでなく，アポトーシスの誘導，細胞内カルシウムの制御などその機能は多岐に及び，さまざまな疾患の原因にもなっている．ミトコンドリア研究者にとっても，MTへの選択的かつ効率的な送達システムの開発は悲願となっている．筆者らは研究室立ち上げの当初からMTへの送達システムの開発に着手し，膜融合に基づいたミトコンドリア送達システム，MITO-Porterの開発を進めてきた．膜融合に基づいたミトコンドリア送達戦略の長所は，送達分子のサイズ，物性などの制限を受けにくい点にある．一方で，細胞内でタンパク質のミトコンドリア輸送を制御しているMTS(mitochondrial targeting sequence)というソーティングシグナルを利用した送達システムの開発も行われている．MTSはミトコンドリア外膜に存在するTOM (translocate of the outer mitochondrial membrane)や内膜に存在するTIM(translocate of the inner mitochondrial membrane)という小孔を介する輸送のため，送達分子のサイズや物性には大きな制限がある．

MITO-Porterはミトコンドリア膜との融合活性の高い脂質組成で構成されている(図12-4)．単離ミトコンドリアを用いて膜融合活性をスクリーニングした結果，スフィンゴミエリン(sphingomyelin：SM)あるいはPA(phosphatidic acid)とDOPE (1,2-dioleoyl-*sn*-glycero-3-phosphatidylethanolamine)とR8(細胞透過性ペプチド)の組合せがミトコンドリア外膜との融合活性が高いことを見いだした．また，ミトコンドリア内膜との融合においては，顕著な脂質依存性は見られず，外膜との融合特性が全体を支配することもわかってきた．SMとミトコンドリア外膜との分子機構は興味深いところである[3]．

MITO-Porterによる医薬分子の送達では，SOD (superoxide dismutase)やボンクレキン酸などで顕著な薬効を示すことに成功した．また，ミトコンドリアゲノムが存在するマトリックス領域への送達を実証するために，プロピジウムアイオダイドやDNase Iなどを用いて，マトリックス内への物質輸送が可能なことを実証した．しかしながら，ミトコンドリア研究者にとってはこれらのデータだけでは不十分であった．そこでわれわれは，ミトコンドリアゲノム由来のmtCOX-IIという電子伝達系のタンパク質をコードしているmRNAを標的として選び，これに対するアンチセンスRNAをMITO-Porterに搭載し，細胞内へ導入することで，mRNA，タンパク質，そして膜電位を低下させることに成功した[4]．本研究は，ミトコンドリアへ機能性核酸を送達してMTの機能制御に成功した最初の研究である．MTへの送達効率を向上させるため，エンドソーム脱出過程とMT送達過程をそれぞれ促進可能なDF(dual function)-MITO-Porterの開発にも成功している．これまでの研究はすべて細胞系で行

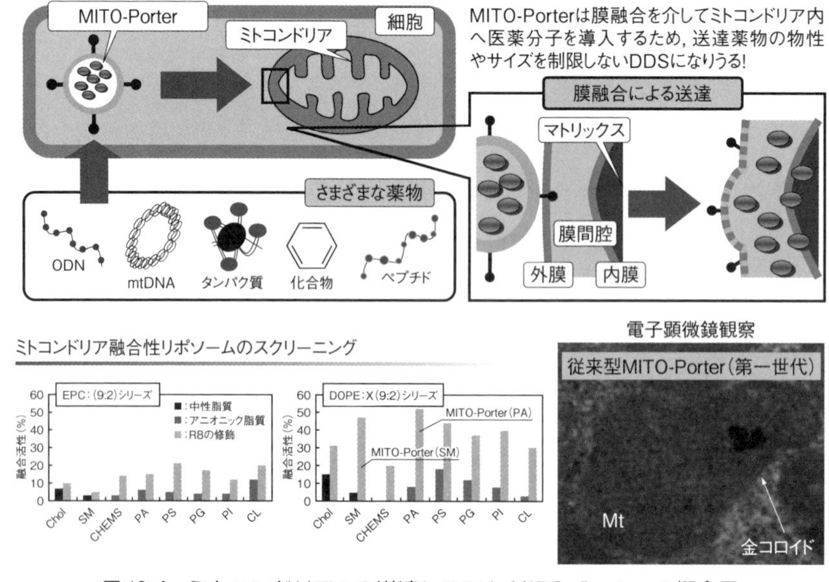


図12-4　ミトコンドリアへの送達システムMITO-Porterの概念図

われてきたが，*in vivo* への展開にも成功し，コエンザイム Q10 を搭載した MITO-Porter を静脈内投与し虚血再灌流肝臓において，顕著な薬効を示すことに成功した．

### 1-4 核移行

核移行シグナル，T-MEND，KALA-MEND，核内動態制御：オルガネラターゲティングにおいて核は難攻不落の城といえる．細胞質と核との物質輸送は核膜孔を介して行われ，タンパク質の核への輸送は核移行シグナル（nuclear localization signal：NLS）により制御されている．アルブミンのように本来核内へ移行しないタンパク質に NLS を付与することで効率的に核内へ局在化することができる．J. P. Behr らは，環状 pDNA を直線化し，末端に NLS を付与することで pDNA の核移行を飛躍的に促進させることに成功した．しかしながら，その後の研究によって，この戦略は巧く行かないことが明らかとなった．タンパク質と核酸は物性が大きく異なるためと思われる．筆者らは，核膜孔を介する戦略を諦め，膜融合を介して核膜を突破しようという戦略を考案した．MEND の外側はエンドソーム膜との融合活性の高い脂質膜を，内側には核膜との融合活性の高い脂質膜を配置し，エンドソーム膜と核膜を膜融合で乗り越えようという戦略である．単離核における核膜融合活性を指標にスクリーニングを行い，カルジオリピンが優れた核膜融合特性を示すことを見いだした．エンドソーム膜との融合には DOPE：CHEMS，DOPE：PA などの pH-応答性脂質を用い，核膜融合にはカルジオリピンを含む脂質組成を配置した T-MEND（tetra lamellar-MEND）の構築に成功した．この調製方法は，ナノ粒子表面で SUV（1 枚膜ベシクル）どうしが膜融合することで二重の二分子膜を形成し，これを繰り返すことでその外側に二重の二分子膜を形成し，合計 4 枚の二分子膜で核酸コアを覆う構造となる．

T-MEND の開発により，樹状細胞（dendritic cell：DC）における遺伝子発現効率を 500 倍に跳ね上げることに成功した[5]．その一方で，抗原提示を誘導するには至らず，なかなか突破口を見いだすことができなかったが，KALA という膜融合ペプチドを用いること，pDNA の CpG 配列を除去することなどにより，DC における遺伝子発現効率が 1000 倍以上向上し，MHC class-I を介した抗原提示の誘導，細胞障害性 T 細胞の活性化，そして抗腫瘍効果の誘導に成功した[6]．KALA-MEND は R8-MEND と比較して，細胞取り込み，エンドソーム脱出，核移行などの過程においては大きな違いは見られていない．核内へ送達した pDNA の転写・翻訳過程において 1000 倍もの差が生じている．この結果は，アデノウイルスとリポフェクタミンの遺伝子発現過程を定量的に評価した結果，遺伝子の核内送達以降に 7000～8000 倍もの差が生じているという，筆者らの解析結果とよく似た結果となっている[7]．

### 1-5 核内動態制御

pDNA を核内に送達すること自体が非常に大変な仕事なので，そこまでできれば遺伝子治療はできる，と考えていた．しかしながら，ウイルスベクターと非ウイルスベクターの定量的な比較研究をはじめとする種々の実験結果から，pDNA の核内における動態をも制御しなければ効率的な転写・発現を行うことはできない，と考えるようになった．核内に送達された pDNA は時間経過とともに遺伝子発現活性が低下する，いわゆるサイレンシングという現象が細胞系でも *in vivo* 系でも起こっており，この現象が DNA のメチル化やヒストン修飾とは無関係であることも明らかとなった．そこで，ヒストンタンパク質との相互作用に着目し，ヒストンとの高親和性領域の pDNA 上の位置を制御するなど，種々の方法を開発することで遺伝子発現活性を向上させることに成功した．また，自己活性化システムを用いサイレンシングを克服し，持続化に成功した[8]．

## 2 active targeting による組織選択的な送達法

### 2-1 肝　臓

肝臓の血管はシヌソイドという特殊な血管構造をもち，200 nm 以下のナノ粒子は透過可能で，肝実質細胞に取り込まれる．それより大きなナノ粒子は，主として常在性マクロファージのクッパー細胞や血管内皮細胞に取り込まれる．筆者らは，PEGで表面修飾したナノ粒子の細胞内動態特性を向上させるために，pH-応答性カチオニック脂質を開発した．本脂質は，中性のpH領域では電荷をもたずに中性であるが，エンドソームの酸性領域ではプロトン化してカチオニックになり，エンドソーム膜との膜融合活性が促進され，内封物質を細胞質へ放出することが可能となる．本戦略は，P. Cullisらが提唱し，SNALP(stabilized nucleic acid liposome)として開発を進めているが，筆者らは，SNALPとは異なる独自の化学構造を設計することに成功し，YSKシリーズと称し開発を行っている．YSK05は，ナノ粒子表面の$pK_a$が6.5で，エンドソーム内pHに相当し，強力なエンドソーム脱出能を発揮する．siRNAを搭載したYSK-MENDは細胞系でリポフェクタミン2000をはるかに凌駕するノックダウン(knock down：KD)活性を示し，静脈内投与においても肝実質細胞で発現している血液凝固第7因子を0.06 mg/kgという低投与量で50%をKDすることが可能となった[9]．小原博士(東京都臨床医学総合研究所)らとの共同で，ヒト肝臓キメラマウスに感染させたC型肝炎感染マウスにおいて，1 mg/kgの2回投与で治療効果を得ることに成功した．YSK-MENDの肝実質細胞への移行メカニズムは，YSK-MENDを静脈内に投与した直後にナノ粒子表面にアポE分子が結合し，LDL-受容体を介したエンドサイトーシスで細胞内に取り込まれるactive targetingに基づいている．現在，改良型のYSK13は，0.01 mg/kgの$ED_{50}$をもち，B型肝炎ウイルスに対しても有効である(図12-5)．

さらに，pH-応答性とともに細胞内還元的環境に応答して崩壊する新しい分子ssPalm (ss-cleavable proton-activated lipid-like material)の開発にも成功した[10]．ssPalmはエンドソーム内では酸性pHに応答してエンドソーム脱出を促進し，細胞質中にでると還元的環境に応答してS-S結合が解裂することで界面活性化作用が誘導され，ナノ粒子が崩壊しやすくなることが期待できる．脂質の足場として，ミリスチン酸(myristic acid)を用いたssPalmMが最初に開発され，より疎水的なビタミンAあるいはEを足場とするssPalmAやssPalmEも開発され，これらはすでに試薬として日油(株)から市販されている．ssPalmで構築したナノ粒子に搭載したpDNAやsiRNAの効果についても改良が重ねられ，

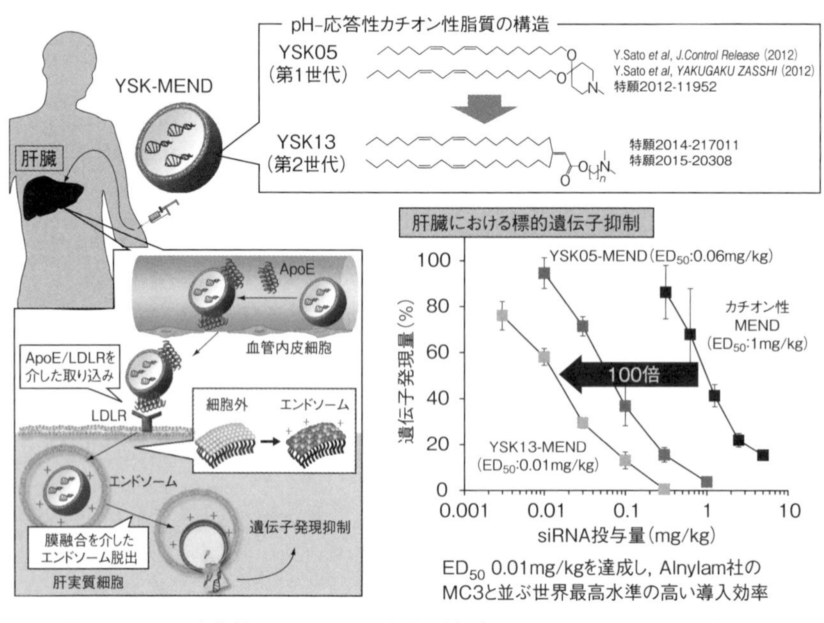


図12-5　pH-応答性カチオニック脂質に基づいたYSK-MENDの送達戦略

YSK-MENDと並んで世界最高水準の活性をもっている．

### 2-2 がん

がん組織へのナノ粒子を送達する方法は，EPR-効果に基づいたpassive targetingにより可能であることが実験動物で証明され，1995年以来，ドキシル®が臨床応用されている．しかしながら，がん細胞の細胞内動態を制御する方法については課題が残っていた．われわれは，siRNAやpDNAの細胞内動態を制御する方法を細胞系において確立してきたが，*in vivo*系で，しかもがん細胞を標的とするとき，ハードルが大きく上がってしまう．核酸や遺伝子などの負電荷を帯びた高分子を細胞内へ導入するとき，R8-MENDのように正電荷を帯びたナノ粒子が有効であったが，これらを循環血液内へ投与すると血液成分と相互作用し，凝集体を形成し，一時的に肺に詰まり，時間経過とともに肝臓へ集積する傾向がある．がん組織へpassive targetingを行うためには，正の表面電荷をシールドする必要がある．そのために十分なPEGを導入すると，ナノ粒子の細胞内動態，とくにエンドソーム脱出が悪くなり，活性が著しく低下する，いわゆる「PEGのジレンマ」に直面した[11]．

腫瘍組織の血管内皮細胞を標的とする戦略はJ. Folkmanによって提唱され，筆者らはcRGDをがん血管内皮細胞のインテグリンを標的とするRGD-MENDの開発により，がん血管内皮細胞へsiRNAの送達に成功し，遺伝子発現の抑制と抗腫瘍効果の誘導に成功した[12]．また，active targetingにおける独自の標的化戦略として，標的化リガンドと内在化を促進するCPP（細胞膜透過性ペプチド）の相互作用に基づくdual-ligand systemを考案した．標的化リガンドとしてがん組織血管内皮細胞に発現しているCD13を標的とするNGRペプチド，CPPとしてR4を用いることで相乗効果を表し，ドキソルビシン（doxorubicin: DOX）を搭載したdual-ligand systemは，DOX耐性のがん細胞に対しても抗腫瘍効果を発揮することに成功した[13]．

がんワクチンは現在大きな注目を集めており，デリバリーシステムが大きな役割を果たすことが認識されている．がんワクチン用の送達システムとして，BCGの免疫活性化中心と考えられているBCG-CWSをナノ粒子に封入する独自のパッケージング法（LEEL法）を開発し，日本ビーシージー製造株式会社と連携して実用化を進めている[14]．また，cyclic di-GMPというSTING経路を活性化しI型インターフェロンを誘導する分子をYSK-MENDに搭載することで，抗原特異的キラーT細胞を介して顕著な抗腫瘍効果を誘導することに成功するとともに，Natural Killer細胞を介する抗腫瘍効果の誘導にも成功した．

### 2-3 脂肪組織

2009年に始まった血管プロジェクト（北海道大学運営費交付金特別経費プロジェクト）において，脂肪組織がactive targetingの標的組織となった（図12-6）．脂肪組織の血管内皮細胞に発現しているプロヒビチンを特異的に認識するKGGRAKDというペプチドを標的リガンドとすることで，脂肪組織の血管内皮細胞を*in vivo*で選択的に認識し，かつ，細胞内に医薬分子を送達可能なシステム，PTNP（prohibitin targeted nano particles）の開発に成功した．細胞内に取り込まれるとアポトーシスを誘導するペプチド〔$_{D}$(KLAKLAK)$_2$〕，あるいはシトクロム*c*などをPTNPに搭載することにより，脂肪組織の血管にアポトーシスを誘導し，顕著な抗肥満効果を誘導することに成功した[15]．肥満組織の血管にアポトーシスを誘導するとなぜ顕著な抗肥満効果が得られるのか，考えてみると非常に不思議な現象であり，現在，メカニズムを解明中である．本研究を行っている際に，肥満状態にある脂肪組織の血管においてはEPR-効果が現れることを見いだし[16]，脂肪組織の血管を標的化すると同時に，EPR-効果を介して血管を越えて脂肪細胞にアクセスすることも可能であることを発見した．脂肪細胞を標的化可能なシステムに関しても検討を進めている．

## 3 ナノパッケージング法

ナノ粒子に基づいた医薬品の開発を行うとき，GMP基準を満たす製造法の確立を避けてとおることはできない．試験管レベルでの調製方法と大量調

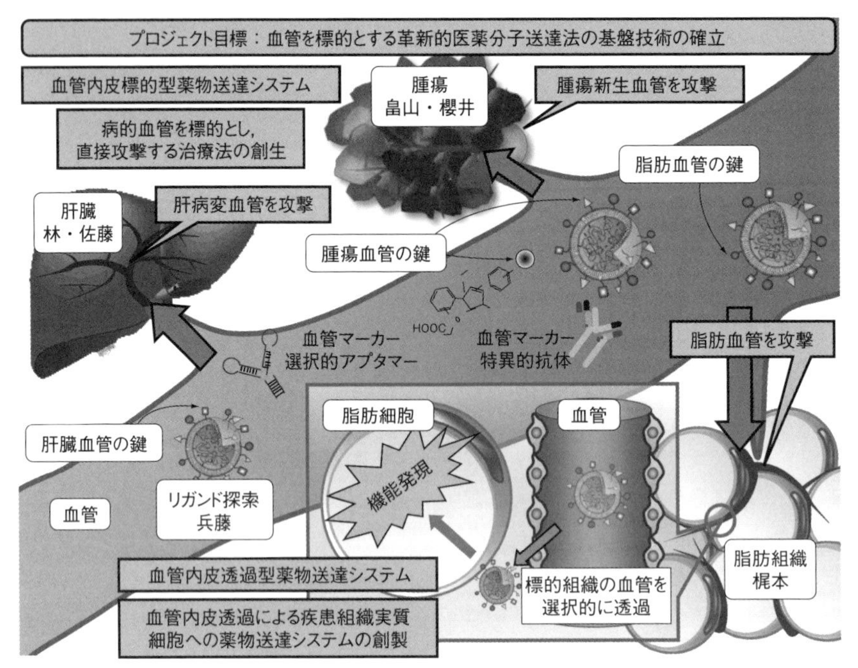


図 12-6　血管プロジェクトの概念図

製の場合，ナノ粒子の製造条件が異なることが多く，いわゆるバッチ法では多くの困難に直面する．一方で，連続流路を用いた調製法は，バッチ法が抱える困難を克服可能な製造法として期待されている．筆者らはナノテクノロジーを専門とする馬場嘉信教授(名古屋大学)と連携して，チップ上のマイクロ流路内でナノ粒子を調製する方法(ナノパッケージング)を開発している[17]．まだ実験的な段階ではあるが，ナノ粒子をマイクロ流路内で調製することは十分可能であり，かつ，マイクロ流路でなければできない場合もあり，ナノ医薬品の実用化を進めるうえで，ナノパッケージングが大きな役割を果たすことが期待されている．

## 4 まとめと今後の展望

21 世紀に入り，DDS の領域では，細胞内動態制御と体内動態制御それぞれの領域でパラダイムシフトが起こり，ドキシル®の機能をはるかに超える革新的なシステムが登場してきた．20 世紀の段階では机上の空論に留まっていた構想が，実験的には可能となり，当初の想像を超える成果が得られるようになりつつある．パラダイムシフトは始まったばかりである．今後は，細胞内動態・体内動態の制御機構の分子レベルでの解明を行い，明確な送達戦略に立脚したシステムの構築を進めると同時に，臨床応用可能な製造方法の確立が必須の課題となっている．さらに，ナノ医薬品の実用化を行うためには，レギュラトリーサイエンスの観点も踏まえて，いかにして企業と密接に連携して開発を進めることができるかが重要となると思われる．厳しい競争のなかで困難を乗り越えて，日本発のナノ医薬品創出へ貢献したい．

### ◆ 文　献 ◆

[1] Y. Sato, T. Nakamura, Y. Yamada, H. Akita, H. Harashima, *Adv. Genet.*, **88**, 139 (2014).
[2] H. Akita, K. Kogure, R. Moriguchi, Y. Nakamura, T. Higashi, T. Nakamura, S. Serada, M. Fujimoto, T. Naka, S. Futaki, H. Harashima, *J. Control Release*, **143** (3), 311 (2010).
[3] Y. Yamada, H. Harashima, *Adv. Drug Del. Rev.*, **60** (13–14), 1439 (2008).

[ 4 ] R. Furukawa, Y. Yamada, E. Kawamura, H. Harashima, *Biomaterials*, **57**, 107 (2015).

[ 5 ] H. Akita, K. Kogure, R. Moriguchi, Y. Nakamura, T. Higashi, T. Nakamura, S. Serada, M. Fujimoto, T. Naka, S. Futaki, H. Harashima, *J Control Release*, *10*, **143** (3), 311 (2010).

[ 6 ] N. Miura, S. M. Shaheen, H. Akita, T. Nakamura, H. Harashima, *Nucleic Acids Res.*, **43** (3), 1317 (2015).

[ 7 ] S. Hama, H. Akita, S. Iida, H. Mizuguchi, H. Harashima, *Nucleic Acid Res.*, **35** (5), 1533 (2007).

[ 8 ] H. Ochiai, H. Harashima, H. Kamiya, *Mol. Pharm.*, **7** (4), 1125 (2010).

[ 9 ] Y. Sato, H. Hatakeyama, Y. Sakurai, M. Hyodo, H. Akita, H. Harashima, *J. Control Release*, **163** (3), 267 (2012).

[10] H. Akita, R. Ishiba, H. Hatakeyama, H. Tanaka, Y. Sato, K. Tange, M. Arai, K. Kubo, H. Harashima, *Adv. Healthc. Mater.*, **2** (8), 1120 (2013).

[11] H. Hatakeyama, H. Akita, H. Harashima, *Adv. Drug Deliv. Rev.*, **63** (3), 152 (2011).

[12] Y. Sakurai, H. Hatakeyama, Y. Sato, M. Hyodo, H. Akita, N. Ohga, K. Hida, H. Harashima, *J. Control Release*, **173**, 110 (2013).

[13] K. Takara, H. Hatakeyama, N. Ohga, K. Hida, H. Harashima, *Int. J. Pharm.*, **396** (1–2), 143 (2010).

[14] T. Nakamura, M. Fukiage, M. Higuchi, A. Nakaya, I. Yano, J. Miyazaki, H. Nishiyama, H. Akaza, T. Ito, H. Hosokawa, T. Nakayama, H. Harashima, *J. Control Release*, **176C**, 44 (2013).

[15] M. N. Hossen, K. Kajimoto, H. Akita, M. Hyodo, H. Harashima, *J. Control Release*, **163** (2), 101 (2012).

[16] M. N. Hossen, K. Kajimoto, H. Akita, M. Hyodo, T. Ishitsuka, H. Harashima, *Mol. Ther.*, **21** (3), 533 (2013).

[17] K. Kitazoe, J. Wang, N. Kaji, Y. Okamoto, M. Tokeshi, K. Kogure, H. Harashima, Y. Baba, *Lab Chip*, **11** (19), 3256 (2011).

Chap 13

# 細胞シート工学による次世代治療

# Next-generation Regenerative Therapy by Cell Sheet Tissue Engineering

荒内 歩　清水 達也
（東京女子医科大学先端生命医科学研究所）

## Overview

「再生医療」— 21 世紀に突入し，医療あるいは研究の世界において，最も飛躍的に進歩した分野といっても過言ではないだろう．当研究室から発信した細胞シートによる治療もその一つであり，近年多岐にわたり数々の成功を収めている．細胞シート工学は，化学者の手により温度応答性培養皿が考案されたのが発端であり，従来，細胞獲得のために不可欠であった酵素処理を回避し，細胞間の結合を維持したまま，細胞をシート状に回収することを可能にした．さらに年月を経て，種々の細胞シートの培養法や，それらを目的に応じてカスタマイズした組織作製の技術が進展し，現在の治療に至っている．本章では，生理学・医学・工学などさまざまな分野の研究者の集大成により確立した，細胞シート治療について，原理から今後の展望まで紹介する．

■ **KEYWORD** 📖マークは用語解説参照

- ■温度応答性培養皿（temperature responsive culture dish）📖
- ■細胞シート（cell-sheet）📖
- ■PIPAAm〔poly（*N*-isopropylacrylamide）〕📖
- ■疎水性・親水性（hydrophobic・hydrophilic）
- ■再生医療（regenerative medicine）
- ■組織工学（tissue engineering）

Current Review

## はじめに

約37兆2,000億個―この莫大な数の細胞から，ヒトの体は構成されるといわれ，それぞれの細胞は，臓器や組織ごとに役割に応じた形状や大きさを呈している[1]．これらの細胞は，受精卵(胚胞)に由来する幹細胞を起点に，複雑に分岐する経路を経て分化・増殖し，それぞれの運命を辿っていく．

生体内において目的の細胞に分化した細胞は，単細胞で機能を発揮することは難しく，細胞同士あるいは周囲の組織と結合しながら緻密な構造を形成し，最適な環境において臓器をつくりだしている．そのため，隣接する臓器であってもそれぞれの臓器の特徴は大きく異なっている．たとえば，全身に血液を送りだす働きをもつ心臓は，拍動する細胞からなる厚い壁をもち，血液を貯留するための管腔構造を構築している．一方で，そのすぐ背側に位置する肺においては，効率的に酸素と二酸化炭素を交換することができるよう，細かいヒダ状に並んだ細胞が，小さなブドウの房状の構造を形成して，末端まで広がっているような様相を呈している．このように，体内では，各臓器が特異な細胞から最も効率的な構造を構築しており，機能を保持している．

ノーベル賞受賞により世界中を沸き立たせた，山中教授らによるiPS細胞(induced pluripotent stem cell：人工多能性幹細胞)の樹立[2]は記憶に新しい．胚胞由来の細胞によく似た性質をもつiPS細胞は，種々の細胞への分化能力をもった細胞であるため，細胞移植や臓器移植に劣らない次世代の治療として注目されている．とくに，いまだ根治治療の確立されていない疾患に悩む患者から寄せられる期待は大きく，種々の細胞への分化誘導法に関する研究が数多く行われ，報告件数は目覚しいほどである．この功績と随伴して，再生医療のなかでもとくに組織工学の分野では，分化誘導によって獲得した細胞から，臓器固有の機能的な構造を再構築し，機能低下に陥った臓器に替わる組織の移植治療を目的とした研究が広くなされている．

ここで紹介する細胞シート工学は，細胞のみから組織や臓器を再生し，移植することのできる治療法を生みだした概念であり，すでに眼科・循環器・消化器・歯科領域において，安全かつ低侵襲の画期的な新治療として国内外で治験が行われている．

## 1 細胞シート工学とは

細胞から，組織や臓器を再生する過程は，建物の建築工程と似ているように思われる．立体的かつ強固な構造を建設しようとした場合，木材やレンガ，コンクリートなどの資材のみでは不可能であり，その過程において，足場や支柱などの基礎が必要となる．さらに，家屋として機能するためには，電気の配線や水道管などを埋め込まなくてはならない．つまり，より複雑な構造の建物をつくろうとすると，さまざまな材料とパーツを複合させることになる．この概念に合致して，従来までは，体外において移植に耐えうる組織や臓器を細胞から再構築する際，細胞の足場として，生体内に入れても侵襲性が低く，分解されるような素材からなるスポンジ様構造やゲルが用いられてきた．しかし，生体内分解性の材料も体内にとっては異物であり，分解される際に炎症反応などの弊害が生じる場合もあるため，可能なかぎり使用は避けたい．

そのような問題のブレイクスルーとして，新星のごとく誕生したのが，当研究室で考案された細胞シート工学である．細胞シート工学は，細胞以外に足場としての材料を用いずに，細胞のみを用いて組織や臓器を再生するという，非常に画期的な技術を生みだし，現在では非常に効果的な治療法の一つの概念として社会に浸透しつつある(後述)．

## 2 細胞シートを生みだす化学の力

まず，細胞シート工学において，「細胞からシート状の組織を工学的に作製する」ことを可能にしたストラテジーを説明する．通常，培養皿上に細胞を播種し，培養数日後に増殖した細胞を回収する際，酵素処理を用いることが大半である．この手法により，培養皿上でつくられた細胞同士の結合や，細胞膜に蓄積したタンパク質など(細胞外マトリックス)は分解され，細胞はばらばらの状態で得られることになる．細胞シート工学では，「温度応答性培養皿」を用いることがこの問題の解決のカギとなり，培養

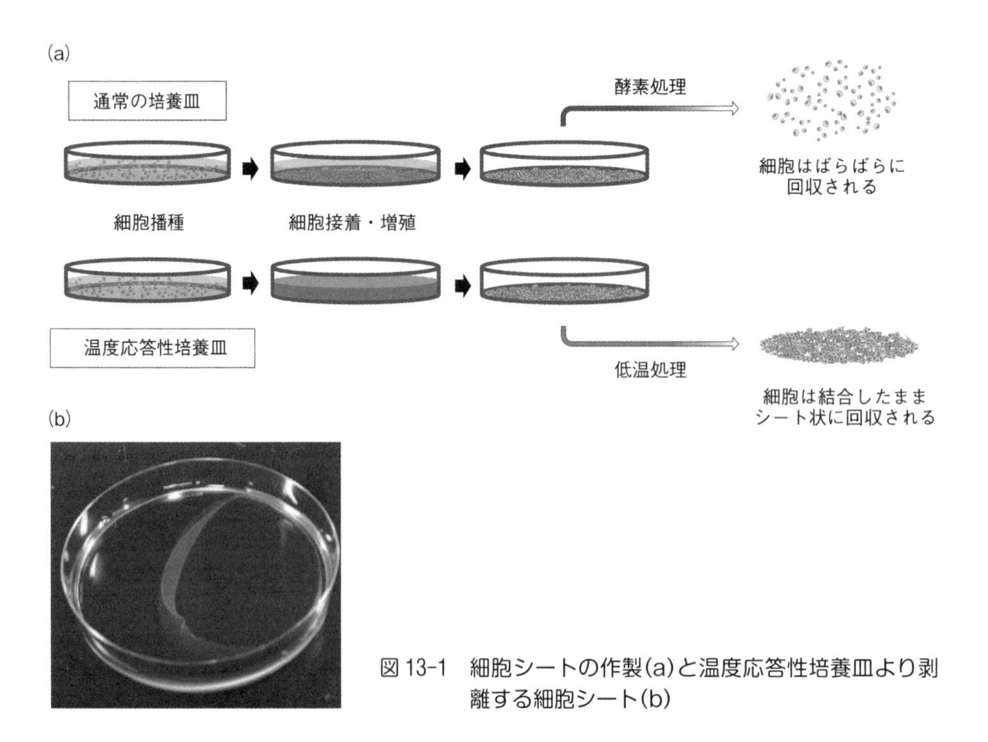


図 13-1　細胞シートの作製(a)と温度応答性培養皿より剥離する細胞シート(b)

皿上の細胞を結合したまま回収することが可能となった(図 13-1).

「温度応答性培養皿」[3]の表面には，温度変化により構造が変化する，ポリ(*N*-イソプロピルアクリルアミド)が電子線照射によりコーティングされている．一般的な細胞培養温度である37℃では，水を含まない状態で収縮しており，培養皿表面は疎水性となり，細胞が接着・増殖しやすい状態になっている．一方，32℃以下まで温度を下げることにより，水分を含み膨潤した形状に変化して親水性となり，接着していた細胞は培養皿表面から剥離してくる(図 13-2)．つまり，細胞の培養皿への脱着のしやすさの違いによるこの原理を利用し，培養皿上で増殖した細胞を細胞間の接着を保持したまま，シート状に回収できるようになったものが細胞シートである．

細胞シートは，細胞間の結合をもっているだけではなく，基底膜側(培養皿に接着している面)にフィブロネクチンなどのタンパク質を保持しており(細胞外マトリックス)[4]，このタンパク質が移植時に糊のような役割を果たし，縫合する必要がなくなる

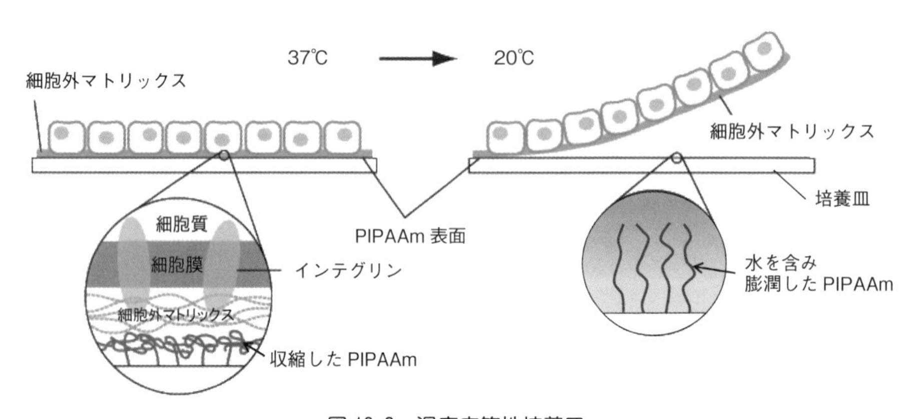


図 13-2　温度応答性培養皿

ことも長所の一つである．そのため，組織の構造によって，1枚で使用することも重ねて使うことも可能である（詳細は次節）．

このように，画期的な治療法として流通し始めている細胞シートは，化学の力によって生みだされたのである．

### 3 細胞シートの応用技術

前述のとおり，細胞シートは，足場材料などの異物を含まない，細胞のみからなる，ひと連なりのシート状の組織構造である．しかし，われわれの臓器のほとんどは心臓や肝臓，腎臓といった，ある程度の厚みと複雑な構造をもった，強度を要する立体構造である．

そこで，次のステップとして，実際の臓器の構造や機能により近い再生組織を得るために，細胞シートの積層化を行うことが一つの解決策としてあげられた．細胞シートは，前節で述べたとおり，培養皿に接着していた面に細胞外マトリックスを保持しているため，細胞シート同士を重ねて接着させることも可能である．つまり，細胞シートの培養皿接着面をもう1枚の細胞シートの培養液に接していた面に重ねることで，幾層にもなった細胞シートの作製が可能である．とはいっても，ある程度の厚みをもった組織においては，酸素や栄養の供給がなくては，細胞が壊死してしまう．つまり，レンガを積み重ねて建てた家に，電線や水道管をとおさなければ，家として機能しないのと同様に，細胞内に細胞内に血管を誘導する必要がある．

そこで，心筋細胞シートを用いた研究において，積層化した心筋細胞シートが同期して拍動し，移植後，細胞シート内に微小血管が新たに形成されていたことを証明したうえで[5]，生体内への移植の実験では，ラットの体内に3枚ずつ重ねた細胞シートを経時的に移植して重ねていくことで，その都度，ラットの体内からの新生血管を細胞シート内に誘導することができ，1年にわたり生体内で細胞シートが心筋として機能し続けることを確認した[6]．つまり，細胞シートが一つの組織として，生体内で機能し，生着し続けることが示唆された．

細胞シートの積層化の有用性については，心筋細胞のほかに肝細胞シートでも報告があり，積層化により単層の細胞シートよりも肝細胞組織としての，代謝機能が向上することがわかった[7]．また，単一の細胞腫の細胞シートの積層化だけではなく，心筋細胞シートの培養において，血管を形づくる内皮細胞を共培養すると，毛細血管の誘導を促進することが証明され，さらにこの共培養細胞シートを積層化させ，心筋傷害モデルに移植すると，効果的に改善することが報告された[8]．

これらの研究に並行し，積層化技術の開発にも進展が見られる．特殊なスタンプ状の基材を用いることで，簡便に細胞を逸することなく，迅速かつ効率的に積層化することができる基材に続き[9]，人の手を介さないオートメーション化を図った，細胞シート自動積層化装置も開発されている．さらに，細胞シートを平面状に使用するだけではなく，心筋細胞シートを積層化して，拍動する血管様の管状構造を構築することにも成功しており[10]，細胞ソースの工夫や収縮力の亢進について進行中である．

このように，細胞シート技術の確立は，ばらばらの状態でしか回収できなかった細胞を，足場を用いずに，細胞間の結合を保持した組織として細胞を得ることが可能になったばかりではなく，細胞シート自体の厚みや形状を工夫することができるようになり，臓器のもつ，本来の構造と機能に近い組織作製に有用な手段として，幅広い治療の実現に大きく貢献しようとしている．

### 4 細胞シート工学により実現した細胞移植治療

前述のように，細胞シートは，構成する細胞の数や種類，組合せ，厚み・形状をカスタマイズできるため，種々の臓器の再生に適応する可能性がある．また，本来，生体内で備わった臓器の役割の再現を目指した組織の移植により，機能低下に陥った臓器や外科的処置や損傷などによって失った臓器の機能を，従来までの薬剤による補充療法をはるかに上回る，非侵襲的かつ効率的な治療法となりうる．ここでは，現在までに行われた細胞シートによる臨床研究の例を紹介する．

+ COLUMN +

★いま一番気になっている研究者

**Terry F. Davies**
（アメリカ・マウント
サイナイ医科大学教授）

**Risheng Ma**
（アメリカ・マウント
サイナイ医科大学）

T. F. Daviesは，幹細胞から甲状腺細胞への分化誘導法を研究している第一人者といってもいいだろう．1980年代には甲状腺細胞の*in vitro*での培養条件についての研究を行っているが，2000年に入るとマウスES（embryonic stem）細胞を用いた甲状腺細胞への分化培養に関する論文を怒涛の勢いで次つぎと発表している．

彼らの研究室では，甲状腺細胞の細胞膜受容体に関する研究から，甲状腺組織の特殊なろ胞構造を形成する過程，それらを誘導する因子に関する研究など多岐にわたっている．iPS細胞の発見以来，種々の細胞への分化誘導が盛んに行われているなか，いまだ甲状腺細胞に関する報告は数少ないため，非常に貴重な存在である．

近年では，R. Maらとともに，ヒトES細胞やマウスiPS細胞を用いた甲状腺細胞分化誘導法の確立に成功しており，動物実験から臨床応用への道を着実に固めている〔R. Ma, R. Latif, T. F. Davies, *Thyroid*, 25（4），455（2015）〕．

**4-1　口腔粘膜細胞シートによる角膜機能回復**

角膜組織は，眼球の最も外側を覆う角膜細胞からなる組織であり，透明性が重要である．従来，死体あるいは生体間移植が行われてきたが，需要と供給のバランスが成立しないばかりでなく，疾患によっては，移植した組織がうまく生着しない例も少なくない．

細胞シート技術を用いた治療は，2003年より，大阪大学眼科の西田幸治教授との共同研究でスタートし，角膜疾患の患者にはじめて行われた[11]．前述のとおり，細胞シートはウサギを用いた前臨床試験では*in vitro*で培養した口腔粘膜細胞シートが移植後，角膜上皮細胞に近い組織像を呈していたと報告している[12]．片側の一面に細胞外マトリックスを保持しているため，縫合を必要とせずに移植でき，角膜組織のような組織の移植には，臓器特有の構造と局在の点から最も適しているともいえる．実際の治療では，角膜上皮幹細胞の増殖による再生機能を損失した患者の角膜を除去したのちに，あらかじめ患者自身の口腔粘膜の上皮細胞を採取し，培養しておいた細胞シートを移植する．このような非常に安全でシンプルな手法で，視力を失った患者に光を与えることを可能にした，非常にセンセーショナルな新治療が生まれた．

**4-2　細胞シートによる心機能改善**

さらに，循環器疾患においても非常に有用な治療法として成果を収めている．これは，当研究室の清水達也教授らのラットを用いた研究を基盤に[4～7]，大阪大学心臓血管外科の澤 芳樹教授との共同研究で治験にまで発展した．患者本人の大腿筋芽細胞から細胞シートを培養し，複数枚重層化しながら心膜表面に移植するという，非常に単純な構想に見えるこの治療は，最終的に20名の重症心不全患者に顕著な治療効果を示し，人工心臓の離脱にまで回復した症例も認められたほどである．2012年には㈱テルモが治験をスタートさせている．

現在は，iPS細胞から特殊な培養容器を用いて心筋細胞を大量培養する研究も行われており，次ステップとして，大腿筋の筋芽細胞ではなく，分化誘導により獲得した心筋細胞を用いた治験の準備段階である．

**4-3　口腔粘膜細胞シートによる消化器疾患治療**

次に，消化器領域における有効な治療法を紹介する．早期の食道がんに対し行われているのが，内視鏡的粘膜下層剥離術（endoscopic submucosal dissection：ESD）であるが，術後の治癒過程に随伴して切除面に瘢痕が生じ，食道内径が狭窄することがある．この現象により，食物の通過が困難となり，内腔を広げるために度重なるバルーン拡張術を行う症例が少なくない．この瘢痕形成を緩和し，狭窄を予防する手段として，病巣の切除面に，自身の口腔粘膜細胞シートを移植する可能性があることをあげ，2006年，東京女子医科大学消化器外科の大木岳志医師が研究を開始した[13]．

その結果，細胞シートを移植しなかったグループと比較し，明らかに狭窄を予防できたことが確認された[14]．現在，東京女子医科大学の山本雅一教授の協力により，10名の患者の再生治療を成功させた．その後は，Karolinska大学との共同研究が始まり，前がん病態ともいわれるバレット上皮のアブレーション焼灼後に，口腔粘膜細胞シートを移植し，術後の随伴症状の緩和を促す治療を7症例について終了している．長崎大学との共同研究においても，長崎大学から当研究室に空輸した患者自身の口腔粘膜細胞から細胞シートを培養し，再度空輸し，早期食道がんのESD後の剥離面に移植する治療を行っており，この治療が国内外において幅広く進展しつつある．

### 4-4　歯科領域における細胞シート治療

歯科領域でも，歯周病に対する治療が始まっている．歯周病は，非常に身近に感じられる疾患であり，罹患率も非常に多い．従来までは，抜歯や抗生物質投与による対処療法が行われ，根治治療は困難と思われてきた．しかし，こちらも歯根膜細胞シートの移植により，劇的に病態が改善することが動物実験により証明され[15]，その後，治験においても，患者自身の細胞シートの移植により，症状の改善が認められ，有効な歯周病治療として確立しつつある．

このように，目に見えない分子をもとに完成した温度応答性培養皿から得られた，繊細な様相の細胞シートは，すでにさまざまな疾患に対し，低侵襲的にかつ効率的に奏功している．

## 5　まとめと今後の展望

現在，実際に治療として使用されている細胞シートは，比較的，細胞による組織の構成がシンプルなものである．今後，細胞シートによる治療に期待されていることは，より複雑な構造と大きさや厚みといった点であると考えられる．

たとえば，日本において慢性腎不全に対する透析治療は，国の医療費の多くを占めており，その患者数は膨大である．進行性で，不可逆性のこの疾患に対し，ほかに根治治療は考えられない．しかし週に3回の人工透析を受けなければならない患者の負担は計りしれない．

当研究室では，現在，このような腎疾患の原因ともなる，腎臓の線維化に対し細胞シートによる治療を考案し，研究中である．すでに，腎臓で産生されるビタミンDやエリスロポエチンを分泌する細胞シートの作製に成功している[16]．近日，慢性腎不全の腎臓の機能改善に寄与すると報告のある，肝細胞増殖因子(hepatocyte growth factor：HGF)の分泌を目的に遺伝子導入された細胞を培養し，作製された細胞シートを腎皮膜表面に移植することで，ラット疾患モデルと比較し，病態のひとつである線維化の程度を半分から3分の1にまで軽減させることに成功した．今後は，患者自身の細胞より作製した細胞シートを用いて，評価を行う予定である．この治療が，腎疾患患者に適応されるようになると，さまざまな要因により線維化の生じた腎臓に対し，将来的な病態の進行を防ぎ，透析患者数を低減させていく可能性があると考えられる．

そのほかにも，内分泌疾患に対する治療として非常に期待がもたれる成果が報告されている．たとえば，膵β細胞から培養した細胞シートにより分泌されたインスリンにより，糖尿病ラットの血糖値がコントロールされ，根本的治療としての可能性が示唆された[17]．さらに脂肪細胞由来の幹細胞から作成した細胞シートにより，2型糖尿病モデルの潰瘍病変に新生血管などを誘導することで治癒を促進できたことから[18]，糖尿病による合併症への対処療法にも期待がもてる．甲状腺細胞シートの移植実験においては甲状腺機能低下モデルの甲状腺機能の回復が認められ[19]，ホルモン補充療法の代替となりうることが示されており，今後も新たな分野での新治療へ向けての研究に期待が寄せられる．治療以外にも，薬剤の開発に重要となってくる，がん細胞シートの移植によるがんモデルの開発やがん組織の再生組織なども研究途中であり，有用なデバイスとして流通する日が待ち遠しい．

25 年という長い時を経て，温度応答性高分子を用いた基礎研究から，種々の病気に悩まされる患者を治療するための技術が確立するに至った．この過程には，さまざまな分野のエキスパートが集結し，一つの目標に向かって突き進み，尽力した背景がある．今後も，細胞シートによる新たな治療の可能性にかぎりはなく，工夫によりさまざまな組織の再生ができると考えられるが，その裏にはつねに病気に苦しむ人びとを救いたい，という研究者たちの研究者や医師たちの強い情熱があることを忘れてはならない．

## ◆ 文　献 ◆


[ 1 ] E. Bianconia, A. Piovesana, F. Facchina, A. Beraudib, R. Casadeic, F. Frabettia, L. Vitalea, M. C. Pelleria, S. Tassanid, F. Pivae, S. Perez-Amodiof, P. Strippoli, S. Canaider, *Ann. Human Biol.*, **40** (6), 463 (2013).

[ 2 ] K. Takahashi, S. Yamanaka, *Cell*, **126** (4), 663 (2006).

[ 3 ] N. Yamada et al., *Makromol. Chem., Rapid Commun.*, **11** (11), 571 (1990).

[ 4 ] A. Kushida, M. Yamato, C. Konno, A. Kikuchi, Y. Sakurai, T. Okano, *J. Biomed. Mater. Res.*, **45**, 355 (1999).

[ 5 ] T. Shimizu, M. Yamato, Y. Isoi, T. Akutsu, T. Setomaru, K. Abe, A. Kikuchi, M. Umezu, T. Okano, *Circ. Res.*, **90** (3), e40 (2002).

[ 6 ] T. Shimizu, H. Sekine, Y. Isoi, M. Yamato, A. Kikuchi, T. Okano, *Tissue Eng.*, **12** (3), 499 (2006).

[ 7 ] K. Kim, K. Ohashi, R. Utoh, K. Kano, T. Okano, *Biomaterials*, **33** (5), 1406 (2012).

[ 8 ] H. Sekine, T. Shimizu, K. Hobo, S. Sekiya, J. Yang, M. Yamato, H. Kurosawa, E. Kobayashi, T. Okano, *Circulation*, **118** (14 suppl 1), S145 (2008).

[ 9 ] T. Sasagawa, T. Shimizu, S. Sekiya, Y. Haraguchi, M. Yamato, Y. Sawa, T. Okano, *Biomaterials*, **31** (7), 1646 (2010).

[10] H. Kubo et al., *Biomaterials*, **28** (24), 3508 (2007).

[11] K. Nishida, M. Yamato, Y. Hayashida, K. Watanabe, K. Yamamoto, E. Adachi, S. Nagai, A. Kikuchi, N. Maeda, H. Watanabe, T. Okano, Y. Tano, *N. Eng. J. Med.*, **351**, 1187 (2004).

[12] Y. Hayashida, K. Nishida, M. Yamato, K. Watanabe, N. Maeda, H. Watanabe, A. Kikuchi, T. Okano, Y. Tano, *Invest. Ophthalmol. Vis. Sci.*, **46**, 1632 (2005).

[13] T. Ohki, M. Yamato, D. Murakami, R. Takagi, J. Yang, H. Namiki, T. Okano, K. Takasaki, *Gut*, **55** (12), 1704 (2006).

[14] T. Ohki, M. Yamato, M. Ota, R. Takagi, M. Kondo, N. Kanai, T. Okano, M. Yamamoto, *Dig. Endosc.*, **27** (2), 182 (2015).

[15] T. Iwata, M. Yamato, H. Tsuchioka, R. Takagi, S. Mukobata, K. Washio, T. Okano, I. Ishikawa, *Biomaterials*, **30** (14), 2716 (2009).

[16] S. Sekiya, T. Shimizu, M. Yamato, T. Okano, *BioRes. Open Acc.*, **2** (1), 12 (2013).

[17] H. Shimizu, K. Ohashi, R. Utoh, K. Ise, M. Gotoh, M. Yamato, T. Okano, *Biomaterials*, **30** (30), 5943 (2009).

[18] Y. Kato, T. Iwata, S. Morikawa, M. Yamato, T. Okano, Y. Uchigata, *Diabetes*, **64** (8), 2723 (2015).

[19] A. Arauchi, T. Shimizu, M. Yamato, T. Obara, T. Okano, *Tissue Eng. Part A*, **15** (12), 3943 (2009).

Chap 14

# 化学が支える再生医療最前線

# Chemistry in Frontier of Regenerative Medicine

田畑 泰彦
（京都大学ウイルス・再生医科学研究所）

## Overview

再生医療は，体本来のもつ自然治癒力を高め，病気を治すことである．その基本アイデアは自然治癒力のもとである細胞の増殖，分化能力を高めることである．細胞の能力を高めるためには，よい周辺環境を細胞につくり与えることが必要となる．再生医療は再生治療と再生研究からなる．再生研究とは，細胞能力とは何かを調べる細胞研究や細胞能力を高めるための薬を開発する創薬研究などであり，細胞能力を活用した治療が再生治療である．再生医療の実現には，細胞周辺環境となる細胞培養基材や足場，タンパク質や糖や細胞にうまく作用させるためのドラッグデリバリーシステム（drug delivery system：DDS），細胞培養，細胞の機能改変などの材料科学技術が必要不可欠であり，化学の貢献がきわめて大きい．


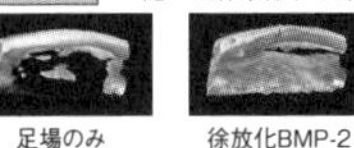

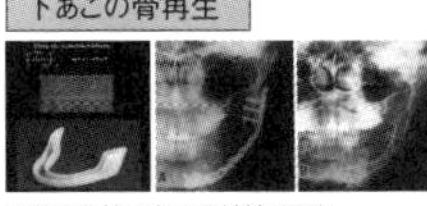

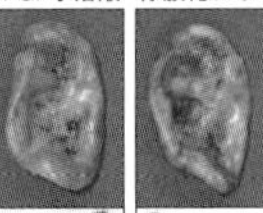

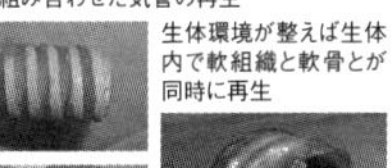

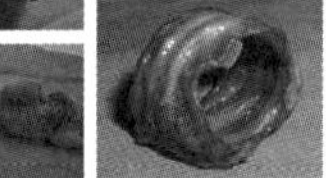


▲足場技術とDDS技術の組合せを利用した再生治療

■ ***KEYWORD*** 📖マークは用語解説参照

- ■再生医療（regenerative medicine）
- ■再生研究（regenerative research）
- ■再生治療（regenerative therapy）
- ■バイオマテリアル（biomaterials）
- ■自然治癒力（natural self-healing potential）
- ■細胞能力（cell ability）
- ■ドラッグデリバリーシステム（drug delivery system）
- ■細胞増殖因子（growth factor）
- ■細胞動員因子（cell chemotactic factor）
- ■細胞足場（cell scaffold）

## はじめに

再生医療とは，イモリのしっぽが再生する現象をヒトで誘導し，治療に役立てようとする医療の試みである．その基本アイデアは，生体のもつ自然治癒力を介して病気を治すことである．すなわち，自然治癒力のもとである細胞の増殖，分化能力を高め（細胞を元気にし），生体組織を再生修復させる．体に本来，備わっている自己の自然治癒力を高め，病気を治すアプローチは，体にやさしい理想的な治療法である．

再生医療の始まりはどのようなものであったのか．それは，移植肝臓がなく移植治療を受けることができず命を落としていく患者を助けるための医学-工学融合技術であった．肝臓細胞を三次元の生体吸収性高分子スポンジと組み合わせて培養し，細胞からなる肝臓様構造を試験管内でつくり，それを肝臓移植に利用するという発想である．ここで注目すべきは，細胞の三次元構造や生物機能を実現させるために，化学の力が必要不可欠であったという点である．いかに優れた能力の高い細胞が利用可能となっても，その能力を高めるための材料技術との組合せが大切である．再生医療には二つの分野がある．一つ目は，病気を治す再生治療である．二つ目は次世代の治療を科学的に支える再生研究である．再生研究には，細胞の能力を調べる細胞研究と，能力の高い細胞を利用した薬の作用，毒性を評価，薬をつくる創薬研究がある．

再生医療が現実味を帯びてきた背景には，二つの研究分野の進歩がある．一つ目の研究分野は，再生現象にかかわる細胞の基礎生物医学研究である．二つ目の研究分野が組織工学（ティッシュエンジニアリング）である．すなわち，細胞の能力を高め，三次元の生体組織様構造をつくるための工学である．組織工学では，バイオマテリアル（生体材料）を活用することによって，細胞の増殖と分化を促すための細胞の局所環境をつくり与える．たとえば，細胞増殖，分化を高め生体組織の形成を促すための細胞足場，細胞の増殖，分化作用をもつタンパク質，遺伝子などの生物活性を高めるドラッグデリバリーシステム（drug delivery system：DDS），細胞内への物質を導入することによる細胞の生物機能の増強，改変などのバイオマテリアル技術を活用して，細胞のもつ生体組織の再生修復力を高める[1~8]．バイオマテリアルを用いて，体内に近い環境をつくることができれば，細胞の能力は高まり，細胞研究と創薬研究が進歩することは疑いない．組織工学は次世代のバイオマテリアル学であり，化学が大きく貢献している領域である．再生医療におけるバイオマテリアル技術の役割を図 14-1 に示す．

## 1 バイオマテリアル技術の再生医療とのかかわり

バイオマテリアルに対する一般のイメージは，治療に用いる医療機器，人工臓器あるいは DDS である．DDS は，ドラッグ（薬）と組み合わせることでドラッグの作用を増強させる技術，方法論である．これらの分野については，これまでに多くの研究開発が行われ，すでに今日の外科，内科治療に応用されている．しかしながら，バイオマテリアルはこの研究分野だけにとどまるだけではない．バイオマテリアルとは，体内で用いる，あるいは細胞，タンパク質，核酸，細菌などの生物成分と触れて用いるマテリアルのことである．この定義からすると，バイオマテリアルは，もっと広い領域に展開できる．その代表例の一つが再生医療への応用である．

## 2 バイオマテリアル技術が支える再生医療アプローチ

基本的に，体は細胞とその局所周辺環境からなっている（図 14-2）．いかに丈夫なヒトでも，家や食べ物がなければ弱ってしまう．これは細胞においても同様である．いかに能力のある元気な細胞でも，家や食べ物が不足すれば，細胞は本来の能力を発揮することはきわめて難しい．細胞の家にあたるものは，細胞の周辺を埋めているタンパク質や多糖からなる細胞外マトリックスである．食べ物が細胞増殖因子に代表されるタンパク質である．細胞が元気な場合には，細胞は細胞外マトリックスも細胞増殖因子も自分でつくり，細胞自身は元気になっていく．しかしながら，病気や生体組織に損傷がある場合には，

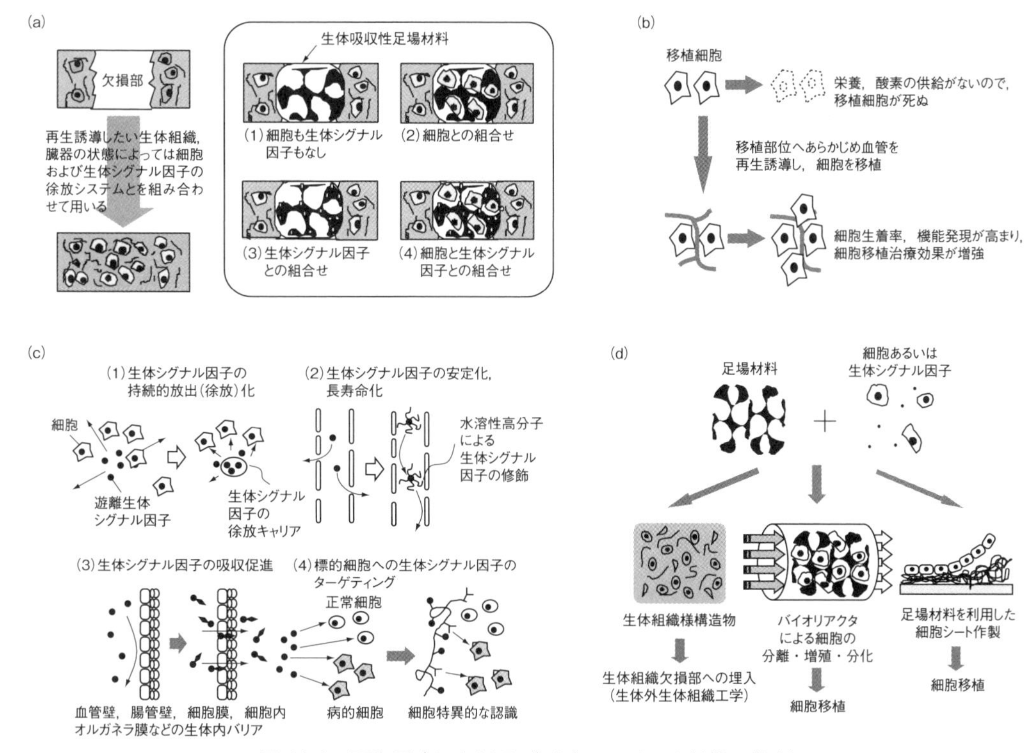


図 14-1　再生医療におけるバイオマテリアル技術の役割
(a)体内での生体組織の再生誘導のための足場バイオマテリアル，(b)体内での生体組織の再生誘導の生体内環境の確保のためのバイオマテリアル，(c)体内での生体シグナル因子の生物活性発現のための DDS 用バイオマテリアル，(d)細胞の分離，増殖，分化のための足場バイオマテリアルと細胞培養技術．

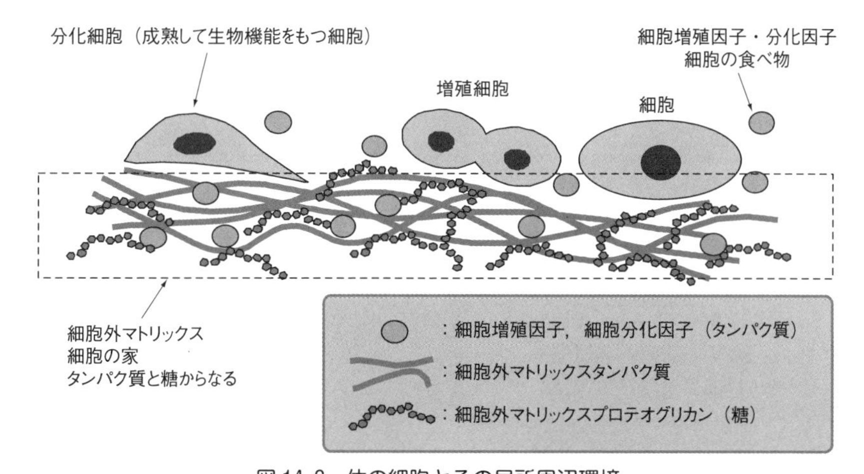


図 14-2　体の細胞とその局所周辺環境
局所周辺環境が整っていないと細胞は元気にならない．

細胞は弱っていて，それらの成分をつくる能力が低下している．そこで，いかに元気な細胞を体外で準備しても，何の工夫もなく，単に細胞のみを体内に移植するだけでは，病気の体では細胞周辺環境が整っておらず，細胞力による再生治療効果は必ずしも期待できない．そこで，細胞の家と食べ物を弱っている細胞によいタイミングで与え，細胞能力を高める．これにより，弱っている細胞は元気になり，自然治癒力によって病気が治っていく．たとえば，体内局所環境によく似た三次元スポンジ形成体を仮の家として細胞に与える．また，食べ物である細胞増殖因子を与え，細胞を元気にする．遺伝子工学技術で調製できる細胞増殖因子自身は体内寿命の短く不安定であるため，それらを細胞に効率よく届ける工夫がなければ，細胞は元気にはならない．これを可能とする技術，方法論がDDSであり，細胞増殖因子をDDSと組み合わせ与えることで細胞能力を高めることができる．

### 3 バイオマテリアル技術を活用した再生医療の具体例

再生が必要となる組織欠損部位周辺組織の細胞能力が高い場合には，欠損部に細胞の家(足場)を与えるだけで皮膚真皮，骨，神経，および歯周組織などの再生修復は可能となり，その一部は，すでに患者までとどいている[1, 3~5, 7, 8](図14-3)．足場とは，高分子，セラミックス，それらの複合体などからなるスポンジ，不織布，シート，チューブなどであるが，再生治療の実現のためには，さらなる材料，加工技術などに化学的な改良研究の余地が多い．たとえば，三次元足場であるコラーゲンスポンジは細胞親和性は高いが，その力学強度が乏しい．細胞培養あるいは体内ではスポンジが変形し，細胞増殖分化のためのスペースであるスポンジ内の孔構造がなくなってしまう．この問題を解決するために，繊維あるいはセラミクス粒子を添加，力学補強したコラーゲンスポンジが考案されている．期待どおり，力学補強することでスポンジ内で細胞の増殖や分化が高まることがわかった[1~3, 7, 8]．

細胞の食べ物である細胞増殖因子を体内でうまく細胞に働かせるためにはDDS技術が必要不可欠となる．しかしながら残念なことに，DDS研究の発

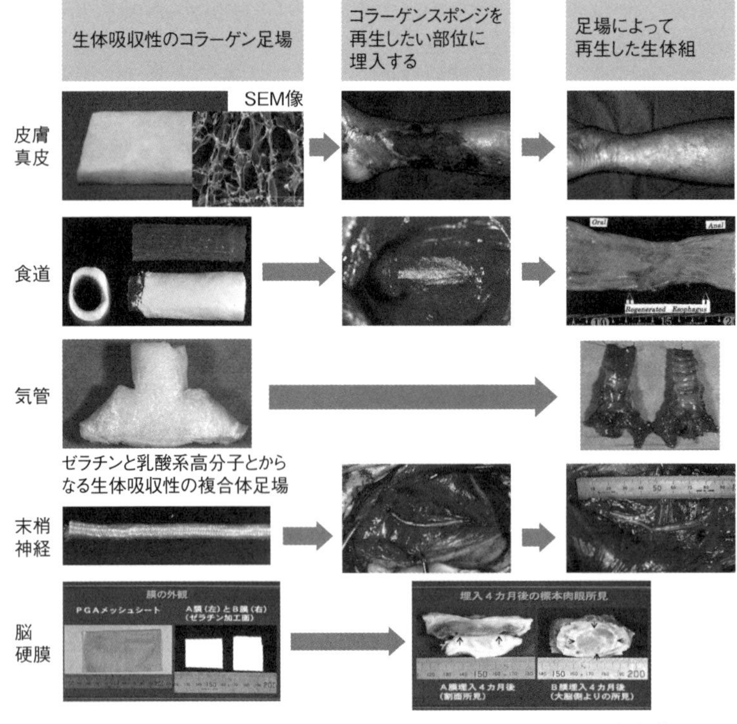


**図14-3 細胞足場技術を利用した患者まで届いている再生治療**
生体吸収性3D足場材料による生体組織の再生治療である．細胞を用いることなく，バイオマテリアルのみを利用した体のなかでの再生誘導治療(再生医療)は世界初である．

展の経緯から，ドラッグ＝治療薬＝薬物治療という固定概念にとらわれ，ドラッグ治療のための技術であると考えられていることが多い．DDSとは，体外，体内に関係なく，不安定かつ作用部位の特異性もないドラッグ（ドラッグの定義は，ある作用をもつ物質のことである）の生物作用をバイオマテリアルと組み合わせることで最大限に高めるための自然科学分野における普遍性の高い技術・方法論である．再生医療のためのドラッグは細胞の増殖分化能力を高めるタンパク質であり，それを細胞に届ける技術，方法論はまさにDDSである．DDSには，ドラッグの徐放（徐々に放出すること），安定化，透過・吸収促進，ターゲティングの四つの目的がある．このいずれの目的も再生医療に応用展開が可能である．

細胞増殖因子タンパク質および遺伝子などの徐放化を可能とする生体吸収性のゼラチンヒドロゲルが開発されている[3〜5,7〜9]．このシステムでは，徐放されるタンパク質や遺伝子は，ゼラチン分子に相互作用している．そのため，ヒドロゲルの酵素分解に伴うゼラチン分子の水可溶化によってのみそれらの物質が徐放化される．徐放化担体の分解に伴う物質の徐放化システムである．このヒドロゲル技術によって生物活性をもつ細胞増殖因子の徐放化が可能となり，さまざまな生体組織の再生修復が実現されるようになった[2,4,5,7,8]．たとえば，塩基性線維芽細胞増殖因子（basic fibroblast growth factor：bFGF）の徐放化技術は，虚血性疾患に対する血管誘導治療，骨，軟骨，脂肪，皮膚真皮，および胸骨と胸骨周辺軟組織の再生治療を可能とし，すでに，その一部はヒト臨床試験が始まり，3000例の患者に対して，よい成績が得られている（図14-4）．インスリン様増殖因子（insulin-like growth factor：IGF）-1の徐放化による難聴治療の臨床試験においても，よい治療効果が得られている[7,8]．

いかに優れた能力をもつ細胞でも，栄養および酸素の供給がなければ，体内ではその生存も機能発現も期待できない．徐放化bFGFによる血管誘導技術は，移植細胞の体内での機能維持ならびに治療効果を有意に増強させた[2〜5,7,8]．心筋由来前駆細胞とbFGF徐放技術との組合せが，心不全治療に有効で



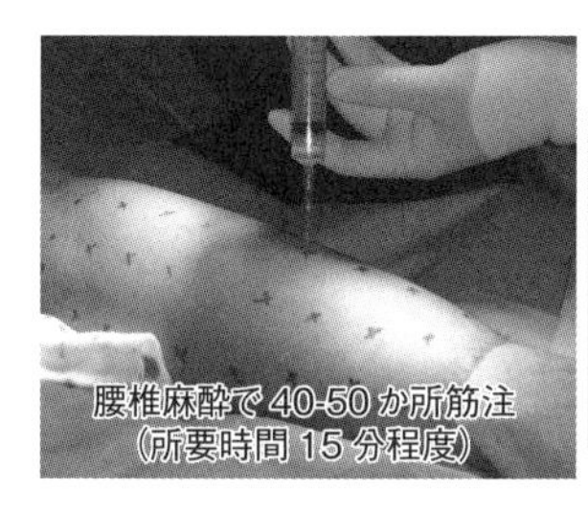

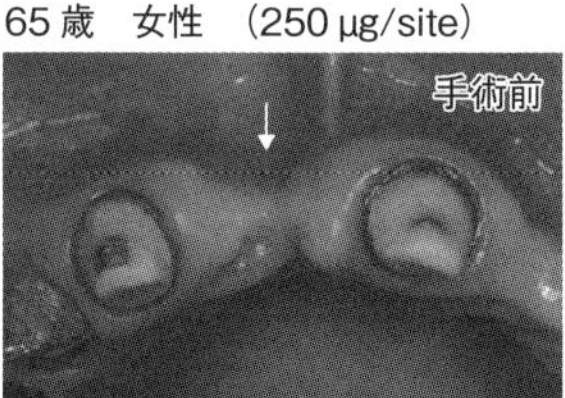


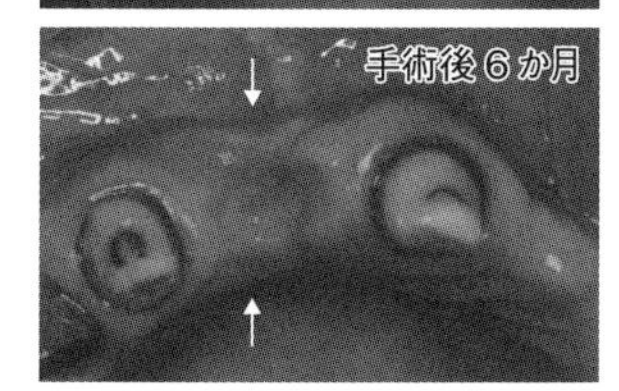




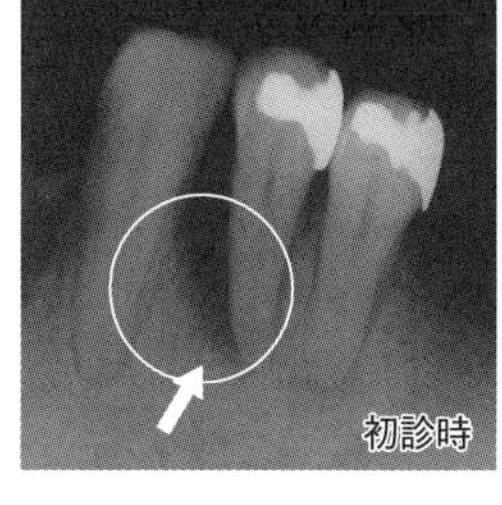


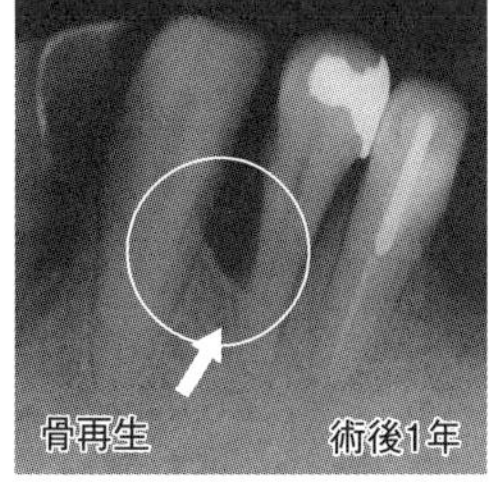


図14-4　bFGF徐放化ヒドロゲル技術を利用した患者まで届いている再生治療

COLUMN

### ★いま一番気になっている研究者

**Robert Langer**
（アメリカ・マサチューセッツ工科大学教授）

工学，医学，薬学にまたがる境界融合領域において，世界的パイオニアとして基礎研究で輝かしい成果をあげるとともに，研究成果を医療に応用し，実用化を積極的に推進している世界のリーダーである．化学工学・材料科学を基盤として，二つの革新的成果を成し遂げた．

一つは組織工学分野の創出と確立である．再生医療の実現に不可欠な「足場」の概念を世界ではじめて提唱した．細胞が組織化されるにつれて吸収されるポリ乳酸を応用して，動物モデルで骨，肝臓，筋肉などの形成に成功している．ヒト再生治療法に向けた研究が進展している．

もう一つの革新は，タンパク質の DDS 技術の展開とその医療への応用である．世界ではじめてタンパク質を生理活性をもった状態で安定的に長期間放出させる徐放化技術を開発した．手術で除去しきれなかった脳腫瘍に対する脳内留置徐放性製剤，狭心症に対する薬剤溶出性ステント，前立腺がんのホルモン治療薬など，研究成果から派生した医療技術や医薬品は広く患者の治療に用いられている．また，体外から超音波などの物理的刺激あるいは体内の化学的刺激に対応して薬物の放出量を調節できる放出制御 DDS 技術の開発に成功している．

このように，医工学融合領域を創成し，疾患治療への応用技術を確立し，さらには医療応用へ展開した創始者である．その研究成果は，膨大な数の学術論文，総説，著書，特許などに結実している．

さらに自らベンチャー企業をつくり，また多くのバイオ企業の技術顧問を務めている．毎年各国からの多くの研究者が訪れ，優れた研究成果をあげている．このような世界的な人的および学術的交流が医工学技術の世界展開を加速している．

あること，細胞培養で調製した表皮-真皮二層皮膚様組織を bFGF 徐放システムとともに移植することで，その生着率と治療効率の向上が認められることなどが報告されている[8]．このように，細胞や組織移植の有無にかかわらず細胞増殖因子徐放化を利用した血管新生は再生治療の key 技術であることが実証されている．生体での移植細胞の生存率と機能を高めるもう一つの方法は，細胞の相互作用を高めるアプローチである．細胞は単独で存在しているときよりも，相互作用しているほうがその生物機能が高いことが知られている．たとえば，二次元に相互作用している細胞シートにより，角膜上皮，心筋，膝関節軟骨，歯根膜などの生体組織の再生修復が可能となっている[10]．加えて，三次元の細胞相互作用をもつ細胞凝集体を用いた細胞治療が進められ，その高い治療効果が期待されている[11]．

天然の足場である細胞外マトリックスは，細胞の接着と増殖のための足場と細胞増殖因子の供給の二つの役割をもっている．この二つの役割を同時にもつ機能性足場が創製されている．たとえば，骨形成因子（bone morphogenetic protein：BMP）-2 を徐放できる特性をもつゼラチンからスポンジがつくられている．このスポンジには，セラミクス粒子が組み込まれ，力学補強されている．BMP-2 を浸み込ませた後，体内に埋入したところ，スポンジ内で細胞が増殖，分化し，スポンジ内部に骨形成が認められた[12]．これに対して，力学補強されていないスポンジでは，スポンジ周辺にのみ骨再生が見られた．加えて，がんの再発防止のために放射線照射が行われた．骨欠損に対しても，BMP-2 を徐放でき，かつ細胞の足場となる力学補強ゼラチンスポンジは，有意な骨再生修復が実現された[13]．

再生修復したい部位周辺に細胞が存在する場合には，前述のように，足場，細胞増殖因子，あるいはその組合せを与えることで細胞による再生治療は可能となる．しかしながら，細胞が存在しないときには，その必要部位に細胞をよび寄せることが不可欠となる．体内に存在している幹細胞をよび寄せる（動員させる）作用をもつ細胞動員因子を利用すれば幹細胞の動員を高め，生体組織の再生修復を促進できる．たとえば，ストローマ由来因子（stromal cell-derived factor：SDF）-1，BMP-2や顆粒球コロニー刺激因子（granulocyte-colony stimulating factor：GCSF）をゼラチンヒドロゲルから徐放させることで，徐放局所に幹細胞が動員される[8]．SDF-1で細胞を動員した後，その細胞にBMP-2を与え，細胞力を高めることによって，BMP-2の単独徐放に比較して，有意に高い骨再生修復が認められた[14]．

内科的な薬物治療によって線維化組織を消化分解することで，臓器内に再生修復の場を確保し，周辺の正常組織の細胞力を介して，難治性慢性線維性疾患の治療を行う「内科的再生治療」の試みも始まっている[7,8]．細胞増殖因子，プラスミドDNA，およびsi（small interfering）RNAのDDS化により，線維化疾患の発症や悪化の抑制が可能となってきている[8,15]．このように，外科治療だけではなく，内科治療においても，組織工学技術を活用した再生治療が現実のものとなってきている．

次世代の再生治療を科学的に支えているのは再生研究（細胞研究と創薬研究）である．再生治療で用いられているゼラチンヒドロゲルは，基礎研究で見つけられたタンパク質，ペプチド，プラスミドDNAやsiRNA，低分子薬物などの徐放化を可能とする徐放化試薬メドジェル（Medgel）®として市販されている．遺伝子やsiRNAの細胞内への導入試薬としてカチオン性プルランやデキストランからなる非ウイルス性遺伝子導入キャリアがデザインされている．このキャリアは細胞毒性も低く，かつ幹細胞へのプラスミドDNAおよびsiRNA導入に優れていることがわかっている[6~8]．また，遺伝子導入を高めるための遺伝子導入培養法の改良も行われている．カチオン化プルラン-プラスミドDNA複合体を細胞接着性タンパク質とともに培養基材にコーティング後，そのうえで細胞培養するというリバーストランスフェクション法（プラスミドDNAあるいはsiRNAと触れて細胞が増えていくので，それらが細胞内に導入されやすい）が報告されている[16]．この遺伝子導入法により，従来より遺伝子導入が難しく，死滅しやすい細胞に対しても，遺伝子機能改変が可能となった[6~8]．加えて，プラスミドDNA含有ヒドロゲル粒子を細胞内に取り込ませ，細胞内で徐放させることで，遺伝子発現レベル増強と発現期間の延長を実現している[6~8]．このように徐放や細胞内取り込み（細胞膜透過促進）などのDDS技術は再生研究ツールとしても有用である．

現在の細胞培養は，ポリスチレン容器と細胞培養液とを用いて行われている．これらは人工物であり，細胞が，通常，体内で接している環境とは大きく異なっている．そのため，このような人工的な環境のもとで体内の細胞状態を調べることには，おのずから限界がある．そこで，今後の細胞研究の発展には，体内の細胞環境に近い性質をもつバイオマテリアル基材が必要とされている[6~8]．基材表面に細胞接着を促すタンパク質を固定化することが必要な場合には，タンパク質の生物活性を維持させた状態で固定化することが望まれる．タンパク質を配向固定化することによって，配向性を考えない単純な固定化法に比べて，細胞表面レセプターに認識されやすくなり，有意に高い造血系幹細胞の増殖が認められた[17]．化学的技術を活用して，細胞活性因子の作用を高めるように工夫された基材の研究開発が大切である．

## 4 まとめと今後の展望

一般には，細胞移植＝再生治療というイメージが強い．これが間違っているといっているわけではない．細胞に加えて，細胞を元気にするための細胞の局所周辺環境をつくり与える組織工学という研究領域も発展してきていることも知っていただきたい（図14-3，図14-4）．また，細胞の家と食べ物を活用することで，さまざまな生体組織の再生治療の実現性が確かめられ，すでにその一部は患者まで届いている．能力の高い細胞の生存を高め，その生物機能を発揮させるためには細胞の周辺環境をつくり，細胞を元気にさせることが必要不可欠である．能力と質の高い細胞を調製したり，体内での移植細胞の機能を高めて自然治癒力を促すためにはバイオマテリアル技術がなくてはならない．繰り返しになるが，治療を支える再生研究に対して，細胞の能力を高めるために化学の力，とくにバイオマテリアル技術の重要性はいうまでもない．紙面の限界と記述の乏しさから，組織工学における化学の貢献がきわめて大きいことがわかっていただけたかどうかいささか不安である．しかし，読者の皆様に，再生医療の早期実現を望むならば，細胞を元気にする材料工学技術の重要性を今一度，認識していただければ有難い．

## ◆ 文献 ◆

[1] 田畑泰彦，『再生医療のためのバイオマテリアル』，コロナ社（2006）．
[2] 田畑泰彦，『進みつづける細胞移植治療の実際（上・下巻）』，メディカル ドゥ（2008）．
[3] 田畑泰彦，〈遺伝子医学 MOOK 別冊〉『ますます重要になる細胞周辺環境（細胞ニッチ）の最新科学技術』，メディカル ドゥ（2009）．
[4] 田畑泰彦，〈遺伝子医学 MOOK13〉『患者までとどいている再生誘導治療』，メディカル ドゥ（2009）．
[5] Y. Tabata, *J. R. Soc. Interface*, **6**, 311（2009）．
[6] Y. Tabata, *Inflammation and Regeneration*, **31**, 137（2011）．
[7] 田畑泰彦，『細胞の 3 次元組織化に不可欠な最先端材料技術―再生医療，その支援分野（細胞研究，創薬研究）への応用と発展のために―』，メディカル ドゥ（2014）．
[8] 田畑泰彦，『自然治癒力を介して病気を治す．体にやさしい医療「再生医療」―細胞を元気づけて病気を治す―』，メディカル ドゥ（2014）．
[9]『細胞増殖因子と再生医療』，松本邦夫，田畑泰彦 編，メディカルレビュー（2006）．
[10] I. Elloumi-Hannachi, M. Yamato, T. Okano, *J. Intern. Med.*, **267**, 54（2010）．
[11] K. Nakajima, J. Fujita, M. Matsui, S. Tohyama, N. Tamura, H. Kanazawa, *et al.*, *PLoS One*, **10**, e0133308（2015）．
[12] Y. Takahashi, M. Yamamoto, Y. Tabata. *Biomaterials*, **26**, 4856（2005）．
[13] M. Yamamoto, A. Hokugo, Y. Takahashi, T. Nakano, M. Hiraoka, Y. Tabata, *Biomaterials*, **56**, 18（2015）．
[14] J. Ratanavaraporn, H. Furuya, H. Kohara, Y. Tabata, *Biomaterials*, **32**, 2797（2011）．
[15] 山本雅哉，田畑泰彦，「慢性疾患治療」，『再生医療へのブレークスルー』，田畑泰彦 編．メディカル ドゥ（2004），p. 266．
[16] A. Okazaki, J. Jo, Y. Tabata, *Tissue Eng.*, **13**, 245（2007）．
[17] H. Toda, M. Yamamoto, H. Kohara, Y. Tabata, *Biomaterials*, **32**, 6920（2011）．

Chap 15

# 水溶性高分子化 MRI 造影剤による移植生細胞の 3D イメージング

# Water Soluble Polymeric MRI Contrast Agent for 3D Imaging of Living Cells

山岡 哲二
(国立循環器病研究センター研究所 生体医工学部)

## Overview

近年，自己体細胞，自己体性幹細胞，あるいは ES (stem cell) 細胞や iPS (induced puluripotent stem) 細胞から分化させた細胞を移植する再生医療が注目されている．自己由来細胞の利用によりリスクを最小限に抑えることで，再生医療新法のもと，多くの臨床研究が進行しているが，治癒過程や作用機序の詳細な解明はいまだ十分とはいえない．そこで，光学的手法，核医学的手法などの 3D イメージング技術を概説するとともに，筆者らが開発してきた新たな水溶性高分子化 MRI (magnetic resonance imaging) 造影剤を用いた移植細胞の遊走挙動のイメージング，生細胞のみの可視化システム，およびその生存率の定量化例について紹介する．

(a)
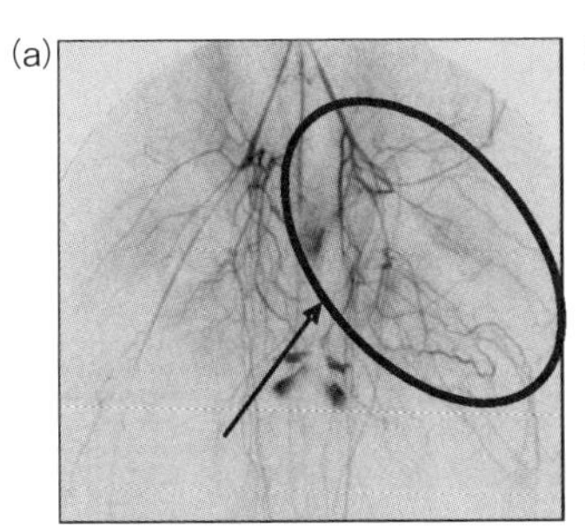
(b)
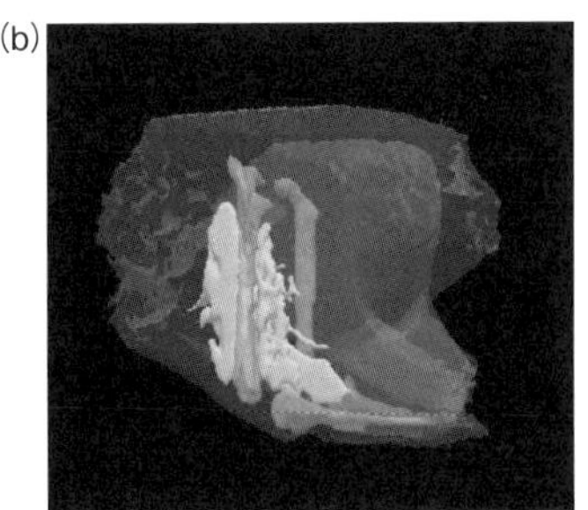

▲EPC (endothelial progenitor cell) 移植により新生した血管の血管造影図 (a) と移植 EPC の MRI 像 (b)

■ **KEYWORD** 📖マークは用語解説参照

■細胞トラッキング (cell tracking) 📖
■MRI (magnetic resonance imaging)
■3D イメージング (three-dimensional imaging)
■細胞移植療法 (cell transplantation therapy) 📖
■再生医療 (regenerative medicine)
■生細胞率 (cell survival rate)

## はじめに

虚血部に間葉系幹細胞や骨格筋芽細胞，あるいはiPS(induced puluripotent stem)細胞由来心筋細胞などを移植する幹細胞移植療法が注目されている．移植細胞による直接作用だけでなく，サイトカインによるパラクライン効果(移植した細胞が，直接，組織再生などに寄与するのではなく，その細胞が生成する成長因子などが近隣の細胞に作用して間接的に組織を修復する作用のこと)が示唆されているが，再生医療が一般的な治療となるためには，治癒過程や作用機序の詳細な解明が重要である．そのための一つの大きな課題は，移植された幹細胞の体内動態の解明である．近年，GFP(green fluorecent protein, 緑色蛍光タンパク質)組換え動物をソースとした蛍光標識細胞の入手が容易となり，移植細胞を顕微鏡下で観察することができるが，侵襲的かつ局所の情報しか得られない．そこで，非侵襲的でかつ生体全体を3Dイメージングする技術が注目されている．

本章では，3Dイメージング技術の概要とともに，幹細胞の体内動態のみでなく生死をもMRIでイメージングすることが可能な細胞標識用MRI高分子造影剤について紹介する．

### 1 移植細胞のMRIトラッキング

非侵襲的生体イメージング技術には，さまざまなモダリティがある．X線コンピュータ断層撮影法，核磁気共鳴画像法(magnetic resonance imaging: MRI)，超音波画像診断(エコー)，そして陽電子放射断層撮影(positron emission tomography: PET)や単一光子放射断層撮影(single photon emission computed tomography: SPECT)などである．図15-1に，それぞれのモダリティの解像度と観察深度を示した．なかでも，MRIはその解像度，観察深度，および普及率の点で幹細胞イメージングシステムとして魅力的である．従来，細胞に超磁性微粒子(superparamagnetic iron oxide: SPIO)を取り込ませて標識し，MRIで追跡する試みがなされてきた[1]．SPIOのもつ磁場は非常に大きいため，高磁場において，細胞の検出に必要な細胞に取り込ませる造影剤の数は数千個のオーダーでよいともいわれている．しかしながら，近年，細胞から漏出したSPIO分子が長期間その場に留まることから得られたイメージの解釈に疑問が指摘され，また遊離SPIOがマクロファージに取り込まれる可能性も報告されている[2,3]．

そこで，筆者らは，これらの問題を解決するために，細胞ラベル用水溶性高分子化MRI造影剤の設計を進めた[4~8](図15-2)．磁性をもつガドリニウム錯体分子(Gd)を水溶性キャリヤーに結合して，「水溶性高分子化造影剤」を調製した．水溶性キャリヤー分子は，細胞毒性がないこと，また長期間の細胞トラッキングのために細胞内に長期間滞留することが望ましい．合成した水溶性高分子化造影剤の細胞内への送達にはエレクトロポレーション装置を用いた．筆者らのシステムの最も有利な点は，細胞の生死をモニタリングできることである．粒子状造影剤の場合，遊離の造影剤がその場に留まる傾向があ

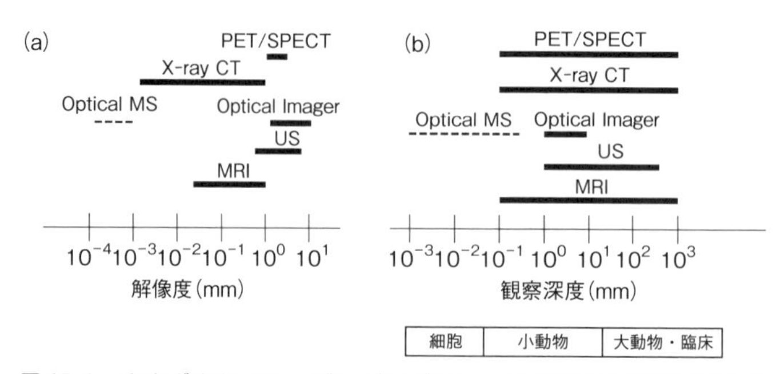


図15-1 さまざまなイメージングモダリティの解像度と観察可能生体深度

さまざまな構造と分子量をもつ水溶性ポリマーの血中半減期(T1/2β)．
(○)PVA，(△)PEG，(□)Gel，(●)Dex，(▲)Pul.

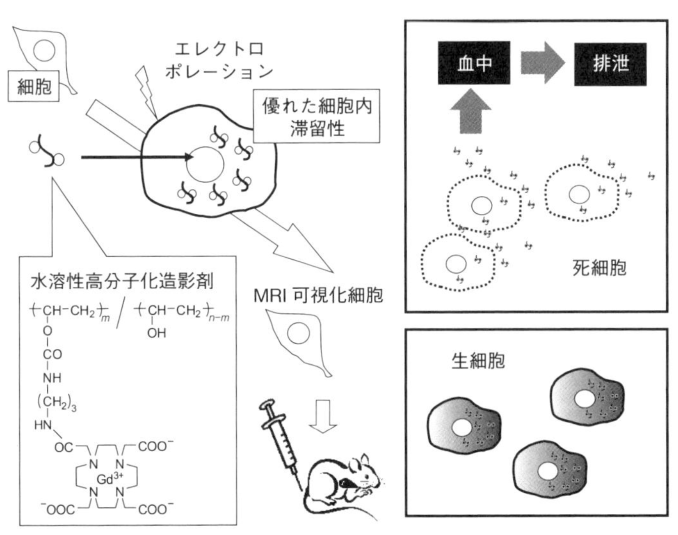


図 15-2 水溶性高分子化ガドリニウム造影剤を用いた生細胞トラッキングシステム

るが，水溶性高分子化造影剤は死滅した細胞から漏出して血中へと流れ込み，さらに，尿中へと排泄させることが可能である（図 15-2）．すなわち，生存する細胞の情報のみを MRI シグナルとして観察できる．適切な水溶性キャリヤー高分子として，組織に取り込まれることなく血中へと流れ込む性質に優れているポリエチレングリコール（polyethylene glycol：PEG），ポリビニルアルコール（polyvinyl alcohol：PVA）およびデキストラン（dextran：Dex）に注目し[9~12]，なかでもペンダント型の薬物キャリヤーとして利用しやすい PVA と Dex を選択して非臨床 POC（proof of concept，動物を用いて有効性の検証や安全性を評価するための科学的データを提供する研究ステージにおいて，実験によって新しい概念が実現可能か，または実現であることを示すこと）の確立を目指した．まず，水溶性高分子の側鎖ヒドロキシ基に DOTA（1,4,7,10-テトラアザシクロドデカン-1,4,7,10-テトラ酢酸）分子を導入し，ガドリニウムを配位させることで水溶性高分子化造影剤を合成した（図 15-2）．

合成した水溶性高分子化造影剤を用いて，マウス 3T3 細胞（m3T3），ラット骨髄由来間葉系幹細胞（rBMMSC），ラット脂肪組織由来間葉系幹細胞（rADMSC），およびラット骨髄由来血管内皮前駆細胞（rEPC）などの細胞を同様にラベル化することが可能であった．一例として，Gd 結合 Dex 造影剤で標識したラット骨髄由来 EPC（endothelial progenitor cell）の結果を図 16-3 に示した．FITC（fluorescein isothiocyanate）分子を導入した造影剤を用い，標識後に細胞を溶解して回収し，その蛍光強度を測定することで細胞内に送達された造影剤分子を定量した．縦軸にはラベル後の細胞数を示した．EPC は非標識細胞と同じ速度で増殖した．また，増殖細胞をすべて回収して蛍光強度を測定した結果を左縦軸に示した．ラベル後 25 日後でも，細胞中の造影剤濃度の減少は認められない．すなわち，水溶性高分子化造影剤は，細胞毒性がきわめて小さい

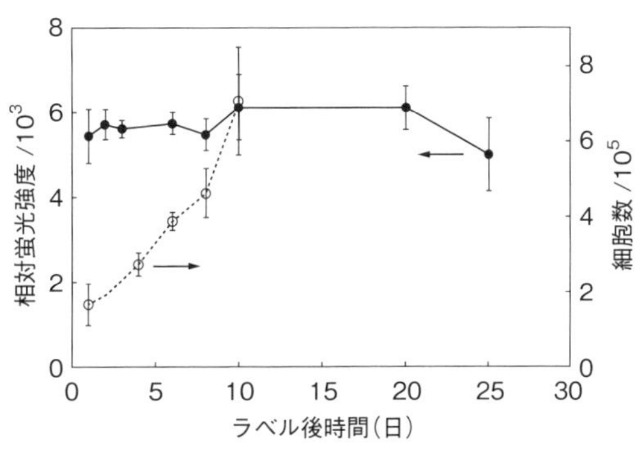


図 15-3 EPC 内に送達した Gd-Dex 水溶性高分子化造影剤の安定性と標識 EPC の増殖挙動

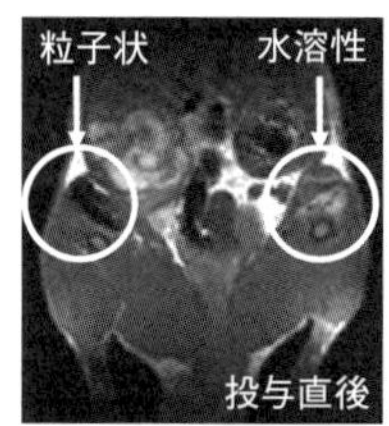


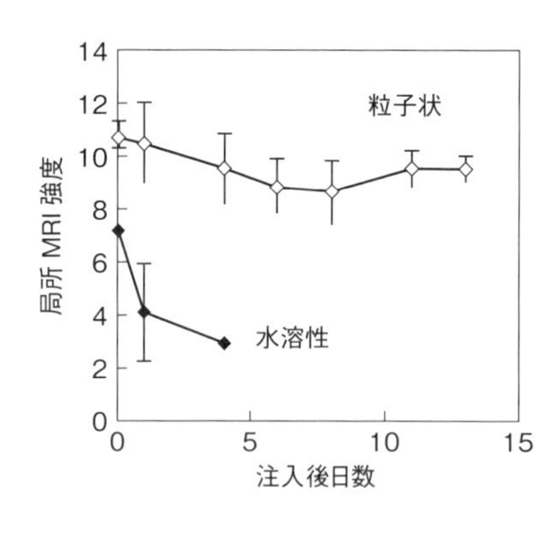


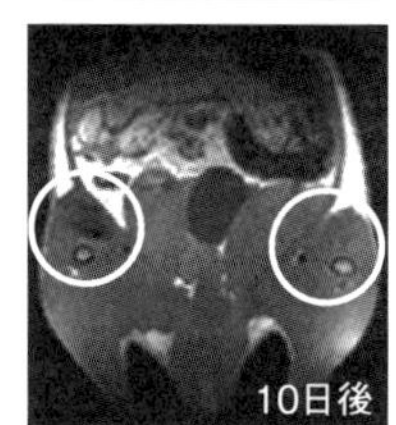


図 15-4　粒子状造影剤および水溶性高分子化造影剤の筋内投与後の MRI 像

ので，細胞増殖に影響を与えず，また生細胞からの漏出もほぼ起こらないことから長期間の細胞追跡が可能と判明した．

さらに，標識した rBMMSC の場合には，骨分化能も保持されており，rADMSC では，血管内皮細胞成長因子(vascular endothelial growth factor: VEGF)，肝細胞増殖因子(hepatocyte growth factor: HGF)，ストロマ細胞由来因子 1 (stromal cell-derived factor-1: SDF-1)，インスリン様成長因子 1 (insulin-like frowth factor-1: IGF-1)の発現量にも変化は認められなかった[6~8]．一般的に Gd 分子の細胞毒性はよく知られているが，送達濃度が低いことや水溶性キャリヤー分子に結合したことで，このような非毒性が実現できたものと考えている．図 15-4 には粒子状 MRI 造影剤と筆者らが開発してきた水溶性造影剤をラット大腿筋内に投与したあとの MRI 撮像結果を示した．前者は黒く，後者は白く撮像されている．経時的にシグナル強度を測定した結果，粒子状造影剤が組織中に滞留するのに対して，水溶性造影剤がすみやかに組織から消失することが明確である．

## 2 下肢虚血治療実験

ラット下肢虚血モデルに対する EPC 移植治療を実施し，筆者らの細胞追跡システムを使って検討した移植細胞挙動と治療効果との関連を検討した．オス F344 ラット(8 週齢)を 1.5% イソフルラン麻酔下で左大腿動静脈を切除した．約 $2 \times 10^8$ の水溶性高分子化造影剤標識 rEPCs を大腿筋内 3 か所に分けて注入した．虚血下肢および正常下肢の血流量を 35 日間追跡し，35 日後に両下肢の血流造影を実施した．MRI 造影は，1.5T(テスラ)の動物用 MRI 装置(MRmini，DS ファーマバイオメディカル社)にて T1 強調画像を取得した．

大腿動静脈切除後に下肢の血流は 20% にまで減少し，細胞移植を施さないコントロール群でも 30 日で約 40% まで回復した．一方で，EPC 細胞移植群では順調な回復を見せ，30 日後にはほぼ 100% に回復した．もちろん，大腿動脈のような大口径血管が再生しているわけではなく，多くの側副血行路による血流改善である．すなわち，水溶性造影剤は，EPC がもつ虚血疾患改善能を維持する．移植された細胞の分布は，図 15-5 のように，三次元画像として示され，移植 EPC が虚血状況が深刻と考えられる膝および膝下へと遊走する挙動も観察されている．

図 15-5 には，さらに興味深い現象が観察される．虚血ラットでは 14 日後にも移植細胞の MRI シグナルが認められるが，正常ラットでは細胞シグナルは完全に消滅している．このような現象が起こる原因として二つの可能性がある．一つは，細胞が広範囲に分布することでシグナルが弱くなったこと，もう一つは移植細胞が死滅したことである．そこで，尿

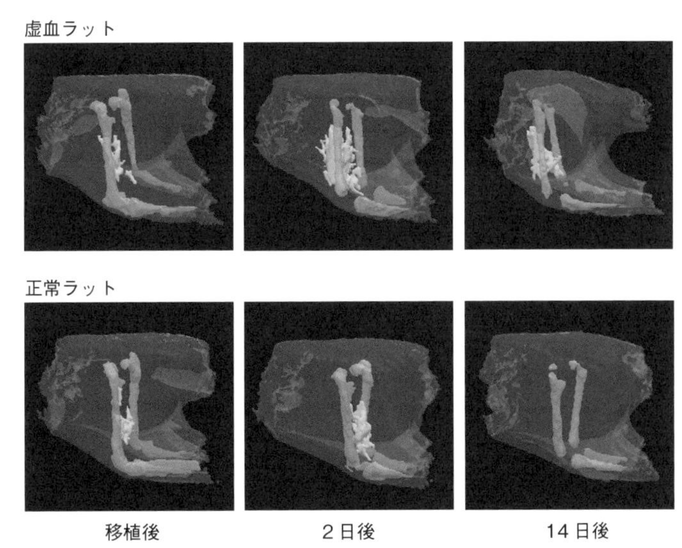


図 15-5　下肢虚血ラットおよび正常ラットの大腿筋内に移植した EPC の 2，14 日後の MRI 像

中に排泄された Gd 分子を ICP-MS (inductively coupled plasma-mass spectrometry，誘導結合プラズマ・質量分析)により測定した．正常ラットにおいて Gd 排泄量が向上した．異所的に移植された EPC は，自家移植であっても思いのほか生存期間は短いことになる．一方で，虚血ラットにおいては Gd 排泄量が抑制されており，虚血という病態が何らかのメカニズムにより移植された EPC の生存期間を延長することが示唆された．治癒のために何らかのサイトカインが分泌されているなどの可能性が考えられる．

## 3 まとめと今後の展望

細胞移植療法の有用性は疑う余地もない．しかしながら，その定量的評価，および科学的検証なしに安全・安心な医療への貢献は期待できない．上述した自家細胞移植における細胞の生存期間を定量的に解析した例はこれまでにはなく，光学的イメージングによる局所での詳細な分布情報と共用することで，今後の幹細胞移植の最適化に役立てたい．

## ◆ 文　献 ◆


[1] M. Srinivas, E. H. J. G. Aarntzen, J. W. M. Bulte, W. J. Oyen, A. Heerschap, I. J. M. de Vries, C. G. Figdor, *Adv. Drug. Deliver. Rev.*, **62** (11), 1080 (2010).

[2] Z. Li, Y. Suzuki, M. Huang, F. Cao, X. Xie, A. J. Connolly, P. C. Yang, J. C. Wu, *Stem Cells*, **26** (4), 864 (2008).

[3] Y. Amsalem, Y. Mardor, M. S. Feinberg, N. Landa, L. Miller, D. Daniels, A. Ocherashvilli, R. Holbova, O. Yosef, I. M. Barbash, J. Leor, *Circulation*, **116** (11 Suppl), I 38 (2007).

[4] Y. Tachibana, J. Enmi, A. Mahara, H. Iida, T. Yamaoka, *Cont. Medi. Molecul. Imag.*, **5** (6), 309 (2010).

[5] C. A. Agudelo, Y. Tachibana, T. Noboru, H. Iida, T. Yamaoka, *Tissue Eng. Part A*, **17** (15–16), 2079 (2011).

[6] C. A. Agudelo, Y. Tachibana, A. F. Hurtado, T. Ose, H. Iida, T. Yamaoka, *Biomaterials*, **33** (8), 2439 (2012).

[7] C. Agudelo, Y. Tachibana, T. Yamaoka, *J. Biomater. Appl.*, **28** (3), 473 (2013).

[8] Y. Tachibana, J. I. Enmi, C. A. Agudelo, H. Iida, T. Yamaoka, *Bioconjug. Chem.*, **25**, 1243 (2014).

[9] T. Yamaoka, Y. Tabata, Y. Ikada, *Drug Delivery*, **1** (1), 75 (1993).

[10] T. Yamaoka, Y. Tabata, Y. Ikada, *J. Pharm. Sci.*, **83** (4), 601 (1994).

[11] T. Yamaoka, Y. Tabata, Y. Ikada, *J. Pharm. Sci.*, **84** (3), 349 (1995).

[12] T. Yamaoka, Y. Tabata, Y. Ikada, *J. Pharm. Pharmacol.*, **47** (6), 479 (1995).

Chap 16

# 生体に優しい医療用接着剤

## Medical Adhesiv Gentle to an Living Body

玄　丞烋
〔京都工芸繊維大学繊維科学センター・(株)ビーエムジー〕

## Overview

現在，臨床に使用されている接着剤はシアノアクリレート系接着剤とフィブリン糊であるが，前者は柔軟性が乏しく，創傷治癒を妨げたり，生体内での分解速度が遅いため，被包化され異物となりやすく，毒性が高いなどの欠点が報告されている．また，フィブリン糊は高価であり接着力が弱く，人血由来の血液製剤であるということばかりでなく，ウシ内臓由来の成分も含有されており，ウイルス感染が懸念されている．このため，近年その使用が控えられてきている．本研究開発では，あらかじめ安全性が確認されている食品添加物を出発物質として，既存の医療用接着剤のもつさまざまな問題点を克服した高接着力，高柔軟性，高安全性をもち，さらに自己分解性という特徴をもつ新規の接着剤を安価に提供することを目指した．

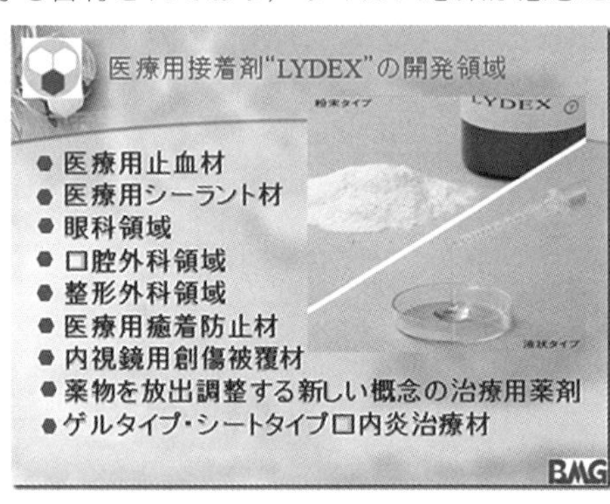


▲医療用接着剤「LYDEX」の開発領域

■ **KEYWORD** マークは用語解説参照

- ■医療用接着剤(medical adhesive)
- ■自己分解性医療用接着剤(self-degradable medical adhesive)
- ■酸化デキストラン(oxidized dextran)
- ■アシル化ポリ-L-リジン(acylated poly-L-lisine)
- ■止血剤(hemostat)
- ■シーラント剤(sealant material)
- ■癒着防止剤(anti-adhesive material)
- ■内視鏡用創傷被覆材(wound dressing for endoscope)

Current Review

## はじめに

近年，交通事故多発と高齢化に伴って医療の現場では外科用手術件数が年々増大している．この外科手術において，止血に多大の時間が費やされており，止血時間の短縮が手術成功の要になるとされている．しかし現在，実際に臨床の現場で使用されている医療用接着剤は機能性が低いため，性能を高めると毒性が高くなり，逆に毒性を低くすると性能も低下するという相反する欠点をもっている．そのため，高い機能性と安全性をもった新規医療用接着剤が臨床の現場で求められている．

## 1 フィブリン糊とその問題点

フィブリン糊は，A液(フィブリノゲン)とB液(トロンビン)を混ぜて使用するものであり，反応が速く生体適合性がよいという特徴がある半面，物性的には接着力が弱いこと，柔軟性・伸展性に乏しく，すぐ切れてしまうことが問題である．また，保存安定性が悪く，使うときに冷蔵庫から取りだし，温め，調製しなければならない．手術で使用する場合，使用直前に調製を行うが，20分程度かかる．手術の現場で調製を行わなければならないというのは，大きな負担となっている．

もう一つの問題がウイルスなどの感染が懸念されることが問題であり，感染症に関しては，C型肝炎ウイルスだけではなく，パルボウイルス(自然界に存在するウイルスのなかで最も小さい部類に入り，感染力が非常に強い)が大きな問題となっている．このウイルスは，60℃で滅菌しても死なず，呼吸器外科領域では，20%以上が感染したという報告もある．このように，フィブリン糊には問題は多いものの代わるものがなく，医療の現場では目をつぶって使っている，というのが現状である．

## 2 新しい医療用接着剤の必要性

このような背景から，フィブリン糊に代わる新しい接着剤が医療の現場では強く求められていた．筆者らは，こうした背景のもとに，十数年前から，フィブリン糊に代わる新しい医用接着剤の開発に着手した．その開発のコンセプトは，既存の接着剤の問題点，すなわち安全性，機能性，分解性などを克服した，感染症の心配のない，安全で安価な材料を使った接着剤である．同時に，癒着防止材として用いた場合も，これまで問題であった防止効果，使い勝手を改善できる材料を目指した．

### 2-1　食品添加物をベース素材とする

筆者らはポリ乳酸をベースとする分解性ポリマーの開発，その医療分野への応用を進めてきた．同じように合成系生分解性ポリマーをベースにしようとしたが，あらゆる機能を満足できる材料は見つからなかった．そこで，新たに天然の食品添加物をベース素材として開発することとした[1~3]．

ベース素材とした天然系高分子はデキストラン，ポリリジンである．デキストランはグルコースのみからなる多糖類の一種で，食品添加物としては増粘安定剤として使われている．一部医療分野では血漿増量剤として使われている．

こうして，アルデヒド基を導入したデキストランと，アミノ基をモディファイしたポリリジンを用い，組成をさまざまに変えることで，ゲル化時間と分解時間をコントロールできる医療用接着剤を開発することができた(図16-1)．実際，1時間で分解してしまうものから，ゲルになってから3か月以上かかって分解するものまでさまざまにコントロールすることが可能である．この接着剤を筆者らは原料のε-poly-(L-Lysin)のLy，DextranのDexをとって，LYDEX(ライデックス)®と命名した．デキストランは非常に安定な材料であり，そのままでは反応しないが，酸化するとアルデヒド基を導入できる．アルデヒド基とアミノ基が反応することは昔からよく知られている一方，ポリリジンは図のような構造をした直鎖状のアミノ酸ポリマーである．食品添加物としては抗菌剤として使われている．ポリリジンはアミノ基をもち，アルデヒド基と反応するが，反応速度が非常に速い．しかし，ポリリジンのアミノ基にカルボキシ基を導入し，アミノ基をモディファイすることで，反応速度を変えることができる．

### 2-2　LYDEX®の物性

このようなかたちで，新しい医療用接着剤LYDEX®を開発した．そのLYDEX®液体タイプ

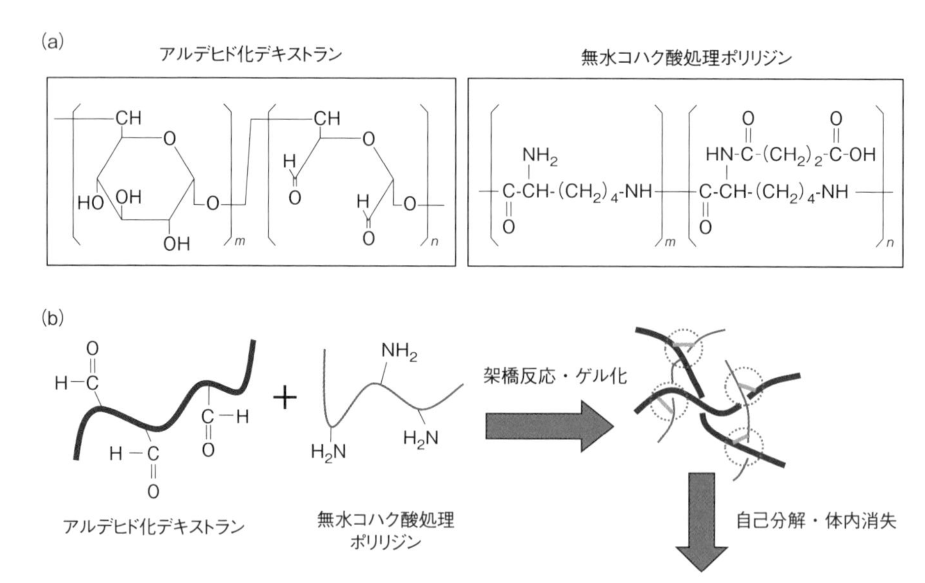


図 16-1 食品添加物を利用した新規医療用接着剤の組成（a）と，ゲル化機構（b）

の物性を見ると，接着強度はフィブリン糊の 4 倍，また柔軟性の評価では，フィブリン糊に比べて軟らかいことがわかる（図 16-2）．身体のような軟組織で使うものであり，軟らかいことは非常に重要な特性である．

柔軟性に関しては，ゴム手袋に貼りつけ，ゴム手袋を膨らましても，膨らみに追従してはがれないことを確認している．また，ピポンホールを開けてそこに LYDEX® を塗布し，実際にシールされているかを見ても，空気漏れもなくきれいにシールされていることが確認できた．空気漏れのないことは，肺の手術などではとくに重要になり，LYDEX® はこのような用途に使用できることがわかる．

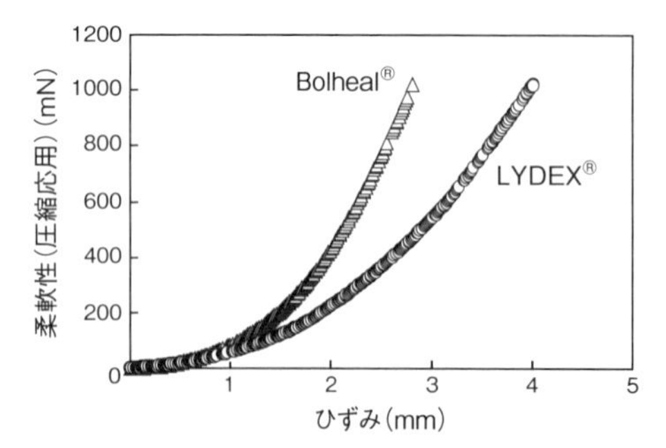


図 16-2 市販フィブリン糊（ボルヒール®）とLYDEX® の柔軟性比較

### 2-3 安 全 性

安全性に関して，細胞毒性を確認した．LYDEX® の主成分である酸化デキストラン，モディファイしたポリリジンについての IC50 は，フィブリン糊の架橋剤に使うホルムアルデヒド，グルタルアルデヒドに比べ 1/1000 以下と，はるかに安全性の高い材料であることがわかる．ちなみに表中の IC50 は与えたら細胞が 50% 阻害すなわち死亡に至る濃度で高ければ高いほど安全であることを示している．

ほかにも安全性試験はいくつか行っており，安全性の高い材料であることは確認済みである．

## 3 LYDEX® の医療応用例[4~19]

実際に LYDEX® が医療の現場で，どのように使えるかを見て行こう．

### 3-1 呼吸器外科での応用

手術の概要について簡単に触れる．肺がんなど肺の一部に腫瘍ができた場合，主要部分を切断除去したあと，その部分を接合しなければならない．小さな穴では縫合が行われるが，大きな穴が開いた場合は，ステープラーという，大きなホチキスなようなものでそこを塞いでやり，そこにフィブリン糊を塗布し，損傷した部分の回復を待つという方法がとられている．

従来製品・技術の課題

**既存製品**

- 呼吸器外科において，肺胞ろうは最も頻度の高い合併症であり，フィブリン糊が最も使用されている．
- フィブリン糊は接着力が弱く，十分な閉鎖効果を示さない．
- 生体由来材料を用いているため感染症の可能性が否定できない．

当社製品・技術による解決

**LYDEX®**

- 膨張収縮を繰り返す肺に対応できる柔軟性 ⇒ 約 9 倍まで広がる柔軟性
- 膨張収縮を繰り返す肺に対応できる強い接着性 ⇒ フィブリン糊の約 10 倍の接着力
- 細胞毒性が少ない．

**有効性評価(動物実験)**

単独使用で最も効果があるとされるフィブリン糊の擦り込みスプレー法を上回る肺ろう閉鎖効果あり．

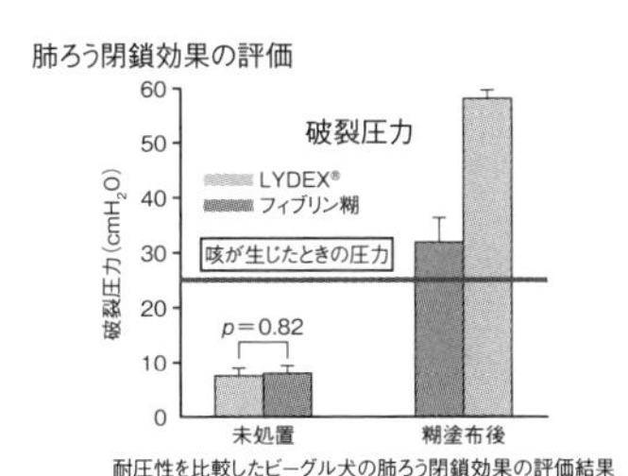


図 16-3　LYDEX®(医療用シーラント材)の呼吸器外科での応用

ここに LYDEX® が適用できないかを検討している．肺ろう閉鎖用接着剤に不可欠な要素としては，次のような項目があげられる．

① 強い接着性

② 気道内圧に耐えうる強度

③ 肺の膨張に耐えうる伸展性・柔軟性

LYDEX® でそれが可能かを確かめるため，ビーグル犬の肺に 3 cm × 3 cm の傷をつけた胸部肺実質欠損モデルを用い，LYDEX® を塗布した場合とフィブリン糊を使った場合を比較した．

塗布したあと，5 分ほど経過してから口から空気を入れ，圧をかけると，フィブリン糊の場合は，段々横から泡がでてくる．さらに圧を加え続けると，着力が弱いため，塗布したところが剥がれてきた．一方，LYDEX® を塗布したところは，同じように泡はでてくるものの剥がれることはなかった．耐圧テストの結果を図 16-3 のなかに示しているが，フィブリン糊に比べて 2 倍も高い強度が得られている．図中灰色の罫線で示しているのは，咳をしたときにかかる圧力であるが，LYDEX® はフィブリン糊よりも高い強度をもっていることがわかる．

### 3-2　粉末状 LYDEX® の開発

このように呼吸器外科領域において，肺の手術に適用できる強度の接着剤の開発に成功したが，さらに強度が高く，使い勝手のよいものが臨床の現場から求めらるようになった．そこで，LYDEX® の粉末化に取り組んだ．液状の場合は A 液，B 液を混ぜるとすぐ反応するが，粉末の場合は A，B の粉末を混ぜても粉末のままでは反応せず，貯蔵安定性がよいのが最大の特徴である．液体の場合は，4℃で保存しなければならず，経時変化で強度が落ちてしまうという問題もあったが，粉末にすることで，常温で保存できるようになった．

また，粉末タイプとすることで，放射線滅菌ができるようになった．メディカルデバイスは，すべて滅菌処理が必要であるが，放射線滅菌は最終段階で行うのが通例である．液状の LYDEX® はろ過滅菌し，それをパッケージしているが，パッケージしたものの滅菌をどう保証するのかがが問題となる．放射線を照射すれば，液状の接着剤では物性が変わる恐れがあるが，粉体とすることで，放射線滅菌が可

粉末タイプ
(粉末混合タイプ．LYDEX®)

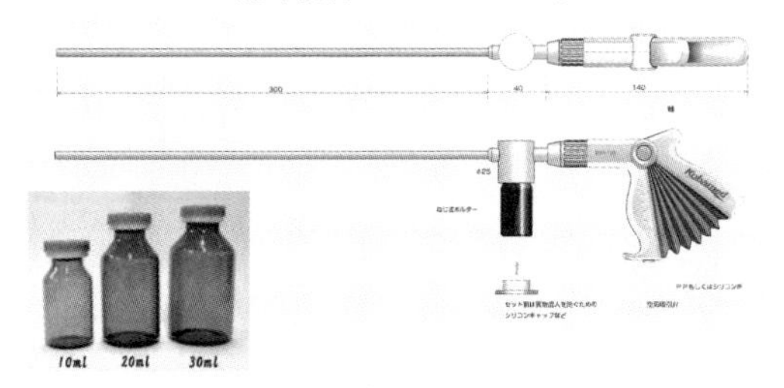


図 16-4　粉末 LYDEX® 用手動型のスプレー噴霧器

改良された粉末タイプ(粉末混合タイプ)は完全な接着力と保存安定性の改良を目的に開発(保存安定性は常温で 2 年以上)．

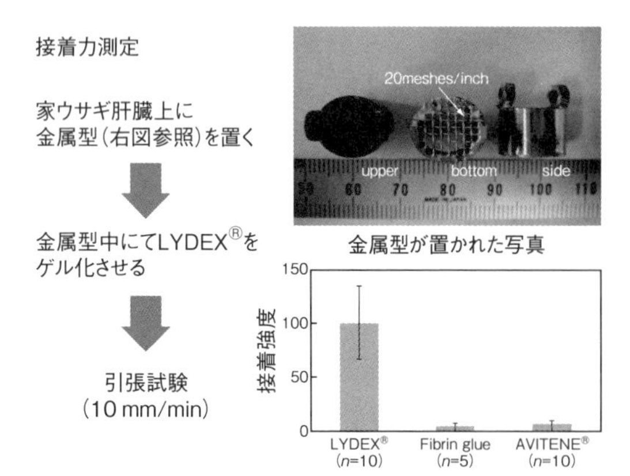


図 16-5　粉末 LYDEX®の接着強度

能になる．また，スプレー噴霧ができるというのも特徴である．図 17-4 にそのイメージを示す．

その接着強度をフィブリン糊，液状の LYDEX®，コラーゲン止血剤 AVITENE®と比較したのが図 17-5 である．フィブリン糊の約 10 倍，液体の LYDEX®の 4 倍以上で非常に強いものができた．粉体の場合の生体毒性，組織毒性の評価については，ビーグル犬を，分離肺換気下で右上葉に作製した直径 15 mm の孔(胸膜肺実質欠損モデル)に対して，接着剤を塗布し被覆したあと，閉胸した．フィブリン糊，LYDEX®ともに 2 か月で孔が塞がれ，きれいになっていることがわかる．組織学的にも治癒していることがわかる．

表 16-1 に，液体タイプと粉体タイプ LYDEX®の特性比較を示すが，その最大の特徴は先にも述べたように保存安定性であることがわかる．

## 4　LYDEX®の止血効果

手術時の止血は手術の成否を左右しかねない重要な問題であり，さまざまな止血材料が開発されている．しかし，止血効果，毒性，感染症，費用の面から新たな材料開発が望まれている．

現在，止血剤としてはフィブリン糊が使われているが，フィブリノーゲンを素材としているため，問題点は多い．筆者らは，止血剤として LYDEX®の実用化を進めている．LYDEX®は 4 週間程度で生体内で分解し，安全な材料であることはすでに述べたとおりである．

## 5　腎部分切除時の LYDEX®の止血など使用の可能性

腎部分切除術では，腎機能の温存とがんのコントロールという重要な目的のために，阻血というかぎられた時間の間に切除，そして止血を行う必要がある．縫合とともに止血材を使用することが通常であるが，とくに縫合の手技は大変熟練を要するものであり，術者つまり熟練度の違いが手術の結果を大きく左右する．

ウサギを用いて腎臓部分切除時の切離面の止血が可能かどうかを調べた．肝臓と同様に腎動脈をクランプ後に部分切除し，切離面に生理食塩水を 1 mL のシリンジで滴下したあと，粉-粉タイプ LYDEX®を噴霧した．2 分後クランプを外して出血してきた血液をガーゼに染み込ませて重量から出血量を測定したところ，10 分間の総出血量は約 0.3 g，未処置群は約 20 g であった．このため，粉-粉タイプ LYDEX®は腎部分切除時の止血効果も十分期待できると考えられる．

図 16-6 に LYDEX®接着剤の腎臓部分切除時の止血効果をフィブリン糊と比較した結果を示す．A 群および B 群は 7 分以内に止血した．平均出血量は A 群は 1.45 g，B 群は 6.59 g，C 群は 19.77 g であり，

表 16-1　液体タイプと粉体タイプ LYDEX®の特性比較

| 項目 | 液-液タイプ | 粉-粉タイプ |
|---|---|---|
| 材料タイプ | 分離液 | 混合粉末(70 μm) |
| 保存条件 | 冷蔵 | 室温保存 |
| セット時間 | 10〜120 秒 | 湿気を加えた後，ただちに |
| 吸収と分解の期間 | 約 1 か月 | 約 1 か月 |
| シーリング力(イヌの肺漏れ防止：15 mm 欠損) | 30〜40 cm $H_2O$ | 760 cm $H_2O$ |
| 容器 | 混合チャンバーの付いた計量注射器 | ガラスびん |
| 滅菌法 | ろ過 | 放射線 |

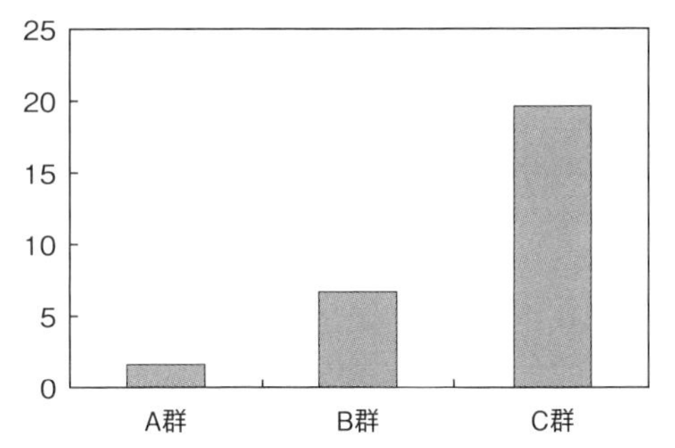


図 16-6　部分肝切除時の切除部位からの微小出血止血効果

A 群：新規接着剤による止血($n = 10$)，B 群：フィブリン糊による止血($n = 10$)，C 群：コントロール($n = 10$)．

A 群は B 群および C 群に対して有意に出血量が少なかった($p < 0.001$)．

筆者らの新規医療用接着剤は，断端からの出血量はフィブリン糊に対して有意に少なく，尿が漏出した痕跡も認められなかった．さらに，2 年間の検証期間において組織学的に発がん性のないことも明らかにした．開発段階でこの LYDEX® はフィブリン糊の 10 倍の強度があることがから，腎部分切除術の切除断端の止血において単独で使用できる可能性が示された．現在，臨床の現場での使用に向けて準備段階である．

## 6　LYDEX® の感染予防，抗菌効果

LYDEX® の一つの成分であるポリリジンは，抗菌剤として広く使われている食品添加物である．筆者らは，ポリリジンのアミノ基を使って反応させているが，フリーのアミノ基も残っており，LYDEX® 自体も抗菌作用をもっていることが解った．手術時の人工臓器感染は重篤な合併症であり，有効な予防手段の開発が望まれている．LYDEX® の原料であるポリリジンは，抗菌剤として広く使われている食品添加物であり，強い抗菌作用がある．

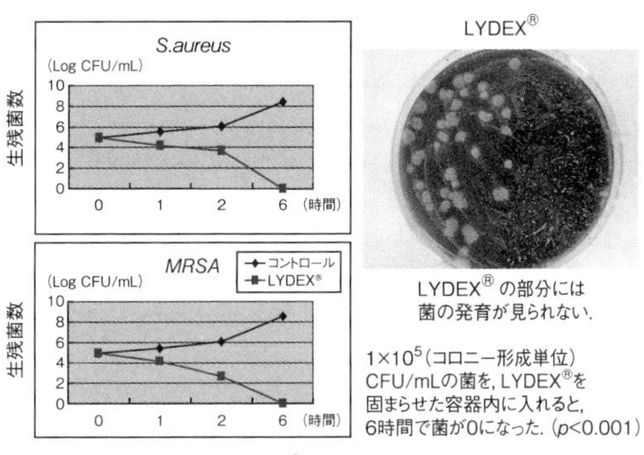


図 16-7　LYDEX® の感染予防・抗菌効果

LYDEX® 自体にも抗菌作用があることを，黄色ブドウ球菌 *Staphylococcus aureus*，メチシリン耐性黄色ブドウ球菌(*Methicillin-resistant S. aureus*: MRSA)を用いた *in vitro* の実験で示した．黄色ブドウ球菌 *S. aureus*，メチシリン耐性黄色ブドウ球菌 MRSA など，感染症の原因となる細菌を培養皿で培養する場合，LYDEX® を固めた容器内では逆に減ってくることが図 16-7 に示すように確認されている．

- 抗菌活性の作用機序：黄色ブドウ球菌や MRSA など細菌の細胞膜に非特異的にイオン吸着し，その脂質膜を $\varepsilon$-ポリリジンが傷害するため，菌の分裂や増殖を阻止することが推定される．
- $\varepsilon$-ポリリジンは MRSA などの細菌に対する直接的な抗菌作用だけでなく，抗生物質との併用による相乗効果も期待できる．
- LYDEX® により，MRSA 感染対策が可能にな

表 16-2　新規医療用接着剤(従来技術との比較)

| | 従来技術 | 新技術 |
|---|---|---|
| 技術内容 | フィブリン糊 | 二成分混合粉末 |
| 安全性 | ヒト血液・ウシ成分によるウイルスの感染リスク(特定生物由来製品)． | 非ヒト血液・非動物由来の原料を使用．生物学的安全性に優れる． |
| 接着力と柔軟性 | 柔軟性はあるが，接着力が弱いため組織などから剥がれやすい． | 接着力が強く，また柔軟性に優れるため，肺などの伸縮臓器にも対応できる． |
| 分解速度 | 約 4 週間 | 約 4 週間 |
| 保存安定性 | 冷蔵で 2 年 | 室温で 2 年以上 |
| 用時調製 | 必要 | 不要 |

れば，MRSA 感染の合併症としての肺炎，腸炎，敗血症などの減少や入院の短縮化，院内感染の大幅な減少がもたらされ，保険・医療・福祉および医療経済への恩恵も測りしれない．

心臓外科手術のあとは，抗生物質を飲むなどの感染症対策が不可欠である．LYDEX® ですべて対応できるわけではないが，このような効果から術後の抗生物質の投与を減らせる可能性があり，感染の恐れも大分減らすことができる．

筆者らが開発した新規医療用接着剤は，既存のフィブリン糊と比較して表 17-2 に示すようにさまざまな利点がある．

## 7 まとめと今後の展望

医療用接着剤は，われわれの生体に使用されるため，生体材料としての生体適合性はもちろん，そのうえに分解物が非刺激性，非抗原性，および非活性で無毒でなければならない．したがって，新しい外科用接着剤を設計・開発する際，出発モノマーの選択と分解産物とくに留意しなければならない．

理想的な外科用接着剤として次のような条件が考えられる．

（1）生体に毒性がなく，滅菌できること
（2）水分や脂肪の存在下で接着すること
（3）生体組織間での接着力が大きいこと
（4）接着速度が任意に変えられること
（5）接着後の硬化物が柔軟性をもつこと
（6）生体組織の治癒後に分解吸収されること
（7）使いやすいこと

これらの諸条件を満足できる生体接着剤が理想的であるものの，現在の外科用接着剤は上記の諸条件を満たされておらず，今後まだまだ改良されなければならない．

◆ 文　献 ◆


[ 1 ] N. Nakajima, H. Sugai, S. Tsutsumi, S.-H. Hyon. *Key Eng. Mater.*, **342–343**, 713 (2007).
[ 2 ] S.-H. Hyon, N. Nakajima, H. Sugai, K. Matsumura, *J. Biomedi. Mater. Res. Part A*, **102** (8), 2511 (2014).
[ 3 ] K. Matsumura, N. Nakajima, H. Sugai, S.-H. Hyon, *Carbohydr. Polym.*, **113**, 32 (2014).
[ 4 ] M. Araki, H. Tao, T. Sato, N. Nakajima, H. Sugai, S.-H. Hyon, T. Nagayasu, T. Nakamura, *J. Thorac. Cardiovasc. Surge.*, **134** (1), 145 (2007).
[ 5 ] M. Araki, H. Tao, N. Nakajima, H. Sugai, T. Sato, S.-H. Hyon, T. Nagayasu, T. Nakamura, *J. Thorac. Cardiovasc. Surg.*, **134** (5), 1241 (2007).
[ 6 ] N. Takaoka, T. Nakamura, H. Sugai, N. J. Bentley, N. Nakajima, N. J. Fullwood, N. Yokoi, S.-H. Hyon, S. Kinoshita, *Biomater.*, **29**, 2923 (2008).
[ 7 ] M. Takaoka, T. Nakamura, H. Sugai, A. J. Bentley, N. Nakajima, N. Yokoi, N. J. Fullwood, S.-H. Hyon, S. Kinoshita, *Invest. Ophthalmol. Vis. Sci. Jan. 10.* **50** (6), 2679 (2009).
[ 8 ] M. Araki, H. Tao, T. Sato, N. Nakajima, T. Nagayasu, T. Nakamura, S.-H. Hyon, *Artif. Organs*, **33** (10), 818 (2009).
[ 9 ] M. Morishima, A. Marui, S. Yanagi, T. Nomura, N. Nakajima, S.-H. Hyon, T. Ikeda, R. Sakata, *Interact. Cardiovasc. Thorac. Surg.*, **11**, 52 (2010).
[10] T. Takeda, T. Shimamoto, A. Marui, N. Saito, K. Uehara, K. Minakata, S. Miwa, N. Nakajima, T. Ikeda, S.-H. Hyon, R. Sakata, *Ann. Thorac. Surg.*, **91**, 734 (2011).
[11] J. H. Lee, H. Y. Kim, T. G. Jung, I. Han, J.-C. Park, K. D. Park, J. B. Cho, S.-H. Hyon, D. K. Han, D.-W. Han, *Biomater. Res.*, **14** (2), 66 (2010).
[12] J.-H. Lee, H.-L. Kim, M. H. Lee, H. Taguchi, S.-H. Hyon, J.-C. Park, *J. Microbiol. Biotechnol.*, **21** (11), 1202 (2011).
[13] J. H. Lee, T. G. Jung, D. Y. Hwang, H.-G. Kang, J.-C. Park, D.-W. Han, S.-H. Hyon, *Biomater. Res.*, **15** (3), 129 (2011).
[14] H. Tsujita, A. B. Brennan, C. E. Plummer, N. Nakajima, S.-H. Hyon, K. P. Barrie, B. Sapp, D. Jackson, D. E. Brooks, *Curr. Eye Res.*, **37** (5), 372 (2012).
[15] K. Takagi, T. Tsuchiya, M. Araki, N. Yamasaki, T. Nagayasu, S.-H. Hyon, N. Nakajima, *J. Surg. Res.*, **179**, 13 (2013).
[16] K. Takagi, M. Araki, H. Fukuoka, H. Takeshita, S. Hidaka, A. Nanashima, T. Sawai, T. Nagayasu, S.-H. Hyon, N. Nakajima, *Int. J. medi. Sci.*, **10** (4), 467 (2013).
[17] Y. Naitoh, A. Kawauchi, K. Kamoi, J. Soh, K. Okihara, S.-H. Hyon, T. Miki, *J. Urology*, **81** (5), 1095 (2013).
[18] T. Kamitani, H. Masumoto, H. Kotani, T. Ikeda, S.-H. Hyon, R. Sakata, *J. Thorac. Cardiovasc. Surg.*, **146** (5), 1232 (2013)
[19] K. E. You, M.-A. Koo, D.-H. Lee, B.-J. Kwon, M. H. Lee, S.-H. Hyon, Y. Seomun, J.-T. Kim J.-C. Park, *Biomed. Mater.*, **9**, 025002 (9pp) (2014).

Chap 17

# 酸化ストレスを制御するポリマードラッグの設計

## *Design of Antioxidative Polymer Drugs*

長崎 幸夫
(筑波大学物質工学系)

## Overview

強い抗酸化能をもつニトロキシドラジカル化合物を親疎水型高分子の疎水部分に共有結合で導入したレドックス高分子は，水中で自己会合し，レドックスナノ粒子(redoxy nanoparticle：RNP)を形成する．RNP は「諸刃の剣」である活性酸素種のうち，電子伝達系など重要な生理反応で産生する「善玉」活性酸素種を消去することなく，疾病に関与する「悪玉」活性酸素種を選択的に消去するため，がんや虚血再灌流疾患，炎症性消化管疾患，肝臓線維症疾患，アルツハイマー病など，活性酸素種が強く関与する疾病に対して副作用がきわめて小さく，高い効果を示す新しい抗酸化型ナノメディシンである．また，表面コーティング剤や癒着防止剤など新しいバイオマテリアルへの展開も可能であり，新たなバイオ材料設計の基盤技術の確立が期待される．

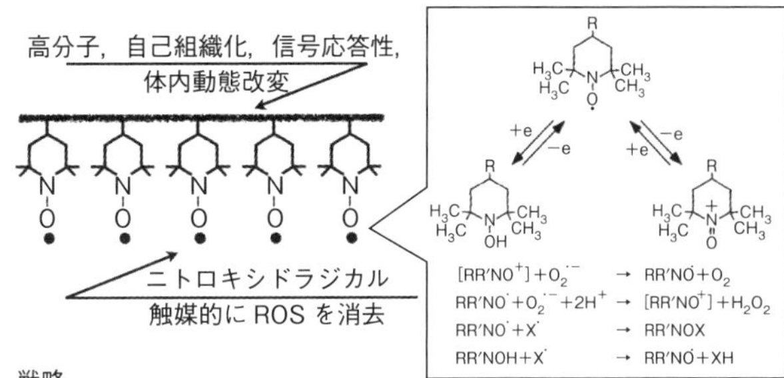


戦略
1．高分子であるので健康な細胞やミトコンドリア内に入らない．
2．細胞外で過剰に産生される活性酸素種を選択的に消去．
3．合成高分子であるので多彩な機能を取り入れることが可能．
4．分子量１万～２万程度の高分子は最終的に腎臓から排出可能．

▲レドックスポリマードラッグの設計

■ ***KEYWORD*** 📖マークは用語解説参照

■レドックスポリマー治療(redox polymer therapeutics)
■ナノメディシン(nanomedicine)
■高分子ミセル(polymer micelle)
■ポリエチレングリコール(poly(ethylene glycol))
■ブロック共重合体(block copolymer)
■ニトロキシドラジカル(nitroxide radical)📖
■虚血再灌流障害(ischemia-reperfusion injury)
■脳出血(cerebral hemorrhage)
■酸化ストレス(oxidative stress)
■活性酸素種(reactive oxygen species：ROS)📖

Current Review

## はじめに

ギリシャ神話によると，プロメテウスが天界から「火」を盗んで人類に与えたとされている．自在に火を扱えるようになった人類はその善し悪しはあれ，さまざまな発展を遂げてきた．しかしながら，燃焼という反応は人類のみのものではなく，地球上に生きる生物すべてがその恩恵にあずかっている．すなわち，生物は酸素を取り込み，有機物を燃焼させることによりエネルギーを得ている．とくに細胞内ミトコンドリア電子伝達系では，糖を $CO_2$ と $H_2O$ に分解する過程で ATP(adenosine 5′-triphosphate：アデノシン 5′-三リン酸)が間断なく産生され，エネルギー生産工場として知られている．この電子伝達系で使われる酸素は還元され，スーパーオキシドやヒドロキシラジカルのような活性種を経由して水になる．この酸素の還元された中間体，反応性活性種を活性酸素種(reactive oxygen species：ROS)とよんでいる．

近年，過剰に産生される ROS がさまざまな疾病の原因として重要な役割を果たすことが明らかになってきており[1]，いかにして疾病に関与する ROS を効果的に消去するかが重要な観点となってきている．ROS を消去するには，ビタミン C や E などの天然や合成抗酸化剤が種々あるものの，それらの低分子抗酸化物質は非特異的に拡散し，生体に必要な ROS をも消去するため，使用には限界がある．筆者らは，ROS が正常なエネルギーを産生するとともにさまざまな疾病にも関与する「諸刃の剣」であることに着目し，正常な ROS(善玉活性酸素種)の産生を妨げず，過剰に産生する ROS(悪玉活性酸素種)を選択的に消去するため，代謝可能な中分子量ポリマーに ROS 消去能をつくり込む新しいナノメディシンの設計を進めてきた[2]．本章でこれらの取り組みに関して概説する．

## 1 悪玉活性酸素種を選択的に消去するポリマーの設計と安全性

いうまでもなく，物質が燃焼する過程において酸素が結合し，酸化が起こっていく．この過程で酸素分子はスーパーオキシド→過酸化水素→ヒドロキシラジカルを経由し，4 電子還元されて水になる．ここで標記した高活性な中間体を活性酸素種(ROS)が，さまざまな疾病の原因や重篤化につながることが明らかになってきている．たとえば，動脈硬化は悪玉コレステロールが ROS により酸化を受けて酸化型 LDL(low-density lipoprotein：低密度リポタンパク質)となるため血管近傍でマクロファージの貪食を受ける．このときさらにマクロファージから過剰の ROS が産生され，動脈瘤などの重篤疾患につながるといわれている．脳梗塞では血流を止める血栓が組織プラスミノーゲンアクティベータのような血栓溶解剤により溶解され，血流の再開も可能となってきているものの，再灌流後に一気に上昇する酸素濃度のため，梗塞領域近傍に大量の ROS が発生し，ダメージの重篤化につながっている．アルツハイマー病のような認知症やがんなど，実に 90% 以上の疾患に対して ROS が関与するという報告もある．

活性酸素種を消去するためにさまざまな抗酸化剤が開発されてきたものの，これらは正常な細胞やそのなかのミトコンドリアに入り込み，重要なレドックス反応を阻害してしまうことが問題であった．人類は細胞内ミトコンドリアの電子伝達系により呼吸してエネルギーを得ているため，これらの反応を止めてしまうと生命の維持ができなくなってしまう．

低分子では善玉活性酸素種に影響を与えてしまうことから筆者らは，正常な細胞やミトコンドリアに入り込まない分子，つまりサイズを大きくしてしまえばこれらの膜を通らないであろうという考えに至った．そもそも従来より既存低分子を高分子やナノ粒子に閉じ込めて運ぶ DDS(drug delivery system)の考え方が盛んであり，筆者もこれらの開発を進めているなかで，臨床の先生から「高分子は毒なんだよね」という指摘を受けた．どのような高分子かということではなく，使っていると炎症を起こす，というようなことであった．筆者は高分子科学を専門とするため，心外に思ったものの，冷静に考えると「異物としての高分子は生体内で大なり小なり異物反応を起こすことはまったくは否定はできないか…」と思い始め，まったく毒にならないポリマーが

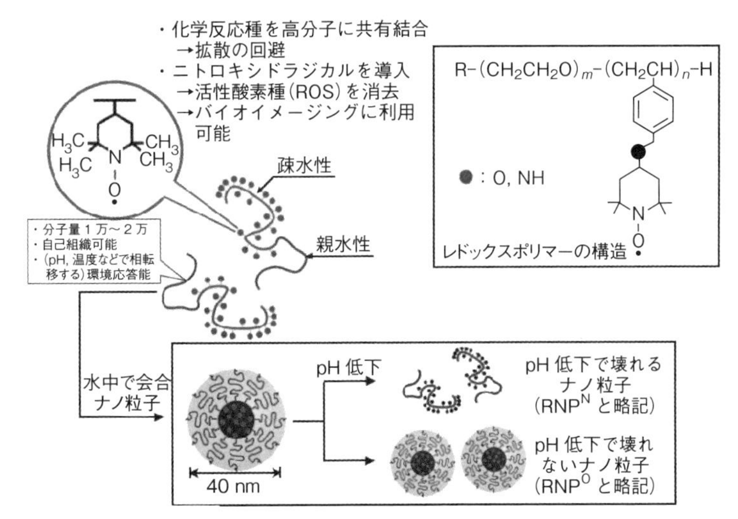


図 17-1　悪玉活性酸素種を選択的に除去する新しいレドックス高分子の設計

できないかと思い悩んでいたときでもあった．抗酸化剤様低分子ではダメである，ということと，高分子は毒だという考え方が筆者の頭のなかでつながった….つまり，「高分子に抗酸化剤を共有結合でぶら下げる」という発案をし，分子をデザインした[3]．

図 17-1 に示すように，自己組織化能や環境応答能をもつ高分子に触媒的に活性酸素消去能をもつニトロキシドラジカル(2,2,6,6-tetramethylpipedinyloxy：TEMPO)を導入した．この材料は，分子量が大きいため，細胞膜やミトコンドリア膜を通りにくく，したがってミトコンドリア内の正規電子伝達系を阻害せず，マクロファージや好中球が過剰に産生する悪玉活性酸素種を選択的に消去する高分子として働く．このレドックスポリマーは水に溶ける部分と溶けない部分を併せもつため，水中で自己組織化してナノ粒子となる〔レドックスナノ粒子(redox nanoparticle：RNP)〕．RNP の安全性を確かめるため，生まれたばかりのゼブラフィッシュの水槽に入れてみると，水溶性の低分子 4-ヒドロキシTEMPO は 30 mM の濃度で 12 時間後に 100％死んでしまうのに対し，RNP では同濃度で 100％生存していた．このように分子のサイズを制御することにより強い抗酸化剤をもつにもかかわらず，生存に大切な細胞内レドックス反応を保護することが可能となった．また，正常な細胞に入りにくく，10 年前の臨床医の方のご指摘の「高分子は毒である」ということが解決できたのではないか，と期待している．

## 2　レドックスポリマーのナノメディシンへの展開

筆者らが設計してきた RNP は，前述したように安全性だけでなく，そのものが理想的に抗酸化ナノメディシンとして働くことがわかってきた．図 17-1 に示すように，TEMPO のポリマーへの結合部位にはアミノ基およびエーテル基結合の 2 種類ある．アミノ基で結合したレドックスポリマーからなるナノ粒子($RNP^N$)は pH の低下に伴いアミノ基がプロトン化し，親水化するため疎水性凝集力が弱まり，ナノ粒子が崩壊する．この酸性側での粒子の崩壊は，動的光散乱測定により，pH ＝ 7 以下で光の散乱強度が低下することから確認される．また，中性以上ではニトロキシドラジカルの電子スピンスペクトルがブロードなひと山を示し，酸性側ではカップリングに基づく 3 本のシグナルを示すことからも確認できる．このように pH ＝ 7 以下の環境でナノ粒子が崩壊するため，がんや炎症部位など，pH の低下している疾病環境下で崩壊し，ニトロキシドラジカルを露出することが期待される．

脳の血管が詰まり，脳障害を起こす脳梗塞では，詰まった血液の塊(血栓)を溶解させ，血流を回復さ

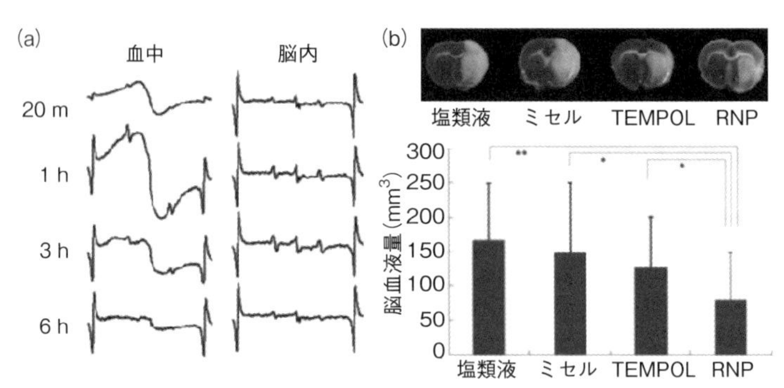


図 17-2　**(a) 脳虚血-再灌流障害ラットに対する $RNP^N$ の投与後，血中および脳内での $RNP^N$ の挙動**(血中では粒子のまま滞留し，脳内では崩壊してニトロキシドラジカルが露出していることが ESR から観測される)，**(b) 脳虚血再灌流障害脳に対する 2,3,5-triphenyltetrazolium chloride 染色**(赤く染まっているところが生存組織，生理食塩水，活性酸素除去能をもたない粒子，低分子 TEMPOL に比較して $RNP^N$ では優位に脳梗塞サイズを減少させており，再灌流時の活性酸素種を効果的に消去する効果が確認される).
Lippincott Williams & Wilkins から許可を得て文献 4 を改変して掲載.

せる薬が開発されつつある．この薬の効果は素晴らしいものの，血流の回復直後に酸素濃度が急激に上昇するため，活性酸素障害が起こることが知られている．筆者らは脳梗塞-再灌流モデルラットに $RNP^N$ を静脈投与することにより，pH の低下した脳内で壊れることを ESR(electron spin resonance，電子スピン共鳴)で確認した〔図 17-2(a)〕．さらに壊れて露出したニトロキシドラジカルが ROS を効果的に消去することにより脳梗塞によるダメージ領域を優位に縮小することを確認した〔図 17-2(b)〕[4]．動脈硬化や高齢化に伴い血流が悪くなり，脳や心筋梗塞だけでなく，腎臓，腸間膜や肝臓などさまざまな臓器の虚血再灌流障害が増加しており，これまで問題であった副作用を極限まで低減できる RNP は，新しいタイプのナノメディシンとして期待できる．

難病指定されている潰瘍性大腸炎は，1970 年代には国内に患者はほとんどいなかったが，現在では 10 万人を超え，急激に増加している．原因不明の疾患であるものの，活性酸素種を含む大腸内の炎症が下痢，下血などの消化管障害を起こすことが知られている．pH 低下で崩壊しないレドックスナノ粒子($RNP^O$)を経口投与すると 40 nm サイズの粒子は消化管内で崩壊しないため，血中に取り込まれないことが確認され，大腸に高度に集積する．潰瘍性大腸炎モデルマウスに対して $RNP^O$ を経口投与することにより，きわめて効果的に炎症を抑えた．たとえば，大腸に炎症を起こすと大腸は硬く縮むのに対し，$RNP^O$ 投与群ではほとんど健康なマウスと同じ長さにまで回復する〔図 17-3(a)〕．また，生存率も低分子の薬に比べても非常に効果的であった〔図 17-3(b)〕[5]．ここでも低分子抗酸化剤は小腸から血中に吸収されて全身にまわるため，大腸の活性酸素を効果的に消去できないだけでなく，薬物が全身に広がり，その副作用が問題となる．筆者らのナノメディシン $RNP^O$ は高い効果を示すとともに副作用を極限まで低下させるため，開発が期待される．

活性酸素種は腫瘍組織近傍でも大量に発生し，アポトーシスの低下や抗がん剤抵抗性の向上を引き起こすことが知られてきた．RNP はそれ単独や抗がん剤との併用でがんに対しても効果が高いことを実証している[6]．

### 3 さまざまなバイオマテリアルへの展開

ニトロキシドラジカルをもつこれらのレドックス高分子材料は生体内治療のみならず，新しいメディカル分野の材料としての利用も期待できる．

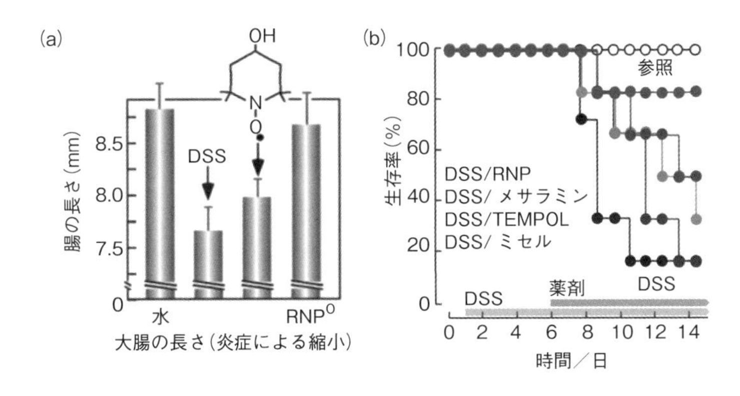


**図 17-3　潰瘍性大腸炎モデルマウスに対する RNP$^{O}$ の効果**

（a）炎症に伴う大腸長の変化〔デキストラン硫酸ナトリウム（dextran sulfate sodium：DSS）により炎症を惹起したマウスの大腸は優位に短くなっているものの，RNP$^{O}$ 投与では健康マウスと同様な大腸長を示した〕，（b）潰瘍性大腸炎モデルマウスの生存率曲線（DSS 投与により 2 週間でほぼ完全に死滅するのに対し，市販の薬剤は一定の効果を示す．RNP$^{O}$ ではきわめて優位に生存率を向上させる）．
Elsevier から許可を得て文献 5 を改変して掲載．

血液は出血や異物に接触すると大量の活性酸素種を産生し，活性化，凝固反応へと進む．これが人工心臓や細い人工血管などの開発を妨げてきた大きな原因の一つである．表面にポリエチレングリコールや両性イオン高分子など，生体適合性のよい材料をコーティングして血液適合性を向上させるさまざまな試みがなされてきたものの完全に解決するには至っていない．ふつうのポリマーをビーズにコーティングしてラット全血に接触させると強い血液凝固反応が起こり〔図 17-4（a）〕，血液中の血小板や白血球数が低下するのに対し，筆者らが合成してきたニトロキシドラジカルをもつポリマーでは血液凝固反応が抑制され，血小板および白血球の血中残存量もほとんど低下しないことがわかった〔図 17-4（b）〕[7]．

一般的にバイオデバイスの表面処理ではタンパク質の吸着を抑制し，結果的に細胞接着や血液の活性化を抑制する「パッシブ」型の適合性が行われてきたが，レドックスポリマーでは接触活性化に伴う活性酸素種を消去することで「アクティブ」に適合性を導く点でこれまでにない新しいバイオ表面設計技術である．このようなアクティブコーティングでは細胞

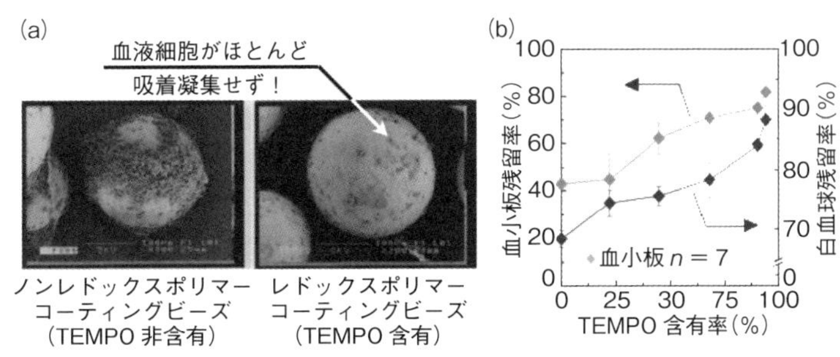


**図 17-4　ニトロキシドラジカル含有レドックスポリマーのバイオマテリアルへの展開**

（a）表面コーティングによりマウス血液との接触でもほとんど活性化せず，血栓を生じない，（b）ニトロキシドラジカル導入量に対して血中の血小板や白血球の消費が完全に抑制されている．
英国化学会から許可を得て文献 8 を改変して掲載．

培養に対しても活性化を抑制し，たとえば，幹細胞の活性を維持したまま分化抑制を行うことが可能である[8]．また，悪玉活性酸素種を消去するRNPに吸着能の高いシリカを内包して腹膜透析[9]に利用したり，ゲル化能を導入して歯周病[10]やスプレー型の癒着防止剤[11]にするなどレドックスバイオマテリアルはさまざまな展開が期待される．

## 4 まとめと今後の展望

がん化学療法や血液透析など，50年前には想像もできなかった治療法が発達し，治療法のなかったたくさんの患者さんが救われるようになってきている．しかし一方で，強い副作用や長い治療時間のため，長い期間にわたって苦しむ患者がたくさんいることを忘れてはならない．筆者らは抗酸化剤を高分子化するという発想で，これまでの欠点を補い，新しい酸化ストレス用ナノメディシンとして，あるいはデバイスとして展開してきた．筆者らが研究開発してきたレドックスナノメディシン・バイオデバイスが患者さんのQOL(quality of life，生活の質)を少しでも向上させることを願いつつ，本章を閉じる．

### ◆ 文　献 ◆

[1] 吉川敏一，『フリーラジカル入門』，先端医学社 (1996)．
[2] レビューとして，(a) Y. Nagasaki, *Therapeutic Delivery*, **3** (2), 1 (2012); (b) T. Yoshitomi et al., *Adv. Health. Mater.*, **3**, (Issue 8), 1149 (2014).
[3] T. Yoshitomi et al., *Biomacromolecules*, **10** (3), 596 (2009).
[4] A. Marushima et al., *Neurosurgery*, **68**, 1418 (2011).
[5] L. B. Vong et al., *Gastroenterol.*, **143** (4), 1027 (2012).
[6] T. Yoshitomi et al., *J. Controlled Release*, **172** (1), 137 (2013).
[7] T. Yoshitomi et al., *Acta Biomater.*, **8**, 1323 (2012).
[8] Y. Ikeda et al., *J. Biomed. Mat. Res. A.*, **103**, 2815 (2015).
[9] Y. Nagasaki et al., *Biomater. Sci.*, **2** (4), 522 (2014).
[10] M. L. Pua et al., *J. Controlled Release*, **172** (3), 914 (2013).
[11] H. Nakagawa et al, *Biomaterials*, **69**, 165 (2015).

CSJ Current Review

# Part III

# 役に立つ 情報・データ

# この分野を発展させた 革新論文39

## ❶ 水の構造について

H. S. Frank, "Structural Aspects of Ion–Solvent Interaction in Aqueous Solutions: A Suggested Picture of Water Structure," *Discuss. Faraday Soc.*, **24**, 133 (1957).

水分子間の水素結合形成は協同して生じ，一つの結合が生じると，同時に多くの結合が形成される．また，水素結合は三次元的に成長し，一つの水分子は最高四つの水素結合で束縛される．その結果として，液状の水のなかに，氷構造様のクラスターが生成する．このクラスターは，液状の水と混在して系全体を構成する．クラスター構造は生成と同様に崩壊も協同的に起こるため，この構造の寿命は短い．これが「flickring-claster モデル」である．この考え方は，水中で疎水性分子が集合する駆動力となる疎水性相互作用を説明する原点となっている．

## ❷ タンパク質の構造形成に寄与する疎水結合

G. Némethy, H. A. Scheraga, "Structure of Water and Hydrophobic Bonding in Proteins. II. Model for the Thermodynamic Properties of Aqueous Solutions of Hydrocarbons," *J. Chem. Phys.*, **36**, 3401 (1962).

1962年にNémethyとScheragaは，Frankが提案した「flickring-clasterモデル」に基づいて，疎水性基周辺で生じる水の構造変化についてエネルギー的な考察を加えている．四つの水素結合をもつ水分子が非極性の溶質と接触する場合，水分子と溶質との間に分子間相互作用が生じ，エネルギー準位がわずかに低下する．一方，三つ以下の水素結合をもつ水分子はほかの水分子と双極子間相互作用をするが，非極性溶質が接触すると，この溶質とvan der Waals相互作用することになる．すなわち弱い相互作用に替わることで，エネルギー準位が高くなる．ボルツマン則によれば，このようなエネルギー準位の変化は，全体として水分子を高エネルギー準位から低エネルギー準位に低下させる．すなわち，非極性溶質周辺では4個の水素結合をする水分子の数が増加し，氷構造様のクラスター構造が大きくなる．

## ❸ 薬理効果のある高分子の構造と性質

H. Ringsdorf, "Structure and Properties of Pharmacologically Active Polymers," *J. Polym. Sci., Polym. Symp.*, **51**, 135 (1975).

ヤナギから抽出された鎮痛作用をもつサリチル酸をアセチル化すると，その強い消化管障害が抑えられる．このアセチルサリチル酸は，世界初の合成薬として人類に貢献してきた．以来100年以上にわたって有機合成を基盤とする「くすり」の研究開発が行われ，たくさんの人びとを救ってきた．しかしながら，低分子薬は健康な臓器にも広がり，しばしば強い副作用を起こしてしまう問題点があった．Ringsdorfは高分子に薬だけでなく，生体適合性，吸収性や標的指向性分子を結合させることにより，「高分子薬」という概念を提案した．この概念が後に薬を特異的に疾病部に運ぶDDSやナノメディシンの概念につながっていく基盤となっている．

APPENDIX

## 4 がんの血管新生を抑制する軟骨因子の単離

R. Langer, H. Brem, K. Falterman, M. Klein, J. Folkman, "Isolation of a Cartilage Factor That Inhibits Tumor Neovascularization," *Science*, **193**, 70 (1976).

高分子材料を用いた薬の長期間の徐放(徐々に放出)化の対象薬は，長く低分子化合物であった．しかしこの論文では，従来は不可能であると考えられた変性不活化しやすい高分子化合物であるタンパク質などを，活性をもった状態で徐放化することに世界ではじめて成功した．徐放担体はエチレンと酢酸ビニルの共重合体であり，この共重合体とタンパク質と混合方法に工夫がある．用いたタンパク質は血管細胞増殖因子であり，この技術を用いることで血管再生治療も可能となり，現在の再生治療の基礎を示した研究としても学術的な価値がきわめて高い．DDS研究分野では革新的であった高分子薬物に対しても徐放化が可能であることが実証され，その後の研究が加速された．

## 5 鎖伸長反応阻害剤を用いたDNAの塩基配列決定

F. Sanger, S. Nicklen, A. R. Coulson, "DNA Sequencing with Chain-Terminating Inhibitors," *Proc. Natl. Acad. Sci. USA*, **74**, 5463 (1977).

きわめて有名な論文の一つ．DNAを合成するとき，4種類のデオキシリボヌクレオチド(dATP，dTTP，dGTP，dCTP)のほかに鎖身長反応を阻害する1種類のジデオキシリボヌクレオチド(たとえばddATP)を加えることで，さまざまな長さの鎖を生成させた．それを電気泳動で分離することによって，DNAの塩基の順番が読める，というSangerの発想は秀逸である．実際，いま分子生物学で使われているさまざまな基盤技術には，この考え方に基づいたものが数多くある．

## 6 ポリエチレングリコールの共有結合による牛血清アルブミンの免疫学的特性の変化

A. Abuchowski, T. Van Es, N. C. Palczuk, F. F. Davies, "Alteration of Immunological Properties of Bovine Serum Albumin by Covalent Attachment of Polyethylene Glycol," *J. Biol. Chem.*, **252**, 3578 (1977).

酵素や抗体などのタンパク質は固有の生理活性があり，薬物の候補として期待されていたものの，外部から投与するタンパク質にはそれ自身が抗原となる免疫原性やプロテアーゼによる分解，代謝などの問題があった．Abuchowskiらは水溶性のポリエチレングリコールを生理活性のあるタンパク質に共有結合するというまったく斬新なアイデアを創出した．現在では「PEGylation」という言葉が定着しているこのタンパクのPEG化では，肝臓への捕捉，免疫原性，酵素分解性，代謝が抑えられ，多くのPEG化タンパク質が市場にでている．

## 7 人工オリゴヌクレオチドによるアンチセンス翻訳阻害

P. C. Zamecnik, M. L. Stephenson, "Inhibition of Rous sarcoma viral RNA Translation by a Specific Oligodeoxy-Nucleotide," *Proc. Natl. Acad. Sci. USA*, **75**, 285 (1978).

この論文では13塩基長のオリゴヌクレオチドを用いて相補的配列のRous sarcoma virusのタンパク質生産を配列特異的に阻害できることを報告した．mRNAとの配列特異的な複合体形成が発がん性ウイルス阻害に利用できるという事実は核酸医薬の発展性を大きく拓いた．2009年11月に福岡で開催された国際核酸医薬シンポジウム直前の10月，Zamecnikは96歳の生涯を閉じた．

## 8 バイオ内分泌膵臓としてのマイクロカプセル化ランゲルハンス島

F. Lim, A. M. Sun, "Microencapsulated Islets as Bioartificial Endocrine Pancreas," *Science*, **210**, 908 (1980).

体内で移植細胞や組織を生存，機能させるためには工夫が必要となる．糖尿病治療にはインスリンが利用されているが，あくまでも対処療法である．根本的な治療は，血糖値をコントロールしている膵臓のランゲルハンス島の移植であると考えてられていた．しかしながら，糖尿病患者はランゲルハンス島に問題があるため，他人のランゲルハンス島の移植が行われても，免疫拒絶反応が必発した．そのため，免疫反応抑制薬の投与が行われていたが，その副作用が臨床上の問題となっていた．この問題を解決する一つの方法として，この論文は移植ランゲルハンス島をハイドロゲルでカプセル化するという革新的な発想を世界ではじめて報告した．この概念が，他人の細胞あるいは組織移植の現実性を高め，この分野の学術，事業化に大きく貢献した．

A P P E N D I X

## 9 細胞接着活性をもつペプチド配列の発見

M. D. Pierschbacher, E. Rouslahti, “Cell Attachment Activity of Fibronectin Can Be Duplicated by Small Synthetic Fragments of the Molecule,” *Nature*, **309**, 30 (1984).

血清中に存在する細胞接着性糖タンパク質であるフィブロネクチンについて，分子中のどの配列が細胞接着活性をもつかを同定した論文．フィブロネクチン(分子量23万5000)に含まれるたった四つのアミノ酸配列(アルギニン–グリシン–アスパラギン酸–セリン，1文字表記でRGDS)が，細胞接着活性を示すことをつきとめた．この発見は工学面でも重要であり，血清から精製することでしか得られなかったフィブロネクチンを，化学合成可能なRGDSペプチドで代用できることを意味している．このことが契機となり，人工材料をRGDSペプチドで修飾することにより細胞接着性を付与するという研究が進んだ．

## 10 がん化学療法における高分子治療法の新しい概念：タンパク質と抗腫瘍剤スマンクスの腫瘍指向性集積のメカニズム

Y. Matsumura, H. Maeda, “A New Concept for Macromolecular Therapeutics in Cancer Chemotherapy: Mechanism of Tumoritropic Accumulation of Proteins and the Antitumor Agent Smancs,” *Cancer Res.*, **46**, 6387 (1986).

従来，がんは不治の病であるという概念からがん化学療法で用いられる抗がん剤は多少毒性の強い，つまり副作用の強い薬でも認可されてきた．このような毒性の強い抗がん剤でも，取り込み能の高い腫瘍細胞に多く取り込まれることで腫瘍増殖抑制効果を示してきた．しかしながら，抗がん剤は正常臓器にも取り込まれるため，強い副作用に苦しむことになる．Ringsdorfが提唱したポリマードラッグには腫瘍への集積性を創り込む概念で「アクティブターゲッティング」とよばれる機能の導入を図っている．前田らは腫瘍内新生血管の透過性が向上し，またリンパ系が未発達のため，ナノ粒子や分子量の大きな分子が血管から漏れ出して腫瘍に蓄積するメカニズムEnhancement Permeation and Retention(EPR)効果を提唱し，血中滞留性の高い高分子が自然に腫瘍に集積することを実証した．現在では「パッシブターゲッティング」とよばれる．

## 11 ヒト型抗体

L. Riechmann, M. Clark, H. Waldmann, G. Winter, “Reshaping Human Aantibodies for Therapy,” *Nature*, **332**, 323 (1988).

モノクローナル抗体は発明当初から治療薬への展開が期待されていたが，実用化には成功しなかった．これはマウスによって産生された抗体を用いており，ヒトでは免疫応答を誘起するためであった．この論文では，抗原認識部位以外をヒト型にすることによってヒトに対する免疫応答を低減できる可能性を示し，臨床実用化へのきっかけをつくった．

## 12 新規薬剤キャリアとしての高分子ミセル：アドリアマイシン担持ポリエチレングリコール–ポリアスパルギン酸ブロック共重合体

M. Yokoyama, M. Miyauchi, N. Yamada, T. Okano, Y. Sakurai, K. Kataoka, S. Inoue, “Polymer Micelles as Novel Drug Carrier: Adriamycin-Conjugated Poly(Ethylene Glycol)-Poly(Aspartic Acid) Block Copolymer,” *J. Control. Release*, **11**, 269 (1990).

ブロック共重合体が形成する高分子ミセルが薬剤送達システム(DDS)として機能することをはじめて示した論文である．制がん剤アドリアマイシンをポリアスパルギン酸部位に結合したポリエチレングリコール–ポリアスパルギン酸ブロック共重合体が水中で高分子ミセルを形成すること，これが全身投与で制がん活性を示すことをマウスに対する治療効果を通じて実証している．現在，標的型DDSにおける世界の潮流となっている高分子ミセル型ドラッグデリバリーシステムがここから拓かれた．

APPENDIX

## 13 温度応答性ポリマー修飾表面；培養細胞の接着脱着の制御

N. Yamada, T. Okano, H. Sakai, F. Karikusa, Y. Sawasaki, Y. Sakurai, "Thermo-Responsive Polymeric Surfaces; Control of Attachment and Detachment of Cultured Cells," *Die Makromolekulare Chemie, Rapid Communications*, **11**, 571 (1990).

この論文は，細胞シートを培養するにあたって欠かせない，温度応答性培養皿を日本発，世界ではじめて報告した論文であり，細胞シート治療の原点となる．PIPAAm を電子線照射にて通常の細胞培養皿に固定して作成した温度応答性培養皿に，ウシ肝細胞を播種して培養し，培養皿表面への脱着の様子を観察した．培養皿表面は，温度変化によって表面が細胞の接着しやすい疎水性と，接着しにくい親水性に変化する．この細胞は，酵素処理による影響を受けやすいが，温度変化のみによって回収することができたことにより，回収後も問題なく継代培養を行うことができた．

## 14 自己組織化単分子膜のバイオマテリアル研究への利用

K. L. Prime, G. M. Whitesides, "Self-Assembled Organic Monolayers: Model Systems for Studying Adsorption of Proteins at Surfaces," *Science*, **252**, 1164 (1991).

アルカンチオールの自己組織化単分子膜(SAM)をバイオマテリアルのモデル表面として利用し，その表面へのタンパク質吸着を調べた論文．人工材料へのタンパク吸着のメカニズムを理解するうえで，表面に存在する官能基種やその密度を厳密に制御できる SAM がモデルとして適していることを示した．また，エチレングリコール 6 ユニットをもつ SAM がタンパク吸着を効率よく抑制することも示した．この知見は，タンパク吸着を抑制する表面の設計指針として活かされている．

## 15 ポリマー表面へのタンパク質吸着の溶媒和相互作用からの考察

D. R. Liu, S. J. Lee, K. Park, "Calculation of Solvation Interaction Energies for Protein Adsorption on Polymer Surfaces," *J. Biomater. Sci. Polym. Ed.*, **3**, 127 (1991).

ポリマー表面上のタンパク質の吸着では，溶媒和相互作用が重要な要因の一つであるため，フラグメント定数法を使用して溶媒和相互作用エネルギーを評価した．基本的な仮定は，水と有機溶媒相との間のアミノ酸の分配係数が，ポリマー表面へのバルク水の移動の自由エネルギーに相関することである．ポリマー表面へのタンパク質吸着は，溶媒和相互作用の寄与が有意であった．疎水性ポリマー表面へのタンパク質の吸着ための平均溶媒和相互作用エネルギーは −255.9〜−74.1 kJ/mol の範囲の負の値であった．一方，親水性表面では正の値となった．すなわち，反発力として働く水和力が，ポリマー表面へのタンパク質吸着阻止のために有効であることを示している．疎水性表面へのタンパク質吸着の総相互作用エネルギーは，常に親水性表面をもつものよりも小さい．この傾向は従来の文献で示される実験観察と一致し，この計算の正当性を示唆している．

## 16 新しい生分解性共重合体：ポリ(乳酸-リシン)の合成と RGD ペプチド修飾

D. A. Barrera, E. Zylstra, P. T. Lansbury, Jr., R. Langer, "Synthesis and RGD Peptide Modification of a New Biodegradable Copolymer: Poly (Lactic Acid-Co-Lysine)," *J. Am. Chem. Soc.*, **115**, 11010 (1993).

現在では，材料表面に細胞接着性をもたせる代表的な手法として，フィブロネクチンの活性部位である RGD(S)ペプチドを結合させる方法は一般化している．この論文は，tissue engineering(組織工学，現在では再生医療とほぼ同義)の提唱者の一人である Langer が，RGD ペプチドを生分解性材料(ポリ乳酸)表面に結合させ，細胞接着性を誘導した最初の論文である．材料として，乳酸とデプシペプチド(ヒドロキシ酸とアミノ酸の共重合体)との共重合体を使用し，その側鎖官能基を用いて，RGD ペプチドを導入している．ポリ乳酸に反応性を付与する試みは当時，世界中で複数のグループが研究しており，これは転機になったというよりは，RGD ペプチドの導入において Langer らがその先陣を切ったという論文である．

APPENDIX

## 17 ポリイソプロピルアクリルアミドをグラフトしたポリスチレン皿からの培養細胞回収システム

T. Okano, N. Yamada, H. Sakai, Y. Sakurai, "A Novel Recovery-System for Cultured Cells Using Plasma-Treated Polystyrene Dishes Grafted with Poly (N-isopropylacrylamide)," *J. Biomed. Mater. Res.*, 27, 1243 (1993).

ポリイソプロピルアクリルアミド水溶液は，下限臨界溶解温度(LCST)前後で溶解-不溶化の化学的な相転移現象を発揮する．このポリマーを細胞培養用のポリスチレン皿に固定化すると，ポリマーのLCST前後で，培養皿表面は親水性-疎水性の可逆的変化を起こす．これを利用してウシ血管内皮細胞および肝実質細胞の培養後の回収を試みた．トリプシン処理と異なり，細胞にダメージを与えずに回収が可能であった．細胞をシート状で回収し，組織再生，再生医療へ展開する細胞シート工学への端緒となった先駆的な研究である．

## 18 グルコース応答性フェニルボロン酸を有するポリアクリルアミドコポリマーの下限臨界溶解温度

K. Kataoka, H. Miyazaki, T. Okano, Y. Sakurai, "Sensitive Glucose-Induced Change of the Lower Critical Solution Temperature of Poly[*N,N*-dimethylacrylamide-co-3-(acrylamido)phenyl-boronic acid] in Physiological Saline," *Macromolecules*, 27, 1061 (1994).

フェニルボロン酸構造をもつアクリルアミドモノマーと*N,N*-ジメチルアクリルアミドとの共重合体は，グルコースと可逆的な共有結合を形成する．すなわち，フェニルボロン酸含有の上記ポリマーは，親水性のグルコースと結合するとポリマー鎖全体の親水性が増し，下限臨界溶解温度(LCST)が高温側にシフトする．すなわち，グルコースの濃度変化に応じてLCSTを制御可能である．この現象を利用して，緻密な分子設計された完全人工型の人工膵臓の開発や，バイオセンサーへの応用展開の端緒となった研究である．

## 19 不死化細胞またはがん細胞におけるヒトテロメラーゼ活性の特異的関与

N. W. Kim, M. A. Piatyszek, K. R. Prowse, C. B. Harley, M. D. West, P. L. Ho, G. M. Coviello, W. E. Wright, S. L. Weinrich, J. W. Shay, "Specific Association of Human Telomerase Activity with Immortal Cells and Cancer," *Science*, 266, 2011 (1994).

テロメラーゼ活性を評価できるTRAP(telomerase repeat amplification protocol)を最初に提案した論文．生殖細胞以外ではその活性は認められないが，悪性腫瘍ではその活性が認められることから，がん診断の可能性を示唆している．活性テロメラーゼはテロメアDNAの末端を伸長させることからテロメアDNAの断片(テロメラーゼ基質プライマー，TS primer)を試料に加え，その断片からの伸長がどれぐらい起こるかをPCRとゲル電気泳動によって評価する方法を提案した．伸長されたDNA繰り返し配列に部分的に結合できるように，PCRプライマーにミスマッチなどを導入する工夫がなされている．これによってTTAGGGの繰り返し部分にランダムに結合できるので，PCR後のゲル電気泳動では6塩基ごとの繰り返しラダーが観測される．

## 20 ポリ-L-乳酸スポンジの作製と物性解析

A. G. Mikos, A. J. Thorsen, L. A. Czerwonka, Y. Bao, R. Langer, D. N. Winslow, J. P. Vacanti, "Preparation and Characterization of Poly (L-Lactic Acid) Foams," *Polymer*, 35, 1068 (1994).

再生医療の基本アイデアは，三次元で細胞を増殖，分化(細胞が成熟し，ある生物機能をもつこと)させ，その機能を高め，病気を治療することである．これを可能とする生体吸収性高分子からなる三次元足場の概念と提唱した．生体吸収性高分子のポリ乳酸からなるスポンジをデザインし，そのスポンジの孔のなかで細胞を増殖させる．細胞増殖による組織形成とともにポリ乳酸は分解消失し，三次元の生体組織が形成される．この材料技術があってはじめて細胞が三次元で組織化することを示した革新的な研究である．また，この研究は再生医療を支える材料化学の貢献を，世界ではじめて具現化した．現在の細胞足場の研究開発は，この革新的な概念をベースにして進められている．

A P P E N D I X

## 21 遺伝子およびオリゴ核酸を細胞ならびに生体に導入する運搬体：ポリエチレンイミン

O. Boussif, F. Lezoualc'h, M. a. Zanta, M. D. Mergny, D. Scherman, B. Demeneix, J. P. Behr, "A Versatile Vector for Gene and Oligonucleotide Transfer into Cells in Culture and *in vivo*: Polyethylenimine," *Proc. Natl. Acad. Sci. USA*, **92**, 7297 (1995).

ポリエチレンイミンが，ウイルスに代わる人工の遺伝子キャリアとして機能することを示した先駆的論文である．ポリエチレンイミンとプラスミドDNAもしくはオリゴ核酸との複合体が種々の培養細胞に遺伝子導入可能であること，さらにはマウスの脳の細胞への遺伝子導入にも成功したことを述べている．現在，ポリエチレンイミンは培養細胞における遺伝子導入試薬として市販され，標準的に用いられるようになっている．

## 22 細胞表面の改質

L. K. Mahal, K. J. Yarema, C. R. Bertozzi, "Engineering Chemical Reactivity on Cell Surfaces Through Oligosaccharide Biosynthesis," *Science*, **276**, 1125 (1997).

細胞の代謝能を利用して，細胞表面を人工的に改変できることを示した論文．*N*-アセチルマンノサミン(ManNAc)の誘導体を加えた培地中で細胞培養すると，細胞はManNAc誘導体を取り込む．すると，細胞表面の糖鎖シアル酸を合成する過程で，取り込んだManNAc誘導体が利用される．この細胞代謝経路を利用し，化学修飾可能な官能基をもつManNAc誘導体を細胞に取り込ませると，膜タンパク質に結合しているシアル酸にその官能基が組み込まれる．その後，その官能基を用いた化学反応によって細胞表面にさまざまな分子を固定化できることを示した．

## 23 インジェクタブルドラッグデリバリーシステムとしての生分解性共重合体

B. Jeong, Y. H. Bae, D. S. Lee, S. W. Kim, "Biodegradable Block Copolymers as Injectable Drug–Delivery Systems," *Nature*, **388**, 860 (1997).

ごく一部のポリマーにしか知られていなかった温度応答性ゲル化が，生分解性の脂肪族ポリエステルとPEGとのブロック共重合体で可能であることを示し，生分解性インジェクタブルポリマーの開発に先鞭をつけた論文である．この後，数多くの脂肪族ポリエステルとPEGとのブロック共重合体の温度応答性が報告された．この論文では，温度を下げるとゾルからゲルへと転移する降温型ゲル化ポリマーであったが，温度を上げるとゾルからゲルへと転移する昇温型ゲル化ポリマーは，その2年後の1999年に報告されている〔*Macromolecules*, **32**, 7064 (1999)〕.

## 24 DNA二重鎖の副溝側から4種類のワトソン・クリック塩基対を識別して結合する合成リガンドが開発された

S. White, J. W. Szewczyk, J. M. Turner, E. F. Baird, P. B. Dervan, "Recognition of the Four Watson–Crick Base Pairs in the DNA Minor Groove by Synthetic Ligands," *Nature*, **391**, 468 (1998).

DNAの配列を特異的に認識し，細胞透過性もある小分子は，標的遺伝子の発現制御に重要である．しかし，小分子によってDNAの塩基配列を認識することは困難であった．この論文では，DNA二重鎖のminor grooveから二重鎖内のすべての塩基対(A-T，T-A，G-C，C-G)を認識し，結合するポリアミドを基にしたリガンドの開発を報告している．さらに，リガンドの塩基対の認識様式をNMRによって詳細に解析している．これらの知見は，標的遺伝子に結合するさまざまなリガンドの開発や，ミスマッチ塩基対を認識するリガンドの分子設計に活用されている．

APPENDIX

## ㉕ 未同定タンパク質に対してもアプタマーを取得でき，それによりそのタンパク質を同定できる

M. Blank, T. Weinschenk, M. Priemer, H. Schluesener, "Systematic Evolution of a DNA Aptamer Binding to Rat Brain Tumor Microvessels. Selective Targeting of Endothelial Regulatory Protein Pigpen," *J. Biol. Chem.*, **276**, 16464 (2001).

アプタマーが抗体と比べて優位な点は，試験管内進化により獲得できることである．アプタマーは表現型と遺伝型が一致しているので，標的分子に結合する個体のみを分離・回収して同定することができ，未同定タンパク質に対して結合するものも探索できる．その利点を存分に発揮できるのが，細胞の膜上の特定の標的分子に結合するアプタマーを探せるCell-SELEXである．この論文では，脳腫瘍の毛細血管に結合するアプタマーを獲得し，そのアプタマーに結合するのがpigpenだと質量分析計で同定し，アプタマーの大きな可能性を示したといえる．

## ㉖ 短鎖二本鎖RNAを用いた効果的なRNA干渉について

S. M. Elbashir, J. Harborth, W. Lendeckel, A. Yalcin, K. Weber, T. Tuschl, "Duplexes of 21-nucleotide RNAs Mediate RNA interference in Cultured Mammalian Cells," *Nature*, **411**, 494 (2001).

FireとMelloは細胞に導入した数百塩基長の二本鎖RNAが効果的なmRNA干渉を起こすことを発表し，2006年のノーベル医学生理学賞を受賞した．この論文では21塩基長の二本鎖RNA(small interfering RNA, siRNA)が遺伝子発現阻害に効果的であることを示した．小さなsiRNA分子は自動合成装置により容易に合成でき，細胞内への導入も比較的容易であることから，核酸医薬として臨床応用へのきっかけとなった．

## ㉗ 温度応答性培養皿と三次元細胞シート加工技術を用いた拍動する心筋組織の作製

T. Shimizu, M. Yamato, Y. Isoi, T. Akutsu, T. Setomaru, K. Abe, A. Kikuchi, M. Umezu, T. Okano, "Fabrication of Pulsatile Cardiac Tissue Grafts Using a Novel 3-Dimensional Cell Sheet Manipulation Technique and Temperature-Responsive Cell Culture Surfaces," *Circulation Research*, **90**, e40 (2002).

心筋細胞シートによって再構築された組織が，培養皿上あるいはラットの背部で拍動する様子は，非常にセンセーショナルで，誰もがはじめて目にしたとき，驚いたに違いないと思われる．この論文では，積層化した心筋細胞シートが，形態機能学的にも生体内の心臓と非常に酷似した組織といえるものであり，さらに生体内に移植したのちも，1年以上にわたって，その特徴を維持し続けたことを報告している．そして，この論文を基盤として，心疾患に対する細胞シート治療が生まれ，現在はiPS細胞から分化誘導培養した心筋細胞シートの研究や，心筋細胞シートから管状の構造を作製し，血管様組織の再生を目指した研究などが行われるようになった．

## ㉘ 移植幹細胞遊走のモニタリング：ラット脳卒中モデルにおける高解像度MRI撮像

M. Hoehn, E. Kustermann, J. Blunk, D. Wiedermann, T. Trapp, S. Wecker, M. Focking, H. Arnold, J. Hescheler, B. K. Fleischmann, W. Schwindt, C. Buhrle, "Monitoring of Implanted Stem Cell Migration *in vivo*: A highly Resolved *in vivo* Magnetic Resonance Imaging Investigation of Experimental Stroke in Rat," *Proc. Natl Acad. Sci. USA*, **99**, 16267 (2002).

一般的な移植細胞トラッキング法としてGFP標識細胞を組織切片中で観察する手法がとられていたが，局所的な情報しか得られない．この論文は，超常磁性酸化鉄微粒子(superparamagnetic iron oxide particles, SPIO)を細胞に取り込ませることで，細胞をMRI追跡した代表的な論文である．局所脳虚血モデルマウスに対して，SPIO標識化ESを移植し，ES細胞が虚血疾患部位へ遊走する挙動を示した．

APPENDIX

## 29 生分解性形状記憶ポリマーのバイオメディカル応用

A. Lendlein, R. Langer, "Biodegradable, Elastic Shape-memory Polymers for Potential Biomedical Applications," *Science*, **296**, 1673 (2002).

生分解性をもちながらも，形状記憶能をもつ材料研究を報告した論文である．ポリカプロラクトンをはじめ，脂肪族ポリエステルあるいはこのポリマーを構成成分とするポリウレタン材料は，優れた形状記憶能を発揮できる．現在，形状記憶ポリマー研究がバイオメディカル領域でますます活発になりつつあり，メカノバイオロジー研究などの進展に貢献した研究であるといえるだろう．

## 30 ヒトゲノムDNAでのグアニン四重鎖の存在率

J. L. Huppert, S. Balasubramanian, "Prevalence of Quadruplexes in the Human Genome," *Nucleic. Acids. Res.*, **33**, 2908 (2005).

ヒトゲノムにはGリッチな配列が多数存在し，そのような場所がゲノムDNAのさまざまな挙動において重要な働きをしているらしい，ということは昔からいわれていたが，それがどんな働きかは不明であった．ヒトゲノムDNAに，G-quadruplexを形成する可能性のある塩基配列がきわめて多数存在することを最初に示唆した論文．

## 31 イヌモデルにおける自己口腔粘膜細胞シート移植による食道潰瘍治療

T. Ohki, M. Yamato, D. Murakami, R. Takagi, J. Yang, H Namiki, T. Okano, K. Takasaki, "Treatment of Oesophageal Ulcerations Using Endoscopic Transplantation of Tissue-Engineered Autologous Oral Mucosal Epithelial Cell Sheets in a Canine Model," *Gut*, **55**, 1704 (2006).

現在，細胞シートによる治験のなかで最多数を誇る，消化器領域における細胞シート治療の皮切りとなった論文である．食道がんに対する内視鏡手術の結果，食道狭窄の合併症に悩まされる症例は少なくない．この症状緩和治療として，切除面に患者自身の口腔粘膜細胞シートを移植することを提案し，動物モデルを用いて研究に着手した．その結果，細胞シートを移植しなかった群と比較し，移植した群では明らかに，狭窄の改善が認められた．この研究の過程において，食道内に細胞シートを移植するためのデバイス開発も積極的に行われ，現在も進化し続けている．

## 32 自家口腔粘膜上皮細胞シートを用いたイヌ食道潰瘍モデルに対する内視鏡下移植治療

Z. Li, Y. Suzuki, M. Huang, F. Cao, X. Xie, A. Connolly, P. Yang, J. Wu, "Comparison of Reporter Gene and Iron Particle Labeling for Tracking Fate of Human Embryonic Stem Cells and Differentiated Endothelial Cells in Living Subjects," *Stem Cells*, **26**, 864 (2008).

盛んに利用されていた微粒子状MRI造影剤の問題点について示した．ヒト胚性幹細胞(ES細胞)および，ヒトES細胞由来血管内皮細胞に対して，内在性GFP標識とSPIO標識を施し，マウスへと移植した．移植後増殖する前者と消失する後者の挙動をGFPイメージングは反映するものの，SPIOでは細胞消失後にもシグナルが残存することを示した．両者の有用性を示すとともに，SPIOの問題点を示唆する画期的論文である．

## 33 水和イオン液体中では，DNAは長期間，構造的にも化学的にも安定である

R. Vijayaraghavan, A. Izgorodin, V. Ganesh, M. Surianarayanan, D. R. MacFarlane, "Long-Term Structural and Chemical Stability of DNA in Hydrated Ionic Liquids," *Angew. Chem. Int. Ed. Engl.*, **49**, 1631 (2010).

APPENDIX

DNAは生体内で遺伝情報を保持する物質としての役割を担っている．このDNAの塩基認識能を活用し，生体外でDNAをセンサーやデバイスなどの材料として活用しようとする試みが始まっている．この試みにおいて，DNAを長期間，安定に保存する技術の開発が重要である．この論文では，イオン液体(常温，常圧で液体の塩)に約20%の水を加えた水和イオン液体中で，DNAが二重らせん構造を保ったまま安定に保存されることを報告している．DNAは負電荷をもつポリマーであるため，これまでイオン液体のような高塩濃度環境下では，DNAは変性すると考えられてきた．しかし，イオン液体に少量の水を加えた水和イオン液体中では，DNAがその構造を保つことができ，DNAの構造や安定性に及ぼす水の重要性が明らかになった．イオン液体は，環境に優しいgreen solventとして工業的観点からも注目されており，この論文をきっかけに，核酸-イオン液体の相互作用解析や，イオン液体中における核酸材料の開発が精力的に行われている．

## 34 タンパク質を1分子ずつカウントし，ELISAの1万倍の高感度検出

D. M. Rissin, C. W. Kan, T. G. Campbell, S. C. Howes, D. R. Fournier, L. Song, T. Piech, P. P. Patel, L. Chang, A. J. Rivnak, E. P. Ferrell, J. D. Randall, G. K. Provuncher, D. R. Walt, D. C. Duffy, "Single-Molecule Enzyme-Linked Immunosorbent Assay Detects Serum Proteins at Subfemtomolar Concentrations," *Nature Biotechnology*, 28, 595 (2010).

Rissinらは，光ファイバーに形成した極小のチャンバーを用いて，前立腺がんマーカーPSAや腫瘍壊死因子TNF-$\alpha$などの超高感度(検出限界：数十～数百 a mol $L^{-1}$)検出を行った．抗体を固定化した数μmのサイズのプラスチックビーズを，抗原と酵素標識抗体と反応させ，ビーズの表面に抗原抗体複合体を形成させた．その後，そのビーズを，ビーズ1個が入るか入らないかというサイズの極小チャンバーに基質とともに封入した．抗原は，ビーズの表面にあるかないか程度の非常に希薄な濃度であるため，酵素基質反応によって生じた蛍光を発するチャンバーの数は，抗原濃度と相関をもつ．極小の空間に1分子を閉じ込めることで，分子数をカウント可能にし，高感度検出を達成するという方法は，現在，実用化のための検討が進められている．

## 35 DNAメチル化バイオマーカーにより血液から結腸直腸がんを検出する

C. P. E. Lange, M. Campan, T. Hinoue, R. F. Schmitz, A. E. van der Meulen-de Jong, H. Slingerland, P. J. M. J. Kok, C. M. van Dijk, D. J. Weisenberger, H. Shen, R. A. E. M. Tollenaar, P. W. Laird, "Genome-Scale Discovery of DNA-Methylation Biomarkers for Blood-Based Detection of Colorectal Cancer," *PLoS One*, 7, e50266 (2012).

アメリカのグループが微量なDNAメチル化異常を検出する方法として，digital PCRを用いたアッセイ法の開発を報告した画期的な論文である．血液検体中のがん組織由来のDNA濃度はきわめて低いため，従来のメチル化アッセイ法であるパイロシークエンス法および定量的メチル化特異的PCR法では検出感度が足りない場合がある．この論文では，digital PCRの手法を用いてアッセイの効率やアッセイに必要なサンプル量を大きく改善した結果が報告されており，ラボオンチップの技術が本研究分野の発展に大きく貢献する可能性が示唆されている．

## 36 MR細胞トラッキングを用いてラット後肢虚血モデルの内皮前駆細胞をモニターする

C. A. Agudelo, Y. Tachibana, A. F. Hurtado, T. Ose, H. Iida, T. Yamaoka, "The Use of Magnetic Resonance Cell Tracking to Monitor Endothelial Progenitor Cells in a Rat Hindlimb Ischemic Model," *Biomaterials*, 33, 2439 (2012).

細胞標識用の微粒子状MRI造影剤が細胞から排出される危険性，細胞死滅後もその場に滞留してコントラストを示す危険性，遊離分子をマクロファージが取り込み誤ったMRI像を提示する危険性などを解消するための水溶性MRI造影剤を開発した．イナート性の高いキャリア高分子構造と最適な分子量を選択することで細胞増殖や機能への影響もなく，細胞からの漏出をほぼ完全に抑制された．さらに，死滅細胞から漏出した造影剤が血流を介して尿中排泄されることを実証し，移植細胞の生存率の定量化に成功した．

A P P E N D I X

## 37 疎水性の非天然塩基の導入でアプタマーの結合能が向上する

M. Kimoto, R. Yamashige, K. Matsunaga, S. Yokoyama, I. Hirao, "Generation of High-Affinity DNA Aptamers Using an Expanded Genetic Alphabet," *Nat. Biotechnol.*, **31**, 453 (2013).

平尾一郎(IBN，シンガポール)は，DNAポリメレースで増幅される非天然塩基対の開発で世界を牽引している．この論文では，その塩基を用いることで，天然塩基で構成されるDNAアプタマーの結合能を大幅に改良できることを報告した．誰にでもできるやり方ではなく，まだこの手法は主流になっていない．ほかの研究者に，アプタマーの分子認識における疎水性の重要性を知らしめた．

## 38 DNA二重鎖に対するコリンおよびテトラメチルアンモニウムイオンの結合の分子動力学計算とNMRによる解析

G. Portella, M. W. Germann, N. V. Hud, M. Orozco, "MD and NMR Analyses of Choline and TMA Binding to Duplex DNA: On the Origins of Aberrant Sequence-Dependent Stability by Alkyl Cations in Aqueous and Water-Free Solvents," *J. Am. Chem. Soc.*, **136**, 3075 (2014).

アルキルアンモニウムイオンは代謝物として生体内に含まれ，またイオン液体の成分としても活用されており，生体分子との相互作用が注目されている．なかでもコリンイオンやテトラメチルアンモニウムイオン(TMA)は，DNA二重鎖のA-T塩基対の含有量に応じて二重鎖の安定性を変化させるが，その詳細な機構は明らかにされていなかった．この論文では，NMRと分子動力計算によってコリンイオンとTMAのDNA二重鎖への相互作用を解析した結果，二重鎖のminor grooveにこれらのアルキルアンモニウムイオンが結合し，構造を安定化させていることが示された．これらの知見は，生体内でのDNAの安定性変化の機構が明らかにするだけでなく，DNA二重鎖に配列特異的に結合する薬剤の開発などに有用である．

## 39 血中循環がん細胞は慢性閉塞性肺疾患患者の肺がんを早期に検出する見張り役になる

M. Ilie, V. Hofman, E. Long-Mira, E. Selva, J.-M. Vignaud, B. Padovani, J. Mouroux, C.-H. Marquette, P. Hofman, ""Sentinel" Circulating Tumor Cells Allow Early Diagnosis of Lung Cancer in Patients with Chronic Obstructive Pulmonary Disease," *PLoS One*, **9**, e111597 (2014).

フランスのパスツール病院から発表された論文であり，ScreenCell社のCTC検出キットが使用された例が報告されている．CT検査でしこりが見つからなかった168人の慢性閉塞性肺疾患患者のうちの5人の血液中からCTCが発見され，その後の4年間の経過観察の結果，5人全員が肺がんを発症したという驚くべき内容である．なお，この5人は10 mLの血液中に20～70個のCTCが見つかっており，血液中にCTCが発見されなかったその他の患者は，肺がんを発症していない．CTCから肺がんを超早期診断できる可能性が示されている点が革新的である．

Part III 3 役に立つ情報・データ

# 覚えておきたい ★ 関連最重要用語

**active targeting**
passive targetingがかん組織の血管構造の脆弱性を利用することによりがん組織選択的な送達を可能としているのに対して，より積極的にレセプター介在性エンドサイトーシスなどを利用して効率的に標的組織へ送達しようとする考え方.

**B/F 分離**
標的分子に結合していない抗体(アプタマー)と標的分子に結合している抗体(アプタマー)を分離すること.

**CTC**
circulating tumor cellのこと．原発腫瘍組織または転移腫瘍組織から遊離し，血中へ浸潤した細胞．CTCは固形がん患者の末梢血中に微小量存在する.

**DNA パッケージング**
治療用遺伝子を組み込んだプラスミドDNAを遺伝子キャリアへ収容すること．DNAの負電荷を正電荷性物質で複合化し，DNA凝縮とよばれる体積相転移を促すことで得る.

**RISC**
細胞外から投与された二本鎖RNA(siRNA)や，転写により生合成されたヘアピン構造の二本鎖部分(miRNA)はDicerと呼ばれる酵素で一定の長さの二本鎖RNAに切断される．切断された二本鎖RNAはさらにArgonauteと呼ばれるタンパク質を主成分とする複合体に取り込まれ，最終的に22塩基程度の長さの一本鎖RNAを含むRISC複合体を形成する．このRISCは含まれる一本鎖RNAと相補的な配列のmRNA部分を切断し(siRNA機構)，あるいはミスマッチを含む配列のmRNA部分に結合して翻訳を停止する(miRNA機構).

**Watson-Crick 塩基対**
DNA二本鎖を形成する塩基対のことで，アデニンとチミン，グアニンとシトシンの対がある．アデニンとチミンの間には二つの，グアニンとシトシンの間には三つの水素結合が形成される.

**イムノクロマト**
セルロースなどの膜上に調べたい物質の抗体を固定化しておき，検体が毛細管現象で流れる際に固定化された抗体部分で捕捉し，金属コロイドで修飾された二次抗体をさらに結合させることにより，目的物質の有無を判定できるシステムである．インフルエンザの表面抗原に対応する抗体を固定化しておくことにより，インフルエンザの診断が可能となる．本手法の特徴は，結合したものと結合していないものが自動的に分離される点である．これによって迅速化が可能である.

**インジェクタブルポリマー**
その溶液を生体内に注入するとその場でゲル化するポリマー．1液型と2液混合型があり，ゲル化機構には温度応答型，共有結合生成(2液混合)，重合などがあり，温度応答型の場合は非共有結合型の物理ゲルとなる．ドラッグデリバリーや再生医療の細胞デリバリーに使用される.

**エライザ(ELISA)**
生体試料中の検出したい物質に特異的に結合する抗体が得られればこれをプレートのウェルに固定化し，これに検体を作用させ，抗体と結合できるかどうかにより，その有無を判定する方法である．一般にアルカリホスファターゼなどの酵素で修飾された二次抗体(調べたい物質に結合する抗体であるが，最初の抗体と別の部位が識別されている)により，シグナル増幅反応を伴う吸光法や蛍光法によって検出・定量化を行う.

**エレクトロスピニング法**
電界紡糸法のこと．金属製で針状のノズルと電極版の間に高電圧をかけながら，ノズルからポリマー溶液をゆっくり噴射させることによって，電極板上に不織布を作成できる．用いるポリマー溶液の濃度，溶媒の種類，印加電圧を調製して，形状や太さなどを制御する.

**温度応答性培養皿**
細胞シートを培養するうえで，必須となる特殊加工を施した培養皿．見た目は，通常の細胞培養皿と変わりはないが，培養皿表面に，ポリ(*N*-イソプロピルアクリルアミド)という，温度変化によって形状を変化させる，ナノサイズの高分子がコーティングされている．その性質により，表面は親水性・疎水性と両方の局面をもち，細胞の脱着を自由にコントロールできるようになっている.

**核酸構造安定性**
核酸の構造安定性には，塩基配列に由来する要素(水素結合，スタッキング相互作用，構造エントロピー)と溶液環境に由来する要素(カチオンの結合，水和)が重要である．一般的な生化学実験の標準水溶液〔100〜1 M NaCl水溶液[pH 7.0]〕中における核酸の構造安定性は，塩基配列に由来する要素の影響が大きいが，特

APPENDIX

殊な溶液環境(イオン液体のような高塩濃度環境，細胞内の分子クラウディング環境)では，溶液環境の由来する要素により核酸の構造安定性は大きく変化する．

**下限臨界溶解温度**
低温で水中に溶解している温度応答応答性ポリマーが，徐々に加熱されると，急激に白濁してポリマーが凝集する温度．水和していた水分子が熱運動によって脱水和することのより起こる．熱分析や溶液の光透過度変化を追跡して決定できる．

**活性酸素種**
活性酸素種とは酸化反応で酸素が4電子還元されて水になる過程で生じる途中の反応性中間体をいい，電子伝達系に代表される重要な働きをするとともに疾病に強く関与する「諸刃の剣」となる．

**コリン(イオン)**
コリンやコリン誘導体は，イオン液体のカチオンとしてだけではなく，細胞質や血中にも代謝物として多く含有されている．たとえば，細胞内で重要なコリンの誘導体として，神経伝達物質のアセチルコリンや生体膜の主成分であるホスファチジルコリンがあげられる．DNAとコリンやコリン誘導体での細胞内での相互作用は明らかにされていない．しかし，血中のコリンやコリン誘導体の濃度の増加は，心血管疾患や動脈硬化の発症に関連しているとの報告もあり，コリンやコリン誘導体は生体内の役割が注目されている物質である．

**サイトカイン**
免疫細胞が刺激されることによって産生され，分泌する数万の分子量をもつタンパク質または糖たんぱく質で，免疫細胞の間の伝達に関与する．とくに，白血球に含まれるリンパ球やマクロファージが産生するサイトカインは，インターロイキン(interleukin：IL)とよばれる．

**細胞移植療法**
薬物などでは修復しきれない臓器・組織の疾患に対して，体細胞・体性幹細胞・iPS由来細胞などを移植して治療する再生医療法．2015(平成26)年11月に施行された再生医療等の安全性の確保等に関する法律(再生医療新法)により規制されている．

**細胞シート**
温度応答性培養皿によって培養された，シート状の細胞．通常，培養皿上に接着した細胞を剥離する際，酵素を用いた処理が必要となるが，温度応答性培養皿を使用することで，温度変化のみで回収できるため，細胞間の結合や細胞膜に沈着したタンパク質を保持したまま，細胞を組織として回収することが可能となった．

**細胞トラッキング**
生体内に移植した細胞を追跡すること．とくに，全身撮像下でその分布位置を二次元あるいは三次限的にイメージングすることをいう．

**刺激応答**
周りの環境変化に応答してその物性を大きく変化させる現象．温度やpH特定の化学物質の濃度や外部から照射される光，印加される電場，磁場など，化学的や物理的な刺激が考えられている．

**自己組織化単分子膜**
有機分子がファンデルワールス力などにより集積し，固体表面上に自発的に形成されるナノレベルの薄膜．自己組織化単分子膜の形成に用いる有機分子として代表的なものに，アルカンチオールとアルキルシランがある．

**脂質二分子膜**
両親媒性のリン脂質から構成されるシート状の構造体であり，疎水性の炭化水素鎖同士が向き合い，親水性の部分が外側に露出するように形成される．リン脂質二分子膜の“海”にタンパク質が“島”のように浮かぶ生体膜のモデルを流動モザイクモデルとよぶ．

**歯周病**
歯と歯ぐきの間に繁殖する細菌に感染し，歯のまわりに炎症が起こる病気．炎症が歯茎に限定される場合を歯肉炎，歯周組織(歯肉，歯槽骨，歯根膜，セメント質)におよぶと歯周炎で，進行すると骨吸収(歯茎の骨がとけて歯が抜け落ちること)を引き起こす．

**人工臓器**
機能が廃絶した臓器の機能の一部を代替するための医療器具．人工心臓や人工血管，人工関節のように生体内埋め込み型が多いが，人工腎臓のように血液透析に利用される生体外利用の人工臓器も生命の維持に重要な役割を果たしている．

**ステント**
管状臓器(血管，気道，食道，胆道など)を管腔内部から押し広げる医療機器．形状は筒状の網目やコイルで，治療部位に留置される．バルーンカテーテルとステントの併用により，冠動脈の狭窄治療に絶大な効果を発揮し，心疾患での死亡例を激減させた．多くは金属製だが現在，吸収性のものが開発されている．

**生体親和性**
人工物が生体と接触した際に生じる異物反応を，引き起こさないか軽減する人工物の特性の一つ．異物反応は複雑な機能で進行し，時間的にもステージが異なる．したがって，人工物を使用する場所と期間によって生体親和性の意味が異なる．

APPENDIX

**組織工学（ティッシュエンジニアリング）**
生体組織（ティッシュ）の再生修復のための医工学材料，技術，方法論（エンジニアリング）．細胞の増殖分化能力に基づく自然治癒力を利用した再生医療を実現するための医歯学，工学，薬学からなる融合研究領域である．

**ドラッグデリバリーシステム（DDS）**
ドラッグ（drug，ある作用をもつ物質の総称）と組み合わせることでドラッグの作用を増強させる医工薬融合材料，技術，方法論．ドラッグの作用濃度，作用時間，作用部位を制御することでドラッグの効果を最大限に発揮させる．

**ニトロキシドラジカル**
有名なニトロキシドラジカルの一つ，2,2,6,6-テトラメチルピペリジン-1-オキシル（TEMPO）は安定ラジカルで電子スピンスペクトル用プローブとして用いられる一方で，活性酸素種とはすみやかに反応する最も抗酸化能の高い分子の一つである．TEMPO はミトコンドリア中の電子伝達系に影響を与えるため，そのままでは薬にはならない．

**バイオシミラー**
先発医薬品の特許が切れたあとに発売されるバイオ医薬品のことを示す．低分子医薬品の後発品であるジェネリック医薬品と類似しているが，抗体など有効成分は必ずしも同一とはならない点が異なる．そのため，臨床試験や安全性試験では新薬と同等の審査基準が設定されている．

**バイオマテルアル（生体材料）**
バイオマテリアルとは，体内で用いる，あるいは細胞，タンパク質，核酸，細菌などの生物成分と触れて用いられるマテリアルである．人工臓器や DDS がその代表であるが，再生医療を実現するための組織工学もバイオマテリアル分野である．

**非ウイルス性遺伝子キャリア**
遺伝子を標的とする細胞の核へ送達し，発現させるための人工運搬体．正電荷性の脂質や高分子と DNA とを複合化して作製する．

**フォトリソグラフィー**
基板に塗布された感光性の材料に，パターン上に光を照射し，露光された部分とそうでない部分とでパターンを形成する技術．フォトマスクとよばれる，透過と遮光のパターンが形成されたマスクをとおして光を照射する方法や，ミクロンオーダーの鏡の向きを制御して，光で描画する方法などがある．

**ポリ（*N*-イソプロピルアクリルアミド）**
Poly（*N*-isopropylacrylamide）（PIPAAm）と略期される．水中で下限臨界溶液温度（lower critical solution temperature: LCST）をもち，32 ℃以上では，側鎖の疎水性部分であるイソプロピル基によって分子内，分子間において疎水結合が強まりポリマー鎖が凝集し，32 ℃以下では，親水性部分のアミド結合と水分子とが結合し，水に溶けにくくなる．つまり，細胞は疎水性では接着しやすく，親水性では接着しにくくなるため，この原理を利用し，PIPAAm を修飾した温度応答性培養皿では，32 ℃を境に温度変化のみで細胞の接脱着が可能となる．

**ポリプレックスミセル**
中性連鎖–正電荷性連鎖からなる共重合体と DNA が形成する複合体．正電荷性連鎖/DNA からなる凝縮した DNA を内核とし，その周囲を中性連鎖が外殻として覆った構造をとる．これにより非ウイルス性遺伝子キャリアとして生体内での安定性が付与される．

**モノクローナル抗体**
均一な遺伝情報をもっている抗体産生細胞が産生する均一の抗体分子で，認識部位が単一で認識特異性が高い．それに対してポリクローナル抗体は多種の遺伝情報を含む細胞から産生された多種の抗体分子の混合物で，認識部位も複数もつことが多く，認識範囲が広い．

**リュープリン®**
武田薬品の生分解性微粒子型 DDS 製剤．黄体形成ホルモン放出ホルモン（luteinizing hormone-releasing hormone：LHRH）の高活性アゴニストペプチド（酢酸リュープロレリン）を分解に伴って徐放することにより，高活性アゴニストの連続投与による paradoxical effect（逆説的抑制効果）により，前立腺がんを抑制するほか，子宮内膜症治療にも使用される．

**リン脂質ポリマー**
細胞膜を構成するリン脂質分子の構造を模倣して合成された高分子化合物．天然のリン脂質分子がもつ重合性基を利用した高分子の合成もなされているが，現在ではリン脂質極性基の一つであるホスホリルコリン基を側鎖もつ高分子が最も広く研究されている．

Part III 役に立つ情報・データ

# 知っておくと便利！関連情報

## 1 おもな本書執筆者のウェブサイト（所属は2017年7月現在）

**池袋一典/長谷川聖**
東京農工大学大学院工学研究院
http://web.tuat.ac.jp/~kakusan/

**馬場嘉信/小野島大介**
名古屋大学大学院工学研究科
http://www.apchem.nagoya-u.ac.jp/III-2/baba-ken/
名古屋大学未来社会創造機構
http://www.coi.nagoya-u.ac.jp/

**笠間敏博**
東京大学大学院工学系研究科
http://microfluidics.jp/

**岩田博夫/有馬祐介**
京都大学再生医科学研究所
http://www.frontier.kyoto-u.ac.jp/te03/index.ja.html

**清水達也/荒内歩**
東京女子医科大学先端生命医科学研究所
http://www.twmu.ac.jp/ABMES/

**竹中繁織**
九州工業大学バイオマイクロセンシング技術研究センター
http://takenaka.che.kyutech.ac.jp/

**前田瑞夫/宝田徹**
国立研究開発法人理化学研究所
http://www.riken.jp/lab-www/bioengineering/

**杉本直己/建石寿枝**
甲南大学先端生命工学研究所（FIBER）
http://www.konan-fiber.jp/index.php

**石原一彦**
東京大学大学院工学系研究科
http://www.mpc.t.u-tokyo.ac.jp/index.html

**大矢裕一**
関西大学化学生命工学部
http://www.achem.kansai-u.ac.jp/kinosei/index.html

**青柳隆夫**
日本大学理工学部
http://aoyaginims.wix.com/mysite

**佐々木茂貴**
九州大学大学院薬学研究院
http://bioorg.phar.kyushu-u.ac.jp/index.html

**長田健介**
東京大学大学院工学系研究科
http://iconm.kawasaki-net.ne.jp/kklab/index.html

**原島秀吉**
北海道大学大学院薬学研究院
http://www.pharm.hokudai.ac.jp/yakusetu/index.html

**田畑泰彦**
京都大学ウイルス・再生医科学研究所
http://www.infront.kyoto-u.ac.jp/research/lab12/

**山岡哲二**
国立研究開発法人国立循環器病研究センター研究所
http://www.ncvc.go.jp/res/divisions/biomedical_engineering/

**長崎幸夫**
筑波大学数理物質系
http://www.ims.tsukuba.ac.jp/~nagasaki_lab/index.htm

## 2 読んでおきたい洋書・専門書


[1] J. N. Israelachvili, "Intermolecular and Surface Forces, 3rd Ed.," Academic Press (2011).

[2] "Biomaterials Sciences: An Introduction to Materials in Medicine, 3rd Ed.," ed. by B. D. Ratner, A. S. Hoffman, F. J. Schoen, J. E. Lemons, Academic Press (2013).

[3] "Principles of Tissue Engineering, 4th Ed.," ed. by R. Lanza, R. Langer, J. P. Vacanti, Elsevier (2013).

[4] "The Immunoassay Handbook: Theory and Applications of Ligand Binding, ELISA and Related Techniques,

APPENDIX

4th Ed.," ed. by D. Wild, Elsevier Science (2013).

[5] M. Ebara, Y. Kotsuchibashi, R. Narain, N. Idota, Y.-J. Kim, J. M. Hoffman, K. Uto, T. Aoyagi, "Smart Biomaterials," Springer (2014).

[6] "Micro- and Nanoengineering of the Cell Surface," ed. by J. M. Karp, W. Zhao, Elsevier (2014).

[7] "Aptamers:Tools for Nanotherapy and Molecular Imaging," ed. by R. N. Veedu, Pan Stanford (2016).

## 3 有用 HP およびデータベース

高分子学会
http://main.spsj.or.jp/

日本バイオマテリアル学会
http://kokuhoken.net/jsbm/

日本再生医療学会
http://www.jsrm.jp/

日本 DDS 学会
http://square.umin.ac.jp/js-dds/

日本炎症再生医学会
http://www.jsir.gr.jp/

NANOBIC オープンラボ
先端ナノ・マイクロ機器利用
http://open-labo.skr.jp/

名古屋大学設備・機器共用推進室
「ナノテクノロジー・プラットフォーム」
http://nanofab.engg.nagoya-u.ac.jp/nanoplat/

京都大学大学院工学研究科　高分子化学専攻
http://www.pc.t.kyoto-u.ac.jp/ja

京都大学工業化学科
http://www.s-ic.t.kyoto-u.ac.jp/ja

京都大学工学部・工学研究科
http://www.t.kyoto-u.ac.jp/ja

京都大学
http://www.kyoto-u.ac.jp/

京都大学ウイルス・再生医科学研究所
http://www.infront.kyoto-u.ac.jp/

CRS
http://www.controlledrelease.org/

Society for Biomaterials
https://www.biomaterials.org/

TERMIS
http://www.termis.org/

The Biomaterials Network
http://www.biomat.net/index.php?id=1

# 索　引

## ●英数字



## ●あ

## ●か



## ●さ

## た



## な

## ●は



## ●ま



## ●や



## ●ら

# ◆執筆者紹介◆

（敬称略，50音順）

**青柳 隆夫**（あおやぎ たかお）
日本大学理工学部教授〔博士（工学）〕
1959年 宮城県生まれ
1985年 早稲田大学大学院理工学研究科博士前期課程修了

〈研究テーマ〉「バイオマテリアル」「スマートマテリアル」「生分解性材料」

**赤池 敏宏**（あかいけ としひろ）
東京工業大学名誉教授（工学博士）
1946年 静岡県生まれ
1975年 東京大学大学院工学研究科博士課程修了

〈研究テーマ〉「細胞認識性バイオマテリアル設計・開発（再生医療，DDS キャリア等）」

**荒内 歩**（あらうち あゆみ）
東京女子医科大学先端生命医科学研究所特任助教〔博士（医学）〕
1977年 青森県生まれ
2009年 東京女子医科大学大学院博士課程修了

〈研究テーマ〉「ヒト iPS 細胞の甲状腺細胞分化誘導に関する研究」

**有馬 祐介**（ありま ゆうすけ）
京都大学ウイルス・再生医科学研究所助教〔博士（工学）〕
1976年 兵庫県生まれ
2004年 京都大学大学院工学研究科博士後期課程単位修得退学

〈研究テーマ〉「生体-材料間相互作用の解析と制御」

**池袋 一典**（いけぶくろ かずのり）
東京農工大学大学院工学研究院教授〔博士（工学）〕
1966年 宮崎県生まれ
1993年 東京大学大学院工学系研究科博士課程中途退学

〈研究テーマ〉「コンピューター内進化法を用いたアプタマーの機能改良」「G-quadruplex の構造と機能の相関の解明」

**石原 一彦**（いしはら かずひこ）
東京大学大学院工学系研究科教授（工学博士）
1956年 大阪府生まれ
1984年 早稲田大学大学院理工学研究科博士後期課程修了

〈研究テーマ〉「ポリマー分子設計と合成を基盤としたバイオマテリアル工学・バイオ界面科学」

**岩田 博夫**（いわた ひろお）
京都大学再生医科学研究所教授（工学博士）
1949年 和歌山県生まれ
1978年 京都大学大学院工学研究科博士後期課程単位取得退学

〈研究テーマ〉「バイオマテリアル」「再生医療」

**大矢 裕一**（おおや ゆういち）
関西大学化学生命工学部教授〔博士（工学）〕
1963年 大阪府生まれ
1989年 京都大学大学院工学研究科修士課程修了

〈研究テーマ〉「バイオマテリアル」「医用高分子」「生分解性高分子」「分子組織体」「超分子化学」「DNA ナノテクノロジー」

**長田 健介**（おさだ けんすけ）
東京大学大学院工学系研究科特任准教授〔博士（工学）〕
1973年 茨城県生まれ
2002年 東京工業大学大学院理工学研究科博士課程修了

〈研究テーマ〉「DNA パッケージング，薬剤/核酸デリバリーシステム開発」

**小野島 大介**（おのしま だいすけ）
名古屋大学未来社会創造機構特任講師〔博士（工学）〕
1979年 岐阜県生まれ
2008年 名古屋大学大学院工学研究科博士後期課程修了

〈研究テーマ〉「医用生体工学」「生体情報・計測」

**笠間 敏博**（かさま としひろ）
東京大学大学院工学系研究科助教〔博士（工学）〕
1978年 福岡県生まれ
2007年 九州大学大学院工学府博士課程単位取得退学

〈研究テーマ〉「マイクロ流体デバイスによる遺伝子変異診断」「植物の生育条件最適化」

**玄 丞烋**（げん しょうきゅう）
京都工芸繊維大学特任教授（工学博士）
1947年 大阪府生まれ
1978年 京都大学工学博士

〈研究テーマ〉「生分解性高分子の基礎と応用」

河野 健司（こうの　けんじ）
元大阪府立大学大学院工学研究科教授（工学博士）
1959 年　神奈川県生まれ
1989 年　京都大学大学院工学研究科博士課程修了
〈研究テーマ〉「ドラッグデリバリーシステム」「生体高分子化学」

建石 寿枝（たていし　ひさえ）
甲南大学先端生命工学研究所（FIBER）専任教員（講師）〔博士（理学）〕
1979 年　沖縄県生まれ
2008 年　甲南大学大学院自然科学研究科博士課程修了
〈研究テーマ〉「溶液-DNA 相互作用を活用した DNA 新規材料の開発」「がん遺伝子上の核酸非標準構造を介した転写制御機構の解明」

佐々木 茂貴（ささき　しげき）
九州大学大学院薬学研究院教授（薬学博士）
1954 年　鹿児島県生まれ
1982 年　東京大学大学院薬学系研究科博士課程修了
〈研究テーマ〉「ゲノム標的化学による斬新な生体機能性分子の創成」

田畑 泰彦（たばた　やすひこ）
京都大学ウイルス・再生医科学研究所教授（工学博士，医学博士，薬学博士）
1959 年　大阪府生まれ
1986 年　京都大学大学院工学研究科博士後期課程単位取得退学
〈研究テーマ〉「バイオマテリアル」「生体組織工学」「再生医療」「ドラッグデリバリーシステム（DDS）」「幹細胞工学」

清水 達也（しみず　たつや）
東京女子医科大学先端生命医科学研究所所長・教授（医学博士）
1968 年　兵庫県生まれ
1999 年　東京大学大学院医学系研究科博士課程修了
〈研究テーマ〉「ティッシュエンジニアリング」

津本 浩平（つもと　こうへい）
東京大学大学院工学系研究科教授〔博士（工学）〕
1967 年　大阪府生まれ
1995 年　東京大学大学院工学系研究科博士課程中途退学
〈研究テーマ〉「分子生命医工学，生命物理化学」

杉本 直己（すぎもと　なおき）
甲南大学先端生命工学研究所（FIBER）所長・教授，同大学院フロンティアサイエンス研究科（FIRST）教授（理学博士）
1955 年　滋賀県生まれ
1985 年　京都大学大学院理学研究科博士課程修了
〈研究テーマ〉「生命分子化学」

長崎 幸夫（ながさき　ゆきお）
筑波大学数理物質系教授（工学博士）
1959 年　北海道生まれ
1987 年　東京理科大学大学院工学研究科博士後期課程修了
〈研究テーマ〉「抗酸化ナノメディシンの設計と評価」

宝田 徹（たからだ　とおる）
国立研究開発法人理化学研究所専任研究員〔博士（工学）〕
1970 年　東京都生まれ
1999 年　東京大学大学院工学系研究科博士課程修了
〈研究テーマ〉「ナノバイオ工学」

長門石 曉（ながといし　さとる）
東京大学医科学研究所特任准教授〔博士（生命科学）〕
1982 年　福岡県生まれ
2009 年　東京大学大学院新領域創成科学研究科博士課程修了
〈研究テーマ〉「物理化学に基づく低分子・抗体医薬品創出の技術開発」

竹中 繁織（たけなか　しげおり）
九州工業大学大学院工学研究院教授（工学博士）
1959 年　福岡県生まれ
1986 年　九州大学大学院総合理工学科博士課程中途退学

〈研究テーマ〉「バイオ分析化学」「核酸化学」

長谷川 聖（はせがわ　ひじり）
東京農工大学工学府〔博士（工学）〕
1983 年　北海道生まれ
2016 年　東京農工大学工学府博士後期課程短縮修了
〈研究テーマ〉「アプタマーの多価化による結合能の向上」

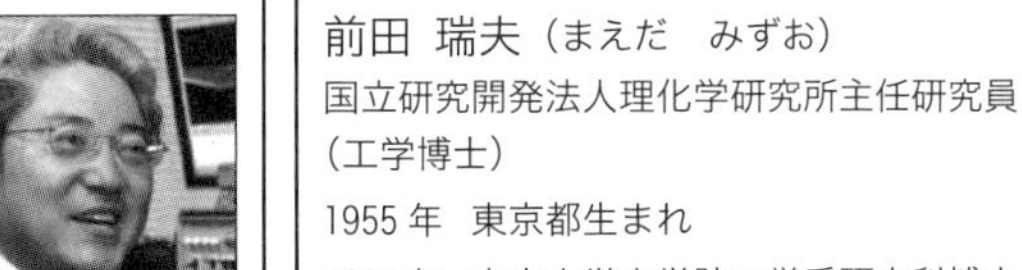

**馬場 嘉信**（ばば　よしのぶ）
名古屋大学大学院工学研究科教授（理学博士）
1958 年　熊本県生まれ
1986 年　九州大学大学院理学研究科博士課程修了
〈研究テーマ〉「ナノバイオデバイスによる未来医療実現」「量子材料による再生医療実現」

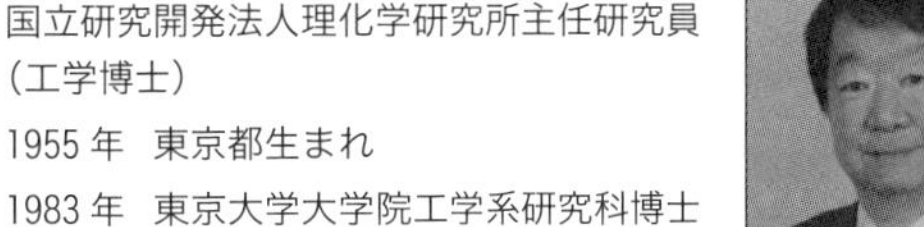

**前田 瑞夫**（まえだ　みずお）
国立研究開発法人理化学研究所主任研究員（工学博士）
1955 年　東京都生まれ
1983 年　東京大学大学院工学系研究科博士課程修了
〈研究テーマ〉「生体高分子」「バイオ分析」「バイオ材料」

**原島 秀吉**（はらしま　ひでよし）
北海道大学大学院薬学研究院教授（薬学博士）
1957 年　東京都生まれ
1985 年　東京大学大学院薬学系研究科博士課程中途退学
〈研究テーマ〉「細胞内動態制御に基づいた遺伝子送達システムの開発」

**山岡 哲二**（やまおか　てつじ）
国立研究開発法人国立循環器病研究センター研究所生体医工学部・部長（博士（工学））
1962 年　大阪府生まれ
1991 年　京都大学大学院工学研究科博士前期課程単位指導認定退学
〈研究テーマ〉「再生医工学」「生分解性高分子」「遺伝子デリバリー」「分子イメージング」

**原田 敦史**（はらだ　あつし）
大阪府立大学大学院工学研究科准教授（博士（工学））
1971 年　大阪府生まれ
1998 年　東京理科大学大学院博士後期課程中途退学
〈研究テーマ〉「ナノメディシン」「自己組織化高分子」

CSJ Current Review 24

医療・診断・創薬の化学——医療分野に挑む革新的な化学技術

2017年 9月15日 第1版第1刷 発行

編著者 公益社団法人日本化学会
発行者 曽 根 良 介
発行所 株 式 会 社 化 学 同 人
〒600-8074 京都市下京区仏光寺通柳馬場西入ル
編集部 TEL 075-352-3711 FAX 075-352-0371
営業部 TEL 075-352-3373 FAX 075-351-8301
振 替 01010-7-5702
E-mail webmaster@kagakudojin.co.jp
URL https://www.kagakudojin.co.jp
印刷 創栄図書印刷(株)
製本 清 水 製 本 所


ISBN978-4-7598-1384-5